건설경제의
어제와 오늘

우리가 사는 집과 도시

건설경제의 어제와 오늘
우리가 사는 집과 도시

초판 1쇄 발행 2019년 11월 10일

지은이 김갑진
펴낸이 장길수
펴낸곳 지식과감성#
출판등록 제2012-000081호

디자인 박예은
편집 이현, 박예은
교정 정은지
마케팅 고은빛

주소 서울시 금천구 벚꽃로298 대륭포스트타워6차 1212호
전화 070-4651-3730~4
팩스 070-4325-7006
이메일 ksbookup@naver.com
홈페이지 www.knsbookup.com

ISBN 979-11-6275-874-8(03540)
값 15,000원

ⓒ 김갑진 2019 Printed in Korea

잘못된 책은 구입하신 곳에서 바꾸어 드립니다.
이 책의 전부 또는 일부 내용을 재사용하려면 사전에 저작권자와 펴낸곳의 동의를 받아야 합니다.

이 도서의 국립중앙도서관 출판예정도서목록(CIP)은 서지정보유통지원시스템
홈페이지(http://seoji.nl.go.kr)와 국가자료공동목록시스템(http://www.nl.go.kr/kolisnet)에서
이용하실 수 있습니다. (CIP제어번호 : CIP2019044102)

홈페이지 바로가기

건설경제의 어제와 오늘

우리가 사는 집과 도시

목차

그림 색인   7
표 색인   10
발간사   12

제1편 건설경제의 현주소   15

01장 건설경제, 무엇이 문제인가?   16

02장 국민계정으로 본 건설경제: 건설생산과 건설투자   25
건설생산
건설투자
건설생산과 건설투자의 관계

03장 기업활동으로 본 건설경제: 건설수주와 건설기성   41
하도급
건설수주, 건설기성, 건설생산, 건설투자의 상호관계

잠깐만 1 생산의 본질, 가치란 무엇인가?

제2편 건설경제의 생산물 1 – 집　　　　　　　61

04장 우리는 얼마나 많은 집을 지었고, 지어야 하나?　62
주택보급률
주택보급률 120%를 달성하려면

05장 아파트의 씨앗, 국민주택　　　　　　　77
주택의 면적과 유형

06장 한국의 집, 아파트　　　　　　　　　　90
아파트의 명과 암

07장 집값 1 – 집값의 공공연한 비밀　　　107

08장 집값의 역사　　　　　　　　　　　　120

09장 집값 2 – 경제규모와 집값　　　　　137
우리가 지어야 할 집은?

잠깐만 2　집값의 역사(1969~1985년)

제3편 건설경제와 노동　　　　　　　　161

10장 건설노동자, 노가다[土工]　　　　　162
건설업 종사자
건설현장인력 – 건설기술자
건설현장인력 – 건설기능공

11장 건설노동자는 일자리를 어떻게 구하나?　174

12장 건설노동자 먹고살 만한가?　　　　182

13장 건설노동, 생태계 재편이 절실하다　192
건설기능인력 노임시스템 구축
건설노동 육성시스템 구축
노동매칭시스템 정비

제4편 건설경제의 생산물 2 – 도시와 인프라　205

14장 도시와 인프라　206
　인프라의 바로미터, 도시의 지하
　우리나라 인프라의 실상

15장 우리가 살고 있는 도시, 어떻게 만들어졌나?　222
　도시의 생명
　우리나라 도시화의 과정
　우리나라 도시화의 특징

16장 살리는 도시, 죽이는 도시　241
　인구감소: 안동, 임실 → 지역성 확보와 인구증가
　서울 교외화: 성남 → 재건축 재개발의 공공성 강화
　자원도시의 몰락: 고한·사북 → 도시 재활

제5편 건설경제와 금융　267

17장 사라진 금융, 나타난 금융　268
　건설업 여신이 급감한 지난 10년
　건설업 생산양식의 변화
　건설금융의 변화

18장 건설경제에 부는 금융 방식의 변화　285
　자산유동화
　메자닌 채권의 확산
　건설·부동산 특화 금융의 활성화(Reits, 부동산펀드, 부동산신탁)

19장 건설금융의 혁신　298
　금융제도: 사업성평가와 금융의 결합
　금융기관: 지역개발금융센터
　금융시장: 공급자 다변화와 진입장벽 완화

20장 건설경제의 미래　306

그림 색인

그림 1-1	Bon Curve
그림 1-2	우리나라의 경제성장과 건설투자 비중 추이
그림 1-3	주요 산업 노동생산성 추이(2008~2018년 2Q)
그림 1-4	1980년 이후 건설생산액 구성 변화 추이
그림 1-5	건설투자 항목별 구성비 추이(당해년도가격)
그림 1-6	건설기성액과 수주액의 변화 추이(1994~2016년)
그림 1-7	건설수주, 건설기성, 건설생산, 건설투자의 관계

그림 2-1	2010년 이후 주택보급률 추이
그림 2-2	장래인구 변화 추이 전망
그림 2-3	장래인구 및 가구 수 전망
그림 2-4	연령대별 인구 비중 추이
그림 2-5	가구원 수별 비중 추이
그림 2-6	주택면적별, 건축 연도별 분포(2017년 현재)
그림 2-7	주택면적별 구성 비중 및 1인당 평균거주면적(2017년)
그림 2-8	주택 유형별 비중, 2018년 기준
그림 2-9	건축 연도별 주택 유형 분포(전국)
그림 2-10	건축 연도별 주택 유형 분포(서울)
그림 2-11	시골의 아파트, 도시의 아파트
그림 2-12	행정단위별 주택 유형 구성비, 2017년 기준
그림 2-13	아파트 단지의 면적 변화 추이(2007~2016년)
그림 2-14	연도별 지가 상승배수 추이(1974~2017년)
그림 2-15	반포 3개 주공단지 33평형 가격 추이
그림 2-16	반포 3개 주공단지 33평형 대지 1㎡당 가격 추이

그림 2-17	주택매매지수 추이(1986~2018년, 2015년=100)
그림 2-18	반포주공 1단지 및 대치동 은마아파트 시세 추이
그림 2-19	주요 거시경제지표와 반포주공 1단지 아파트가격 변화 추이 비교 (1973~2017년)
그림 2-20	주요 거시경제지표와 은마아파트 가격 변화 추이 비교(1980~2017년)
그림 2-21	반포주공아파트 소득 대비 가격비율(PIR) 변화 추이
그림 2-22	은마아파트 소득 대비 가격비율(PIR) 변화 추이

그림 3-1	건설산업 종사자 개요
그림 3-2	연도별 건설기술자 취업 및 실직 추이 현황
그림 3-3	건설기술자 연령대별 분포 현황
그림 3-4	건설사 고용인원구성 변화 추이
그림 3-5	건설생산 인력 및 장비의 활용 구조
그림 3-6	주요 기능공별 노임단가 현황 추이(1990~2018년)
그림 3-7	주요 거시지표의 규모 변화(1990년=1)
그림 3-8	건설업 주요 직종별 임금 추이(1994~2016년)
그림 3-9	건설기능인력의 고령화 추이 현황(2000~2016년)
그림 3-10	주요 산업노동생산성 추이 비교(2008~2018년 2Q)
그림 3-11	건설노동 기능 강화 3대 시스템 구축 로드맵

그림 4-1	주요국 인구와 도시화율 변화 추이(1960~2017년)
그림 4-2	우리나라의 도시화율 추이
그림 4-3	도시와 기반시설(지하공동구)
그림 4-4	서울시 대심도 배수계획 일부
그림 4-5	기초 WEF 인프라 및 교통 경쟁력지수
그림 4-6	우리나라의 인프라 현황 개괄
그림 4-7	지하시설 안전관리
그림 4-8	1960년 이후 각 행정단위별 인구증가 추이 및 인구증가율

그림 4-9	혁신도시별 공공기관 이전 현황
그림 4-10	임실, 안동의 인구증감 추이
그림 4-11	1960년대 임실거리
그림 4-12	현재의 임실 제일극장
그림 4-13	성남지역 신도시 개발 현황
그림 4-14	광주대단지 이전지역 주택(성남시 구 도심 일대)
그림 4-15	고한·사북지역 인구 변화 추이(1985~2015년)

그림 5-1	건설업, 제조업, 부동산업 대출금 비중 추이 및 제조업 대비 건설업 여신비율(우)
그림 5-2	은행 예금기관의 산업별 대출 추이
그림 5-3	비은행 예금기관의 산업별 대출 추이
그림 5-4	건설산업 내 민간 및 공공계약액 변화 추이(2008~2016년)
그림 5-5	PF ABCP 및 PF ABSTB 발행실적 추이(2010~2018년)
그림 5-6	자산유동화증권(ABS) 발행 메커니즘
그림 5-7	리츠와 부동산 펀드 순자산규모 비교
그림 5-8	부동산신탁 연도별 수탁고 추이

표 색인

표 1-1   건설생산물 범위
표 1-2   2017년 건설업 부가가치-가산방식
표 1-3   공급표(2014년 기준)
표 1-4   사용표(2014년 기준)
표 1-5   하도급을 통한 계약 세부구성액의 변화 양상
표 1-6   2016년 기준 건설공사 원하도급계약액, 기성액 현황

표 2-1   2017년 주택보급률
표 2-2   신규주택 추이 (2011~2017년)
표 2-3   멸실주택 추이(2010~2016년)
표 2-4   주택 수, 가구 수, 가구원 수 변화 추이(2010~2016년)
표 2-5   주택보급률 120% 달성을 위한 추가 주택 수
표 2-6   주택보급률 120% 달성에 필요한 명목금액
표 2-7   국민주택의 개념 요소
표 2-8   주택 연면적별 주택 수 및 평균 거주인수
표 2-9   1인당 잠재거주 가능면적 추산(농경지 제외 남한면적 및 대지면적 기준)
표 2-10 층간소음 해결을 위한 4단계 합의모델
표 2-11 주요지역 지가 상승배수(1974~2017년)
표 2-12 남서울아파트(반포주공 1차) 분양가격
표 2-13 1986년 이후 주택가격 상승 추이 정리
표 2-14 2018년 12월 각 자산별 PIR 비교
표 2-15 서울시 민간분양주택 행정지도가격

표 3-1   산업별 취업자 수 추이

표 3-2	건설기술자 등급별 인원 추이
표 3-3	연도별 건설기능인력 인원 추이 현황
표 3-4	건설기능인력 인원 추이 누계
표 3-5	주요기능공 근로일수 대비 수령임금 추정
표 3-6	보통인부 실수령노임과 시중노임단가 비교
표 3-7	시중노임단가 지급 시 요구되는 노무비 증가율
표 3-8	미국과 호주의 건설노동자에 대한 임금제도 비교
표 3-9	건설노동 육성시스템 안
표 4-1	WEF 인프라의 질 순위
표 4-2	도시의 성장과 쇠퇴(반덴베르그)
표 4-3	인구규모별 시승격 연도(1950~2015년)
표 4-4	1960년대 이후 우리나라 신도시개발 현황
표 4-5	기업도시 현황
표 4-6	수도권 순이동 인구(1971~2013년)
표 4-7	1975년 인구 대비 2010년 인구 비중 감소지역(총 106개 지역=시단위 27개+군 단위 79개)
표 4-8	지난 60년간 도시화 특징과 각 특징별 도시의 재생 현황 조사
표 4-9	성남시 유형별 주택 현황(2018년 12월 현재)
표 5-1	건설업 및 비교 산업의 부가가치율 등 성과지표 변화 추이
표 5-2	연도별 민자건설 수주액 추이(2008~2017년)
표 5-3	PF대출금액 변화 추이(2013~2017년)
표 5-4	자산유동화증권 발행을 위한 내부 신용보강장치
표 5-5	리츠와 부동산펀드의 비교
표 5-6	부동산신탁 상품의 종류

발간사

건설경제와 인연을 맺은 지 올해로 만 20년이 되었다. 생업으로 인연을 맺었지만 이를 소명으로 받아들이는 데에는 누구나처럼 많은 적응기간이 필요했다.

스스로의 일에 대해 무엇을 보고 느끼며, 그리하여 무엇을 해야한다고 말할 수 있다면 얼마나 행복하겠는가. 여전히 어려운 일이고 많은 대안이 경쟁한다.

건설경제의 어제와 오늘을 살피고자 한 것은 개개인의 삶에 건설경제가 주는 영향이 매우 크기 때문이었다. 더구나 이 문제는 세대를 아우르며 반복적으로 제기되는 문제였다. 탁월한 묘안을 찾기는 어려우나 둔필승총(鈍筆勝聰)의 마음으로 글을 이어 갔다.

책을 쓰면서 마음속에 늘 맴돌았던 두 가지를 소개한다. 우선은 우리 세대의 힘겨움이 다음 우리 아들딸들에게는 이어지지 않기를 바라는 마음이었다. 주택을 비롯해서 이 책에서 다루는 건설경제의 면면들은 지난 세월 많은 변화를 경험했다. 언제나 현재의 지점에서 더 나은 대안을 찾기 위한 과정의 연속이었을 것이다. 그중에서 근본에 닿지 못한 현상은 늘 무겁고 힘겨운 주제였다. 건설경제가 당면한 현실을 담담히 들여다보고자 했다.

비록 무거운 주제일지라도 이를 펼쳐 보임으로써 우리 세대에 개선할 것은 개선하자고 말하고 싶었다.

두 번째는 글을 쓰는 방법에 관한 것이었다. 읽기 쉬운 문장, 편하게 읽히는 글을 쓰자는 마음을 계속해서 주입했다. 다 쓰고 보니 여전히 모자람 투성이다. 이번을 계기로 계속해서 나아지기를 다짐한다.

처음 구상을 하고 집필에 들어간 지 약 1년 5개월 만에 '책'으로 만나게 되었다. 책을 마무리하면서 쓰는 기간 내내 도움을 주었던 분들을 잊을 수 없다. 사소한 질문에도 성의 있는 답변을 해 주신 많은 분들이 계셨기에, 잘 모르는 분야를 친절히 설명해 주신 분들이 계셨기에 이 책이 나올 수 있었다. 자료를 전해 주시고 인터뷰에 응해 주신 많은 분들에게 감사의 마음을 전한다. 부족한 남편을 도와 늘 묵묵히 응원해 주는 아내에게 고마움을 전한다. 끝으로 이 책을 쓸 수 있는 토대를 만들어 주신 아버지에게 감사한다. 일생을 노동으로 일관하신 아버지와 선대 세대의 삶에 이 책을 바친다.

평온한 시대, 인간은 경제로 산다. 지금부터 우리가 사는 이 땅에서 더 나은 삶을 설계할 수 있는 대안으로 건설경제를 함께 만나 보자.

제1편
건설경제의 현주소

01장

건설경제, 무엇이 문제인가?

바야흐로 4차 산업혁명의 시대이다. 지금까지는 실제 세계의 상황을 데이터화하여 온라인으로 전환하는 영역이 일부에 국한됐으나 4차 산업혁명으로 그 영역이 전면적으로 확장될 것이다. 오프라인과 온라인의 교감속도 또한 거의 실시간 수준으로 빨라진다. 단순히 온-오프라인 간 교감과 반영에 그치는 것이 아니라 미래 상황을 예측하고 대응할 정도로 질이 높아지고 있다. 역사와 상황, 감정마저 데이터화하고 갖가지 다차원 변수를 고려한 대응은 인공지능으로 현실화된다. 이 같은 4차 산업혁명 시대에 '건설경제'라니? 땅을 파고 터널을 뚫고 오래된 아파트를 부수고 새 집을 짓는 건설경제는 왠지 4차 산업혁명과 어울리지 않을 것 같다.

2000년대 들어 건설경제를 백안(白眼)시하는 분위기는 점점 강해지고 있다. '토건족', '혁신이 부족한 전근대적 산업' 등으로 건설경제를 백안시하는 인식에는 대개 세 가지 정도의 이유가 있는 것 같다. 먼저 국민경제 차원에서 1970년대 이후 본격적인 산업화와 민주화를 이루어 온 지난 50여 년 동안 토건을 통해 필요한 인프라는 충분히 구축되었다고 보는 것이다. 한마디로 '이제는 충분한데 언제까지 토건사업에 돈을 쏟아 붙냐'는 문제의식이다. 이런 인식은 소득이 증가하고 격차가 심해지면서 복지수요가 늘어나는 것과 연계되어 '이제는 고속도로 말고 기초연금을 더 올려야 한다'는 주장으로 곧잘 이어진다.

소득(경제수준) 대비 건설경제가 과연 충분한지에 대해서는 꽤 오래전부터 연구가 있었다. 이 연구들은 '이 정도 소득이면 건설투자는 얼마 정도'라는 직관적 사실에서 출발한다. 그리고 소득수준 변화에 따른 건설투자 변화 추이를 보여줌으로써 한 나라에서 건설경제가 충분한지를 판정하는 상대적인 기준을 제공해 준다.

건설경제의 충분성과 향후 추이를 보여 주는 대표적인 이론으로 본 커브(Bon Curve)를 들 수 있다.

[그림 1-1. Bon Curve]

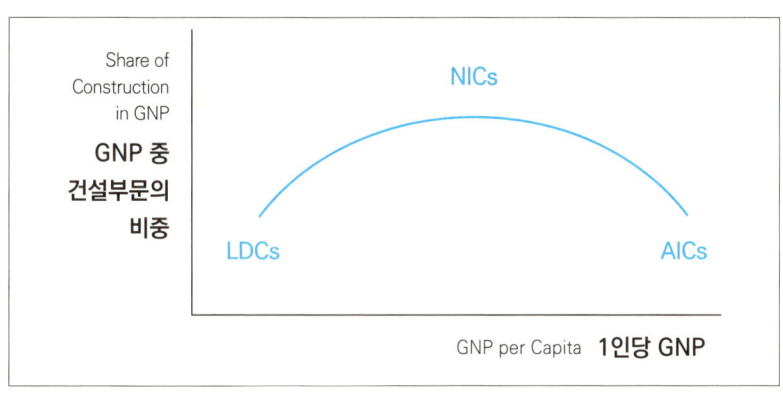

출처: Bon, 1992. quoted in Dlamini, S, 'Relationship of construction sector to economic growth', University of Reading, UK, 2012, p.3

1992년 본(Bon)은 국가표본을 저소득국, 개발도상국, 고소득국으로 정하여 본 커브(Bon Curve)를 선보였다. 본 커브는 [그림 1-1]에서 보는 바와 같이 경제개발 초기단계에 건설투자 비중이 낮은 상태에서 출발하여 소득이 점점 높아지면서 건설투자 비중이 증가하다가 이후 고소득단계에서 건설투자 비중이 다시 낮아지는 역U 자형 곡선(Bon Curve)을 말한다.

본 커브 이후에도 소득수준별 건설투자 비중에 관한 연구는 지속되었다. 2006년 러덕(Ruddock. L.)과 로페스(Lopes)는 GDP에 대한 건설 부문의 비중을 국가 소득수준별로 4분류하여, 최빈국은 건설비중이 전체 GDP에서 약 2.4~10.1%에 있고, 그 다음으로 가난한 국가는 약 3.6~10.4%, 세 번째 그룹국가는 3.9~10.5%이며, 가장 부유한 국가는 4.8~7.9% 수준이라고 했다.[1]

국내에서는 한국은행에서 경제 내 건설투자 비중과 소득수준에 따른 변화 양상을 살핀 적이 있다. OECD 국가 중 2014년 기준 1인당 국민소득이 3만 달러 이상인 경우 선진국(19개국), 3만 달러 미만인 경우 중진국(13개국)으로 분류하여 분석하였다. 그 결과 국민소득 3만 달러를 지나면서 건설투자 비중이 대체로 8~10% 정도에서 정체되는 것으로 조사되었다.[2]

---

1 Gruneberg. S., 'Does the Bon curve apply to infrastructure markets?', In: Egbu. C. (Ed) Procs 26th Annual ARCOM Conference, 6-8 Leeds, UK, Association of Researchers in Construction Management, September 2010, p.34
2 권나은, 권상준, 이종호, '최근 건설투자수준의 적정성 평가', 2016. BOK 이슈노트

2014년 다니엘 지라디(Daniele Girardi)와 안토니오 무라(Antonio Mura) 교수[3]는 본 커브(Bon Curve)를 실증적으로 확인하기 위해 소득수준은 물론 경제개발지수(EDI), 국민수명 등을 활용해 건설투자 수준을 설명하려 시도했다. 세계 148개국을 대상으로 2000년부터 2011년까지의 데이터를 분석한 이 연구결과에 따르면, 평균적으로 건설투자활동은 1인당 소득수준이 약 5,000유로(2011년 구매력가격 기준)이거나 평균 국민수명이 약 67세 정도인 국가에서 정점을 보인다. 이때 건설투자는 GDP 내에서 약 14% 정도였다.[4]

[그림 1-2]는 1953년부터 우리나라의 경제성장과 건설투자 비중을 보여 준다. 약 60년 이상의 기간 동안 경제규모가 확대되면서 건설경제의 비중이 역U 자 본 커브 형태임을 보여 주고 있다. 특히 최근 10여 년간 건설투자 비중이 GDP의 약 14~17%를 점하고 있으므로 위에 소개한 연구들에 비하면 우리나라는 적정 수준을 다소 초과한다고도 볼 수 있다. 그러나 이것은 어디까지나 상대적인 기준에 의한 결과라는 점을 간과해서는 안 된다.

건설경제 비중과 경제성장(소득성장)의 관계를 분석하는 것은 어떤 의미인가? 건설경제 비중이 소득이 늘어나면서 축소될 수밖에 없다는 점을 밝히는 것에 만족하는 것인가? 또는 고소득 국가들의 실증적 사례로부터 아직 고소득에 이르지 못하는 국가들이 향후 자국 경제 내에서 건설경제 비

---

3 University of Siena
4 Girardi, D. and Mura, A. 'The Construction-Development Curve: Evidence from a New International Dataset', The IUP Journal of Applied Economics, Vol.XIII, No.3, 2014

중을 적절히 조절하라는 시사점에 그치는 것인가?

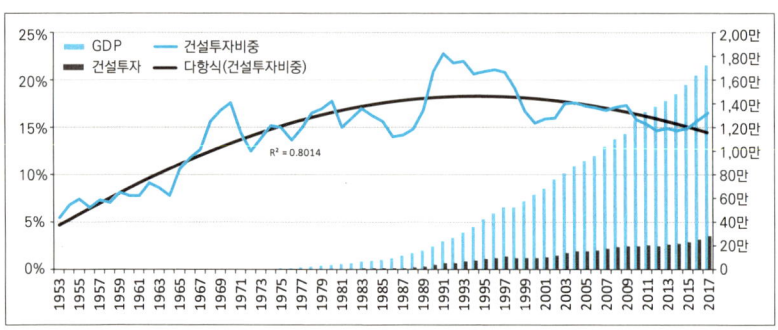

[그림 1-2. 우리나라의 경제성장과 건설투자 비중 추이]

자료: 한국은행, 통계청 자료, 필자 편집

국가별로 경제성장의 모멘텀이 상이하고, 우위를 갖는 산업의 포트폴리오도 다르다. 따라서 한 경제 내 건설경제 비중에 대한 논의가 좀 더 진일보된 의미를 갖기 위해서는 단순히 특정 소득수준에 맞는 비중의 적정성을 따지기보다 건설경제와 국민경제의 관계 속에서 서로를 견인할 요인을 찾는 데에 집중해야 한다. 즉, '국민경제의 성장을 극대화하고, 나아가 국민의 삶을 안정적이고 행복하게 이끌 수 있는 최적 인프라 수준'을 찾는 노력으로 진화되어야 한다.

건설경제가 별 볼 일 없는 것으로 치부되는 두 번째 이유로 건설경제 공급자(건설사)가 만들어 낸 부정적인 요인도 한몫했다. 거액의 비자금을 조성하는가 하면, 입찰 담합 등 뇌물과 비리가 횡행한다. 원청의 하청에 대한 '갑질'이 사회문제로 대두되기도 한다. 이렇다 보니 건설산업은 편법과 비리, 불투명한 관행이 만연한 것으로 평가된다. 생산성을 향상시키는 혁신은 좀처럼 찾기 어렵다. 간간히 신공법을 적용한 세계 최고의 건설기술이 보도되기도 한다. 하지만 대개의 경우 건설경제 공급자는 부정적인 방법으로 이윤을 추구하고 생산성 혁신에는 게으르다고 평가받는다.

건설산업의 생산성에 대해 좀 더 살펴보기 위해 우리나라 건설업과 제조업, 서비스업의 지난 10년간 노동생산성(부가가치)을 비교해 보았다. [그림 1-3]에서 보는 것처럼 제조업과 서비스업의 생산성은 전반적으로 상승하는 추세를 보이고 있다. 하지만 건설경제(건설업)는 2009년 이후 2011년까지 큰 폭으로 하락한 후 추세적으로 하락하고 있음을 알 수 있다. 이렇게 된 원인이야 다양하겠지만 가장 큰 것은 건설 노동자의 열악한 임금 수준을 언급하지 않을 수 없다. 이 점에 대해서는 제3편 〈건설경제와 노동〉에서 자세히 살펴보도록 한다.

[그림 1-3. 주요 산업 노동생산성 추이(2008~2018년 2Q)]

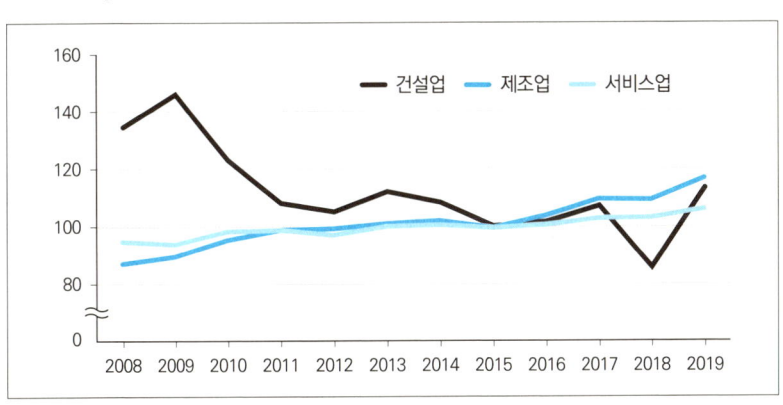

출처: 통계청
ⓜ 부가가치 노동생산성지수=실질 GVA 부가가치지수÷노동투입량지수×100, 실질 GVA 부가가치지수는 국민계정의 2010년 불변가격 기준, 노동투입량지수는 총근로시간(피용자, 자영업자, 무급가족종사자를 포함)

우리나라 건설현장 어디를 가나 외국인근로자를 보는 것은 어렵지 않다. 이런 풍경이 연출된 이유는 하도급에 하도급을 거듭하면서 고스란히 인건비 출혈경쟁이 심화됐기 때문이다. 오르지 않는 임금에 일할 사람이 없고, 어떻게든 현장을 돌리기 위해서는 값싼 외국인노동자들이라도 투입해야 하는 현실이 맞물린 것이다. 젊은 신규인력은 건설경제에 더 이상 진입하지 않는다. '젊은이는 농촌에 없는 것이 아니라 이제는 건설현장에 없다'는 말이 빈말이 아니다. 건설회사에 취업하는 것은 '노가다'로 먹고살게 된다는 뜻으로 크게 환영받을 일이 못 되기 때문이다. 남아 있는 인력은 노령화되고 기술 전수는 어렵다. 생산성이 오르지 않는 것이 당연하지 않겠는가?

향후 건설경제의 사활은 어쩌면 가장 본질적인 생산성에서 찾아야 할 것이다. 건설경제 노동의 상당 부분을 맡고 있는 현장 인력들에 대한 체계적이고 제도적인 개선책이 마련되어야 하는 이유가 여기에 있다.

건설경제를 달갑지 않게 보는 세 번째 이유는 건설경제의 열악한 작업환경이나 건설경제 생산물을 획득하고 소비하는 과정에 내재된 문제점 때문이다. 자연(토지)을 개조하여 생산물을 얻는 것이 건설경제활동의 본질이다. 이런 건설산업의 작업환경은 3D 업종의 상징이 돼 버렸다. 사고가 끊이지 않는 가운데 추락사고로 사망하는 건설노동자가 한 해 300명을 넘는다. 산업재해율이 전체 산업 중에서도 손에 꼽히다 보니 건설을 바라보는 시선이 고울 리 없다.

건설생산물을 획득하고 소비하는 데에도 많은 문제가 뒤따른다. 대개의 경우 건설생산물은 한정된 토지에 의존하고 수십 년의 소비기간을 갖는 내구재이다. 재화별로 생산과 소비과정에서 많은 갈등에 노출된다. 공공재의 경우 생산과정에서 적정가격에 관한 공감대가 부족하고 생산된 후에는 방치되기 쉽다. 산업화 이후 진척된 도시화의 결과로 오래되고 낡은 공공 인프라에서 터지는 문제들이 이를 증명한다. 2019년을 전후해서 우리 도시의 기반인프라는 노후화의 징후를 여기저기서 드러내고 있다. 2018년 12월에는 서대문구 아현동 통신구에서 화재가 나 인터넷과 통신망이 마비되는가 하면, 한 달 뒤인 2019년 1월에는 고양시 백석역 인근에서 온수 수송관이 터져 일대 온수공급이 중단되기도 했다. 전기배선부터 통신선, 난방배관, 온수배관, 상하수도 등 지하에 매설된 인프라에 무언가 문제가 있다는 신호를 계속 보내고 있는 것이다. 이런 이유 때문인지 정부에서는 생활형 SOC 개선과 함께 정비를 위한 법안을 마련하고 우선적인 투자를 약속하고 나섰다.

주택으로 대별되는 사적재(私的財)는 어떤가? 경기변동과 경제성장과정에서 가격앙등에 따른 폐해가 심각하다. 아파트로 돈을 버는 것이 월급을 저축하여 돈을 모으는 것보다 훨씬 빠르다는 사실을 많은 사례가 증명해 왔다. 집은 가진 자와 못 가진 자, 나아가 세대와 계층 사이의 갈등 원인이 되고 있다. 이러한 갈등이 부실한 건설경제로부터 연유한 것으로 치부된다.

건설경제가 생산하는 사적재인 집에 대해서는 너무나도 많은 논란이 있다. 대개의 경우 이 논의는 삶의 질과 가격의 적정성으로 수렴된다. 이에 대해서는 제2편에서 자세하게 짚어보도록 한다.

이상에서 둘러본 건설경제에 대한 불신과 거부는 건설경제를 사양길로 이끄는 주원인이 되고 있다. 이미 충분하다거나, 부패가 만연한 산업으로 생산성이 떨어진다거나, 작업환경이 더럽고 위험하다거나, 생산물(주택, 도시, 인프라)의 노후화 및 이상가격으로 소비환경이 극도로 불합리하다는 점 때문이다. 그러다 보니 건설경제를 침체된 경기를 살리는 수단으로 활용하는 정책은 제대로 된 사실관계를 따지기도 전에 하책 중의 하책(下之下)으로 취급받기 일쑤다. '혁신과는 거리가 먼, 단기적이고 근시안적 돈 풀기에 불과하다'는 혹평이 뒤따른다.

불도저 건설경제는 더 이상 4차 산업혁명 시대에 경제성장의 수단이 되지 못하는 것인가? 우리 사회에 일고 있는 건설경제의 폐해는 더 이상 건설경제를 살리기보다 죽이는 것이 나은 것인지 하나씩 풀어 가 보도록 하자. 문제를 풀어 가기 위해 현황을 정확히 살피고 이념을 초월한 인식이 필요하다는 점은 사전에 밝혀 두고자 한다.

02장

국민계정으로 본 건설경제: 건설생산과 건설투자

건설경제를 본격적으로 살피기에 앞서 몇 가지 관련 지표를 짚어 보기로 한다. 그중 이번 장에서는 우리나라 전체 국민경제에서 건설경제는 어느 정도의 비중인지, 건설경제를 대표하는 국민계정상 지표인 건설생산과 건설투자는 구체적으로 어떤 영역에 대한 것인지, 또 어떻게 측정되는지, 나아가 이들은 타 산업에 비해 어떤 특징이 있는지 등을 살펴보자.

2018년 우리나라의 국민총생산(GDP)은 1,900조원에 조금 못 미쳤다. 세계은행에서 발표한 달러 기준 GDP도 1조 6,100억불을 넘어섰다. 환율 변동을 감안해도 지난해 우리나라에서 생산된 최종재화와 서비스의 시장가치를 모두 합쳐 보면 1,900조원 가까이 된다는 것이다.[5]

이 중에서 건설경제를 대변하는 건설산업 생산은 약 102조원 정도 된다. 그리고 총 GDP 중 289조원 정도를 건설투자에 지출했다. 건설업으로

---

5   한국은행은 2018년 명목GDP를 1,893조 4,970억원으로 발표했다. 세계은행은 3년간 평균 환율을 적용해 1,694억 US$로 발표했다.

벌어들인 생산액(소득액)은 102조원이고 건설업을 포함해 모든 산업에서 생산해 낸 총 1,900조원 중에서 289조원 정도를 건설투자에 썼다는 것이다. 생산기준으로 건설경제는 우리나라 전체 경제활동으로 벌어들인 소득의 5.5% 내외이며 지출기준으로는 15.5% 내외이다.

건설생산

건설경제는 무엇을 생산하는가? 건설경제의 생산물은 건축물, 구조물, 기반시설, 사회간접자본(SOC), 기타 생활 인프라 등이다. 구체적인 생산대상물은 [표 1-1]에 정리해 놓았다. 건설경제의 생산물은 곧 건설투자 대상이기도 하다. 이 같은 시설을 짓고 확충하는 데 건설투자 지출이 활용된다.

특히 최근에 노후화로 인해 문제를 드러낸 도시기반시설은 주로 일반 토목시설과 산업시설에 배치돼 있다. 이 같은 기반시설은 국토이용계획법상 해당 지역의 도시계획을 수립할 때 반드시 반영하고 설치해야 할 '도시(군)관리시설'로 분류돼 있기도 하다.

건설경제의 생산자는 건설기업이다. 건설기업은 참가할 수 있는 공사범위(규모)에 따라 현재까지는 종합건설업자와 전문건설업자로 나뉜다. 대규모, 종합적 공사를 수행하는 건설기업은 종합건설업을, 부분적·세부적 공사를 수행하는 기업은 전문건설업을 등록한다. 최근 들어 건설업역에 관해 그간의 종합-전문 구도를 개선하기 위한 안이 마련되었다. 그러나 현재까지는 토목, 건축, 산업설비, 조경과 같이 하나의 구조물을 통할할 수 있는 종합건설업과 미장, 방수, 철콘 등 구조물의 부분을 완성하는 전문건설업으로 양분돼 있다. 이 밖에 전기공사, 정보통신공사, 문화재공사, 소방공사 등은 「건설산업기본법」이 정한 종합-전문공사와는 구분되지만 국민계정상 건설생산과 건설투자에 모두 계상되는 '범 건설공사'임에는 틀림없다.

건설생산 대상물과 건설생산 주체를 결합하면 건설생산활동은 다음과 같이 정의된다. '건설생산은 건설업자(전기, 문화재, 소방 등 포함)가 타인과의 계약이나 자기 목적에 의해 건설용지에 각종 건물(임시 건물, 조립식 건물 등 포함) 또는 구축물을 신축·설치 또는 증축·개축·보수·해체하거나 지반 조성을 위해 발파·굴착·정지 등의 공사를 수행하는 활동'이다.[6] 말이 어렵게 느껴지지만 단순화하면 '건설업을 등록한 건설업자가 타인으로부터 수주를 받거나 자기가 판매나 사용할 목적으로 [표 1-1]의 시설을 짓는 것'으로 이해할 수 있다.

---

6 한국은행, 《우리나라 국민계정 체계》, 2015, p.100

[표 1-1. 건설생산물 범위]

구분		포괄 범위
건물 건설	주거용 건물	• 단독주택: 단독, 다중, 다가구, 공관 • 공동주택: 아파트, 연립, 다세대, 기숙사 • 위 단독·공동주택의 신축·증축·개축과 자본적 지출(대수선)
	비주거용 건물	• 공업용: 공장 등 물품의 제조, 가공, 수리에 이용되는 시설 • 상업용: 근린생활시설, 판매시설, 숙박시설, 위락시설, 위험물저장 및 처리시설, 자동차 관련 시설, 일반 업무시설(오피스텔 포함) • 문교사회용: 문화 및 집회시설(공연장, 관람장, 전시장, 동식물원 등), 의료시설, 교육연구시설(학교, 직업훈련소, 학원, 연구소 등), 종교시설, 운동시설, 묘지관련시설, 관광휴게시설(야외음악당, 어린이회관, 휴게소, 공원, 유원지 등) • 공공용: 공공업무시설, 교정 및 군사시설용 건물, 발전시설 관련 건물, 방송통신시설 관련 건물 • 농림수산용: 동·식물 관련 시설(축사, 온실, 도축장, 도계장 등) • 기타: 창고시설
	건축보수	건물의 일상적 유지 및 보수를 위한 외주보수, 자가보수(대수선 제외)
토목 건설	교통시설	• 도로시설(공항 포함: 도로(일반, 고속, 고속화) 및 도로교량, 도로터널, 공항부지 및 활주로 등 • 철도시설: 철도, 철도교량, 철도터널, 지하철 및 정차장, 수리시설 등 • 항만시설: 항만 및 방파제, 접안시설, 갑문 등
	일반토목 시설	• 하천사방: 하천 및 사방공사, 저수지공사, 댐 신설 및 개보수 등 • 상하수도시설: 상하수도 신설 및 개보수, 저수장 설치 등 • 농림수산토목: 간척 및 매립공사, 농경지 정리, 농업용 저수지 및 부대시설 공사 • 도시토목: 택지 및 공업용지 조성, 조경공사 등
	산업시설	• 환경정화시설: 하수종말처리장, 폐수종말처리장, 쓰레기소각장, 대기환경 측정 및 정화시설 등 • 통신시설: 통신기기 및 케이블 설치 • 전력시설: 발전 및 송배전시설 설치 • 산업플랜트: 산업생산시설 및 플랜트, 송유관 및 가스관 등
	기타건설	• 군납·국방토목 등: 군사시설용 토목공사, 장례 및 묘지시설을 위한 토목공사, 위에서 분류되지 않는 토목공사 및 부대공사

출처: 한국은행, 《우리나라의 국민계정체계》, 2015, p.102, 필자 편집

[그림 1-4]는 1980년부터 2017년까지 건설생산액을 표시한 것이다. 1980년 이후 우리나라 건설생산액은 37년간 토목건설의 완만한 성장세와 건물건설의 대세적 상승으로 요약할 수 있다. 특히 최근 토목건설은 지난 2009년 이후 횡보추세(22조~27조원)에 있는 반면 건물건설은 지난 2011년 이후 지속적으로 급격한 증가세를 보여 주고 있다. 2017년의 경우 전체 건설 생산액 93.2조원 가운데 약 2/3에 해당하는 61.5조원을 건물건설에서 생산했다. 건물건설 내에서는 주거용과 비주거용 모두 2008년 이후 점진적으로 증가하고 있는 가운데 특히 주거용 건물의 증가가 2011년 이후 건물건설 증가를 주도하고 있음을 알 수 있다.

[그림 1-4. 1980년 이후 건설생산액 구성 변화 추이]

(단위: 10억원)

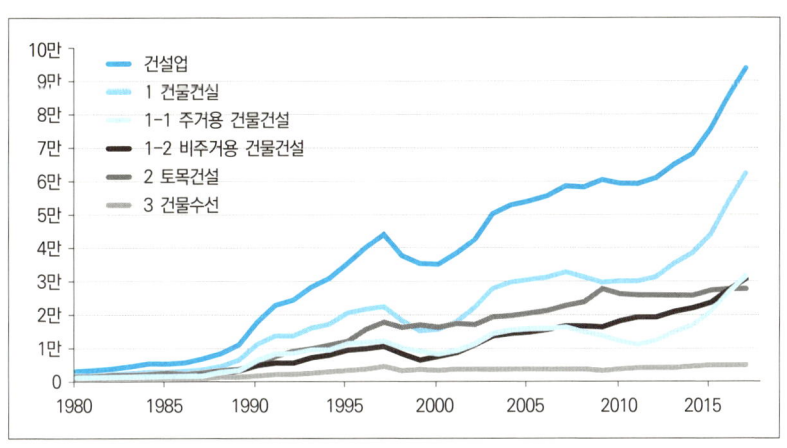

출처: 통계청 건설업조사

건설생산을 산출하는 방식은 여타 산업생산물과 크게 다르지 않다. '최종생산물의 시장가치'라는 생산액의 정의에 충실하게 각 생산단계마다 부가가치를 합산하거나 총생산물에서 중간생산물을 빼서 구할 수 있다. 우리나라에서 건설생산액을 집계하는 기관은 한국은행과 통계청 두 군데이다. 이중 한국은행은 총산출에서 중간산출을 제하는 방식(공제방식)으로 생산액을 산출한다. 이에 반해 건설업조사를 통해 건설업 부가가치를 공표하는 통계청은 분배된 부가가치를 모두 합산하는 방식(가산방식)을 활용한다.

공제방식은 생산액에서 원재료비, 연료비, 전력비, 용수비, 외주가공비, 수선비 등 중간투입비를 빼는 방식이다. 가산방식은 급여총액, 퇴직급여충당금전입액, 복리후생비, 감가상각비, 임차료, 세금과공과 등 부가가치가 사용·분배된 것을 합산하는 방식이다.

[표 1-2. 2017년 건설업 부가가치-가산방식]

(단위: 조원)

구분	총계	인건비	복리후생비	감가상각비	임차료	세금과공과	대손상각비	영업이익	부가세
총계	119.6	65.2	10	2.3	12.5	2.3	0.8	17.6	8.7
종합건설	53.0	24.3	5.1	1.2	4.2	1.6	0.6	11.4	4.5
전문건설	66.6	40.8	4.9	1.1	8.2	0.7	0.2	6.1	4.2

출처: 통계청 건설업조사

[표 1-2]는 통계청이 해마다 시행하는 건설업조사에서 발표된 2017년 건설업 부가가치를 나타낸 것이다. 2017년 건설업이 산출한 부가가치는 부가가치가 사용·분배된 제 요소를 모두 합산하여 119.6조원으로 집계되었다. 이는 같은 해 한국은행이 발표한 국민계정상 건설업생산액 101.1조

원과 비교하면 약 20조원 가까이 많은 액수이다.

 양 기관의 부가가치가 이렇게 차이 나는 이유는 무엇일까? 그 이유는 국민계정에서 집계하는 건설업생산(GDP)에는 통계청에서 계상한 부가가치 내역 중 임차료와 부가세가 중간투입으로 간주되어 포함되지 않기 때문이다. 중간투입으로 간주된 임차료와 부가세를 차감하면 [표 1-2]의 건설업 부가가치가 약 98.4조원으로 조정된다. 결론적으로 우리나라 2017년 한 해 동안 건설업활동을 통한 부가가치 규모는 건설업생산액 101.1조와 유사한 수준으로 볼 수 있다.

건설투자

 건설투자는 건설로 확보되는 자본재를 얻기 위한 지출이다. 건설투자가 목적하는 자본재는 앞서 살펴본 [표 1-1]과 같다. 다만 건설투자는 건설생산과 같이 진행기준으로 금액을 인식하는 것이 아니라, 투자가 완료되어 투자물의 소유권이 이전되는 시점에 인식한다는 점을 유의해야 한다.[7]

 건설산업을 국민경제의 관점에서 들여다볼 때 2018년을 기준으로 벌어들인 것(5.5)보다 훨씬 많이(15.5) 쓰고 있다. 최근 10여 년 평균으로 보더라도 대체적으로 벌어들인 소득 대비 약 3배 이상의 투자(지출)가 지속적

---

[7] UN에서 발행하는 국민계정체계(SNA, 2008년 기준)에서는 기본적으로 총고정투자 기록시점을 생산자가 당해자산의 소유권을 이전받는 시점으로 하도록 하고 있다.

으로 이루어져 왔다. 버는 것보다 세 배를 더 쓰는 이유가 무엇일까? 이유는 간단하다. 건설투자는 단순히 건설산업만을 위한 투자가 아니기 때문이다. 비록 '건설'투자의 이름으로 투자지출이 이루어지지만 그것은 건설산업만이 아닌 전체 산업의 생산을 뒷받침하는 건축물, 구조물 등의 자본을 축적하는 지출이기 때문이다.

[그림 1-5. 건설투자 항목별 구성비 추이(당해년도가격)]

(단위: 10억원)

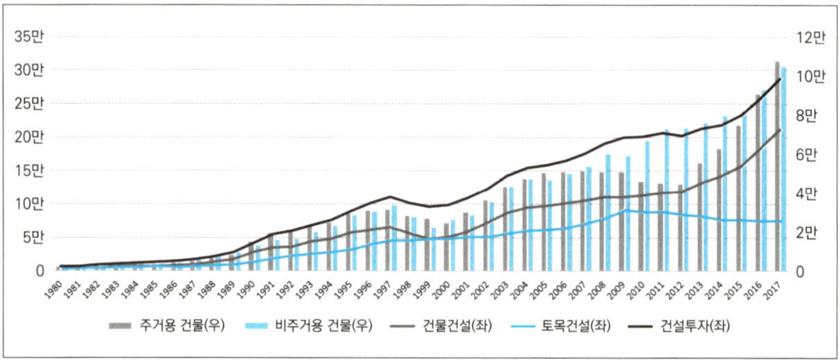

출처: 한국은행 경제통계시스템

[그림 1-5]는 1980년 이후 건설투자 변화 추이를 나타낸 것이다. 보다시피 경제불황기를 제외하고 지난 40년간 건설투자는 지속적인 증가세를 이어 왔다. 1997년 IMF 외환위기 후 후퇴한 건설투자는 약 2001년을 지나 외환위기 이전 수준을 회복하였다. 이후 건물건설의 증가세에 힘입어 지속적인 상승세를 이어 갔다. 2012년 이후 상승세가 주춤하였으나 2015년 이후 재차 가파르게 상승하는 건물건설투자 덕분에 건설투자는 다시 한 번 도약하는 모양새를 보여 주고 있다. 토목건설이 비교적 완만한 증가세를 지속하다가 2009년 이후 완만하게 감소하고 있다. 그러나 건물건설투

자는 1997년에서 2000년 사이에 비교적 큰 폭으로 하락한 것을 제외하고 전체적인 상승세를 유지하고 있다.

건설투자의 변화 추이에서 주거용 건물투자는 1980년 이후 2007년까지 비주거용 건물투자와 근소한 차이로 많거나 적은 모습이었지만 2008년 이후 2014년까지는 상당 폭이 줄어든 것을 확인할 수 있다. 2015년부터 주거용 건물투자가 증가하면서 2017년에는 다시 비주거용 건물투자액을 넘어섰다. 주거용 건물투자액은 주택가격이나 주택공급실적과 밀접한 관련을 맺으면서 당시의 주택시장 상황에 따라 투자규모가 조정돼 왔음을 보여 준다.

국민계정에서 건설투자는 설비투자, 지식재산 생산물투자와 함께 '총고정자본형성'을 구성하는 주요한 축이다. 총고정자본형성(GFCF) 또는 총고정투자(GFI)는 생산성을 유지하거나 증가시키기 위한 자본재 즉, 건물·기계·차량·설비 같은 자본(Capital)을 축적하는 행위이다. 투자의 기본 취지가 생산능력을 향상시켜 장래 수입이 지속되도록 하는 것인 만큼 투자로 인해 확충된 수익효과는 당해년도는 물론 수년간 지속되는 것이 일반적이다.

총고정투자액을 계상할 때 자산의 매입, 물물교환, 현물이전 등 기존자산의 취득은 물론, 자가생산도 포함하며 기존자산의 생산능력이나 내용연수를 증가시키는 개량과 자산취득에 부수하는 각종 세금 등 부대비용을 모두 포함한다. 다시 말해 자산창출에 소요되는 직접비용은 물론 부대비용까지를 모두 포함한다. 특히 토지와 관련해서는 토지의 양적·질적 개선, 생산성 향상, 토양 악화 방지 등을 위한 지출과 토지거래 매매수수료, 세금 등도 포함된다.

건설투자를 계산하는 방식은 '총산출+부대비용±건설재고'로 이루어진다. 구체적으로는 아래와 같은 3단계 과정을 거친다.

건설투자 산출과정

① 기초가격총산출 = 건설기성액 + 건축착공면적 + 농림어업산출
                                            (고정자산)

② 구매자가격총산출 = ① + 생산물세 + 부대비용
                        (부가세·취득세) (소유권이전거래세·중개수수료·분양수입)

③ 건설투자   = ② – 건설재고 증감

첫 번째로 '기초가격총산출'을 구한다. 이는 건설기성액과 건축착공면적, 영림산출물을 더하여 산출한다. 여기서 건축착공면적은 전기 대비 증감률을 산출하여 이를 건설기성액의 증감계수로 활용한다.[8] 영림산출물은 농림어업용 시설물, 구축물을 일컫는다.

첫 번째 단계를 통해 산출된 기초가격산출에다 생산물세(신규생산에 따른 부가세, 취득세)와 거래부대비용(신규 또는 중고 자본재거래에 소요되는 비용=취득세, 중개수수료, 분양수입 등)을 합산하면 '구매자가격(기준)총산출'을 얻을 수 있다. 건설투자는 이 구매자가격총산출에서 건설재고 증감을 차감하여 산출한다.

---

8 한국은행, 《우리나라 국민계정 체계》, 2015, p.172, 국민소득팀 설명

건설투자의 계산에서 흥미로운 점은 신규주택의 공급에 소요되는 부대비용(취득세, 분양수수료, 중개수수료)은 물론, 기존 주택, 비주거용 건물, 토지 매매에 부과되는 거래세(취득세)와 중개수수료 등 부대비용도 건설투자액으로 집계된다는 점이다.[9] 따라서 부동산 경기가 활황이어서 주택거래와 토지거래가 활발하면 투자자산이 실질적으로 늘어나지 않아도 거래세만으로 건설투자가 늘어날 수 있다. 2017년 한 해 동안 우리나라의 부동산 취득세가 17.4조원임을 감안하면 그해 건설투자의 약 6% 가까운 금액이다. 신규부동산 공급에 의한 취득이야 순투자가 동반되어 실질적 자본증가를 가져온다. 그러나 기존 자산의 잦은 거래로 발생하는 취득세액 및 부대비용은 실제 순투자 증가로 보기는 어렵다.

건설생산과 건설투자의 관계

앞서 언급했지만 건설경제는 매년 100조원의 부가가치를 만들기 위해 300조원을 지출하는 구조이다. 새로운 건설자본을 만들기 위해 매년 약 300조원만큼의 지출을 하면 거기에서 100조원 정도의 순가치가 생긴다는 뜻이다. 일반적으로 가계나 기업이 투자를 하려면 먼저 투자재원을 확보해야 한다. 투자재원이 확보됐다면 가급적 더 많은 수익을 내는 대상에 투자하려 할 것이다. 국민경제 내 건설투자 지출액이 과하다는 주장도 실상 이런 맥락에서 나온다. 투자의 우선순위, 투자의 효율 등에 대한 문제제기인

---

[9] 신규부동산은 취득가액, 취득세액, 부대비용이 모두 건설투자에 반영되는 반면 기존 부동산은 거래세액과 부대비용만 반영된다.

것이다. 10여 년 이상 소득 대비 투자가 3배 가까이 지속되면서 건설투자를 축소해야 한다는 주장은 더욱 설득력을 얻게 된다. 그러나 이는 그렇지가 않다. 생산과 투자를 평면적으로 접근한 결과일 뿐만 아니라 건설경제 자체의 특성이나 타 산업에 대한 연관효과 등을 고려하지 못한 주장이기 때문이다.

건설경제가 갖는 특징을 이해하기 위해 공급사용표[10]를 살펴보자. [표 1-3]과 [표 1-4]는 2014년 기준 공급표와 사용표를 주요 산업 기준으로 편집한 것이다. 양 표의 가로열은 산업을, 세로열은 상품을 의미한다.

먼저 [표 1-3] 공급표를 보자. 공급표의 상하방향은 특정 산업에 의해 생산(공급)된 상품을 보여 준다. 공급표의 좌우방향은 특정 상품이 어느 산업으로부터 공급(생산)되었는지를 알려 준다. [표 1-4]의 사용표는 특정 산업을 중심으로 상하로 읽을 때 특정 산업이 그해 공급표상 생산액을 생산하기 위해 어떤 상품을 중간투입으로 사용하였는지를 나타낸다. 공급표의 총생산액에서 이 중간투입액을 빼면 이 산업이 창출한 부가가치액이 된다. 사용표에서 특정 상품을 중심으로 좌우방향은 특정 상품이 각 산업별에 얼마나 이용되었는지, 즉, 중간수요와 최종수요로 얼마나 사용되었는지 알 수 있다.

---

10 한 국가의 경제 내에서 발생하는 재화와 서비스의 생산 및 처분에 관한 모든 거래내역을 집계한 산업연관표의 일부. 공급표는 산업별로 어떤 상품이 생산되어 공급되었는지를 보여 주며, 사용표는 공급된 상품이 어떻게 사용되었는지를 나타내는 표이다. 한국은행에서 작성,공표한다.

[표 1-3. 공급표(2014년 기준)]

(단위: 조원)

구분	농림어업	음식료품 제조업	화학제품 제조업	전기기 제조업	건설업	도매 및 소매업	운수업	음식점 및 숙박업	금융 및 보험업	공공행정 및 국방	상품별 계(기초가격)
농림수산품	57	0	0	0	0	0	0	0	0	0	57
음식료품	0	108	0	0	0	0	0	0	0	0	108
화학제품	0	0	237	0	0	0	0	0	0	0	253
전기 및 전자기기	0	0	0	355	0	0	0	0	0	0	363
건설	0	0	0	0	194	0	0	0	0	0	194
도소매 서비스	0	0	1	12	0	215	0	0	0	0	234
운송서비스	0	0	0	0	0	2	133	0	0	0	136
음식점 및 숙박서비스	0	0	0	0	0	0	0	93	0	0	101
금융 및 보험 서비스	0	0	0	0	0	0	0	0	139	0	139
공공행정 및 국방	0	0	0	0	0	0	0	0	0	120	120
소계	57	111	249	380	195	227	136	94	142	137	

출처: 한국은행 경제통계시스템, 주요산업만 필자 편집

[표 1-3] 공급표를 보면 건설업은 거의 100%에 가깝게 '건설'상품을 공급하고 있음을 볼 수 있다. 각 산업별로 해당 산업의 주력상품을 공급하는 비중이 평균 약 95%임에 반해 건설업은 99%로 평균보다 높은 수준이다. 쉽게 말해 건설상품은 유일하게 건설업으로만 생산(공급)된다는 뜻이다. 건설업과 함께 금융 및 보험서비스나, 공공행정 및 국방서비스는 주력상품

생산비중이 높은 편이다. 그러나 여타의 산업이 주력상품 외에도 다른 상품을 조금씩 공급하는 것과 비교하면 건설(상품)과 건설업의 집중도가 높은 수준임을 알 수 있다.

공급표에 나타난 건설산업과 건설상품의 관계를 건설투자로 확장하면 건설투자는 건설생산과 매우 전면적으로 연관된다는 점을 유추할 수 있다. 건설투자를 통해 확보하려는 건설자본재(건설상품)가 사실상 건설산업의 생산물로 나타나기 때문에 건설투자는 곧바로 건설생산활동을 수반한다. 여타의 산업에서도 투자가 생산으로 연결되지 않는 것은 아니다. 이를테면 조선업에 활용될 기자재를 생산하려는 설비투자는 그 투자지출을 통해 기계설비를 생산하는 기계공업의 생산을 증가시키고 이후 조선업(제조업)의 생산을 촉진하는 자본재로 활용된다. 즉, 설비투자가 생산으로 전환될 때는 그 투자물을 생산하는 연관 업종의 생산활동으로 분산되는 반면, 건설투자의 경우 대부분 건설업으로 집중된다는 것이다. 건설투자는 건설생산이라는 수단을 통해 결과물(투자목적물)을 확보하게 되므로 건설투자 중 세금, 부대비용, 기존 부동산매매대금을 제외하면 모두 건설업 생산활동 및 부가가치와 연계된다.

이제 [표 1-4] 사용표를 다시 보자. 건설업이 생산한 총산출 194조원을 공급하기 위해 중간투입으로 여타의 상품들을 이용한 내역과 부가가치 배분내역을 알 수 있다. 건설업은 여타의 다양한 상품을 골고루 중간이용하면서 중간투입율 약 65.5%를 보이고 있다. 전 산업 평균 중간투입율이 62%임을 고려하면 건설업은 다양한 산업이 생산하는 상품과 서비스를 평균 이상으로 중간사용하고 있음을 알 수 있다. 건설업의 전후방 연관효과가 타 산업보다 평균적으로 높은 수준임을 말해 주는 대목이다.

[표 1-4. 사용표(2014년 기준)]

(단위: 조원)

구분	농림어업	전기 및 전자기기 제조업	건설업	도매 및 소매업	음식점 및 숙박업	금융 및 보험업	공공행정 및 국방	중간수요계	총수요계	중간수요 비율
농림수산품	3.6	0.0	81	0.1	6.2	0.0	0.1	56.3	82.0	68.7%
전기 및 전자기기	0.1	141.8	12.6	2.0	0.6	1.4	0.7	214.1	482.1	44.4%
건설	0.1	0.6	0.1	0.2	0.1	0.1	3.1	12.1	210.5	5.8%
도소매 서비스	0.0	4.2	0.0	0.0	0.1	0.0	0.0	34.0	37.8	90.0%
음식점 및 숙박서비스	0.2	1.7	0.4	7.3	0.5	3.4	3.6	43.6	108.2	40.3%
금융 및 보험 서비스	0.7	3.9	4.9	9.2	1.4	19.1	2.8	91.6	147.0	62.3%
공공행정 및 국방	0.1	0.2	0.2	0.7	0.2	1.1	0.0	7.8	120.3	6.5%
소계	25.6	273.8	128.3	110.8	58.0	66.3	38.8	2216.2	4357.3	50.9%
국내 직접판매	0.0	0.0	0.0	0.0	0.0	0.0	0.0	0.0	0.0	
해외 직접구매	0.0	0.0	0.0	0.0	0.0	0.0	0.0	0.0	23.1	
잔폐물발생	0.0	-0.6	-0.7	-0.2	-0.1	0.0	0.0	-7.0	-11.4	
중간투입계	25.6	273.2	127.6	110.6	57.9	66.3	38.7	2209.2	4369.0	50.6%
부가가치계	31.6	107.1	67.3	116.5	35.7	75.9	98.3	1354.9		
총투입계	57.1	380.3	194.8	227.1	93.6	142.2	137.1	3564.1		
중간투입율	44.8%	71.8%	65.5%	48.7%	61.9%	46.7%	28.3%	62.0%		

출처: 한국은행 경제통계시스템, 주요산업만 필자 편집

사용표에서 건설상품을 두고 오른쪽 방향으로 따라가 보자. 전 산업생산을 위해 건설상품이 어떻게 사용되는지 볼 수 있다. 중간수요 비율은 약 5.8%로 다른 상품이나 서비스의 평균 중간수요비율 50.9%와 비교하면 현저히 떨어진다. 이는 건설상품이 중간재가 아니라 대부분 최종수요재로 활용된다는 것을 뜻한다. 최종수요 중에서도 민간과 정부의 고정자본형성에 각각 74%, 20.5%로 활용되어 건설상품은 고정자본재로서 최종수요되는 비중이 타 상품과 서비스에 비해 압도적으로 높다는 점을 알 수 있다.

사용표를 통해 확인할 수 있는 건설경제의 특징은 두 가지다. 하나는 건설산업이 타 산업과의 연관관계가 매우 높다는 점이다. 또 하나는 건설투자가 일단 투자목적물을 생산하고 난 이후에는 건설업 생산만이 아닌 타 산업을 위해서 활용된다는 점이다. 건설생산액에 비해 건설투자액이 약 세 배 이상 큰 원인도 바로 이 같은 이유임을 인식해야 한다. 주거, 교통, 생산설비 등 제반 산업활동에 활용되는 생산수단(인프라)을 생산하는 건설업의 특성을 감안하면 건설투자는 건설이 아닌 것에 훨씬 가까워진다.

공급표와 사용표를 통해 확인한 건설경제의 특징을 요약하면 건설투자를 통해 확보하고자 하는 건설자본재는 건설생산만으로 창출되지만 그렇게 창출된 건설자본재는 단순히 건설업만을 위한 것이 아니라 그보다 훨씬 넓은 제반 산업을 위한 자본으로 최종수요(활용)된다는 점이다.

03장

기업활동으로 본 건설경제: 건설수주와 건설기성

　기업활동을 통해 드러나는 건설경제의 대표적인 지표는 건설수주와 건설기성이다. 건설수주는 건설목적물을 소유(사용, 수익, 처분)하려는 자(발주자)와 그 목적물을 공급하려는 자(수주자) 사이의 계약이다. 통상 건설공사는 도급계약을 통해 이루어지는 것이 일반적이다. 통계에서 자주 인용되는 건설수주액은 건설발주자와 수주자가 목적물을 생산하기 위해 맺는 계약금액을 의미한다.

　건설수주는 건설산업이 갖는 몇 가지 특성에 연유해 원도급수주액, 하도급수주액, 건설기성액, 하도급률 등의 지표와 연관된다. 건설산업은 목적물 생산을 완료하는 데 일정 시간이 요구된다. 몇 시간 만에 뚝딱 과자 한 봉지를 만드는 것과 달리 비교적 긴 시간이 필요한 경우가 다반사이다. 생산에 소요되는 시간이 길다 보니 생산과정에 차질이 생길 위험도 높고, 그에 따라 지금까지 일부라도 완료한 공사를 분리해서 계산할 필요성도 높아진다. 이 과정에서 이미 완료한 부분공사를 평가한 금액이 건설기성이다. 통상 기성액은 그 시점까지 투입된 공사원가를 총공사원가로 나눈 비율을 공사계약금액에 곱하여 계산한다.

$$기성액 = 계약금액 \times \frac{공사투입원가}{총공사원가}$$

[그림 1-6. 건설기성액과 수주액의 변화 추이(1994~2016년)]

(단위: 100만원)

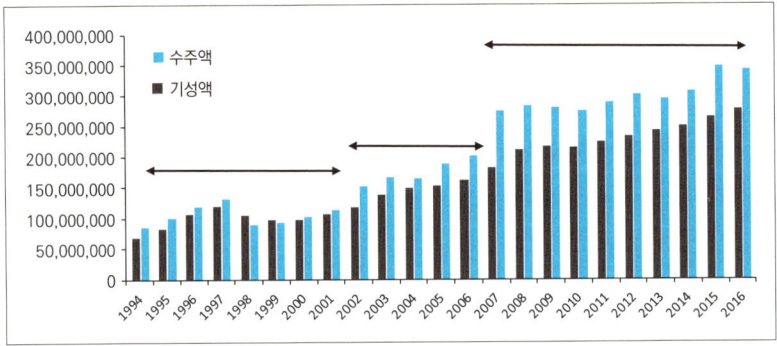

출처: 통계청(기성액은 원도급 업체, 수주액은 원-하도급 수주액 포함)

[그림 1-6]에서 보는 바와 같이 1994년부터 2016년까지 건설기성액과 수주액은 1998년 외환위기 직후 마이너스 증가를 제외하고는 대체적으로 꾸준히 증가해 오고 있다. 건설기성액은 연도별로 차이는 있으나 평균적으로 수주액의 약 80% 선 내외를 보이고 있다. 수주액 대비 기성액의 비율은 그래프상에서 1994년부터 2001년까지, 2002년부터 2006년까지, 2007년부터 2016년까지 세 시기가 뚜렷한 차이를 보이고 있다. 세 시기의 비율은 각각 93%, 82%, 77%로 점점 줄어들고 있다. IMF 외환위기 전후 2001년까지 기성액과 수주액이 거의 대등한 수준에 있다가 외환위기 수준을 회복한 2002년 이후 수주액이 기성액에 비해 다소 빠르게 증가해 15%

P 이상 차이가 나게 되었다. 이후 수주액은 2007년에 다시 크게 증가하여 이후 횡보수준을 보이고 있긴 하나 기성액과의 격차를 약 20% P 이상 늘려 현재에 이르고 있다. 왜 그런가? 그 이유를 추적하기 위해 먼저 건설사의 매출액에 대해 잠시 살펴볼 필요가 있다. 건설사의 매출은 대개 당년도 기성액으로 계상된다. 건설공사를 완성하기까지 보통 수년의 공사기간이 필요한 경우가 대부분이고 이 경우 수주액(계약액)과 기성액이 분리[11] 되는데 매출(수익)을 진행기준으로 인식하는 회계원칙에 따라 기성액이 당년 매출액으로 계상되는 것이 일반적이다. 다만, 매출로 인식한 기성액 중에서 수금이 되지 않아 지급받지 못한 금액은 외상매출금 등 매출채권으로 인식하여 미기성액과 구분한다.

그렇다면 위 [그림 1-6]에서 2002년부터 뚜렷해진 기성액과 수주액의 괴리는 건설계약 물량이 현격히 늘어나는 데 반해 건설사들의 공사능력이 제한되어서 벌어진 현상인가? 그렇지 않다. 오히려 격차가 벌어지기 시작한 2002년 이후에는 건설업이 면허제에서 등록제로 전환되고도 2년여가 지나 건설업체가 급격히 늘어나던 시기였다. 생산(공급)능력이 늘어났으면

---

[11] 공사 수행 기간이 수년에 걸쳐 있는 경우 공사에 소요되는 예산을 어떻게 편성하느냐에 따라 흔히 장기계속공사와 계속비공사로 구분한다. 계속비공사가 향후 수년간 진행될 전체 공사 소요 예산을 총공사금액으로 첫해에 계약을 체결하는 것에 반해, 장기계속공사는 전체 공사가 진행되는 수년 동안 매년 해당 연도의 공사비를 예산에 반영하고 해당 연도별로 공사계약을 체결하여 공사를 진행한다. 장기계속공사가 총공사부기금액(총계약액) 중 해당 연도 계약액만을 수주액으로 계상하여 회계년도마다 수주액이 안분되는 반면, 계속비공사는 계약년도에 총공사금액을 해당 연도 수주액으로 한 번에 인식한다. 다만 어떤 방식의 공사든 간에 기성액(매출액)은 공사 진행에 따른 원가율로 산정한다.

늘어났지 제한되지 않았다. 그렇다면 이 시기에 민·관의 건설발주 물량에 전례 없이 폭증하였다는 것인가? 건설투자가 지속적인 증가세를 보였으나 그렇다고 수주액이 기성액과 20% 가까운 차이를 보일 만큼 빠르게 늘어나지는 않았다.

기성액과 수주액의 격차가 벌어진 가장 근본적인 이유는 다단계 하도급의 심화현상 때문이다. 원도급 업체가 수주한 100원의 수주액은 다단계 하도급을 거치면서 200~300원으로 늘어나는 데 반해 공사를 완공해도 계상되는 기성은 최초 100원 이하이기 때문이다. [그림 1-6]은 기성액 대비 수주액이 높아지기 시작한 2002년 이후 건설산업의 생산방식으로서 다단계 하도급화가 급속히 심화되었다는 점을 시사한다.

하도급

생산과정과 측면에서 건설산업을 살펴보면 건설산업은 다양한 활동이 복합된 매우 종합적인 산업이다. 하나의 목적물을 만들기 위해 다양한 공정이 요구된다. 자동차 한 대를 생산하기 위해 소요되는 부품이 수만 개에 이르는 것처럼 건설산업도 하나의 목적물을 완성하는 데 다양한 인적·물적 공정이 수행된다. 최근에는 ICT 기술이 접목된 스마트건설 등 4차 산업혁명의 흐름 속에 건설산업의 복합연관성은 더욱 증대되고 있는 실정이다.

다양한 분야의 생산기술과 공정 그리고 많은 인력이 수반되는 건설업의 특성은 생산 주체(건설회사)로 하여금 전 생산과정을 모두 직접 수행하지 않고 공정단계나 종류별로 외부 수단을 활용하는 아웃소싱(생산의 외부화)을 활성화시켰다. 생산에 소요되는 모든 과정과 인력을 내부에 확보하는 것은 고정비를 증가시켜 효율을 떨어뜨리기 때문이다. 따라서 부분적인 외부화를 통해 필요한 시점에 필요한 인력, 장비를 탄력적으로 활용하는 것은 비용을 절감하면서 생산효율을 높이려는 불가피한 사업운영 방법이다.

건설생산의 외부화가 만연한 배경을 좀 더 자세하게 살펴보면 건설업 특성에서 연유하는 세 가지 요인을 찾을 수 있다. 첫 번째는 작업량 확보의 불안정성이다. 입·낙찰-계약과정을 통과해야만 작업량을 확보할 수 있는 수주산업의 특성상 생산요소를 내부에 고정시키기보다 외부에서 필요할 때마다 조달하려는 유인이 작용한다. 두 번째는 생산활동이 계절의 영향을 받는다는 점이다. 생산요소를 내부에 둘 경우 혹한·혹서기 등 실제 생산이 이루어지지 못하는 시기에 불가피하게 유휴기간을 갖게 된다. 이에 대한 비용을 절감하기 위해서라도 외부 조달의 유인을 가진다. 세 번째는 생산활동의 복합성이다. 건설생산은 다양한 공정을 거치면서 각 공정별 전문성을 요구하는 경우가 대부분인데, 내부에 모든 공정에 대한 전문성을 확보하는 것은 보유비용을 높이고 결과적으로 사업성을 낮추는 원인이 된다.

그렇다면 외부 의존도가 높은 건설생산의 구체적인 모습은 어떠한가? 건설생산의 외부화는 하도급으로 대별되는 수직적 외부화(생산구조)가 압도적이다. 단순히 사업운영상의 효율과 비용절감을 추구하는 외부화라면 수평적 외부화를 통한 생산구조도 얼마든지 가능할 텐데 굳이 원·하청의 수직적 생산구조가 정착된 배경은 무엇인가?

　수직적 생산체계가 구축된 대표적인 이유는 그간 제도적으로 운영된 산업 생산체계, 즉, 종합공사업과 전문공사업의 구분으로 생산과정이 경직되고 수직적으로 운영된 데서 그 원인을 찾을 수 있다. 공종별 등록체계가 개별 공종의 전문성 제고나 기술력 향상, 생산효율성 증대라는 목적이 있음에도 불구하고 업계에서 형성된 실제 관행은 수직적 생산구조 고착화였다. 이렇게 된 원인은 다양하겠지만 무엇보다 '일감 확보의 불투명성'이라는 수주산업의 특성이 과잉경쟁과 맞물린 데서 찾아야 한다.

　원하도급의 수직적 생산구조는 갖가지 폐해를 양산하고 있다. 먼저 불투명한 일감 획득과정을 통과했다는 자체가 기업이윤의 근거로 인정되면서 직접 일하지 않고 이윤을 획득하는 관행을 정착시켰다. 수주와 동시에 일정 이윤을 떼고 물량 전체를 하도급 주거나 아예 그 목적을 위해 생겨 난 건설회사(페이퍼컴퍼니)가[12] 한때 시장에 넘쳐 났다. 일감 확보에 대한 가치를 지나치게 인정한 나머지 일을 주는 상위업자의 이윤은 절대적으로 보장해 줘야 한다. 그 과정에서 노무비 축소, 덤핑자재 사용 등 건설생산성을 저하시키는 현상이 발생했다. 경쟁 속에서 일감 확보의 가치를 지나치게 높이 인정하는 문화는 원하도급을 '갑을관계'로 몰고 갔다. 이것이 바로 수직적 생산체계가 고착화된 배경이다.

12　낙찰 후 바로 일정 이윤을 떼어 내고 공사 전체를 하도급하는 이른바 부금사업자를 말함.

[표 1-5. 하도급을 통한 계약 세부구성액의 변화 양상]

단계별 내역	이윤 시공	이윤 하도	인건비	재료비	기성액	계약액
① 발주자→원도급인(A): **100** [직접시공 50(재료비 30, 인건비 15, 이윤 5), 50은 45에 하도급]	5	5	15	30	50	100
② 1차 하도급(B): **45** [전체를 40에 하도급]	0	5	0	0	0	45
③ 2차 하도급(C): **40** [직접시공 20(재료비 12, 인건비 6, 이윤 2), 20은 17에 하도급]	2	3	6	12	20	40
④ 3차 하도급(D): **17** [직접시공 10(재료비 6, 인건비 3, 이윤 1), 7은 5에 하도급]	1	2	3	6	10	17
⑤ 4차 하도급(E): **7** [직접시공 7(재료비 4.2, 인건비 2.1, 이윤 0.7)]	0.7	0	2.1	4.2	7	7
소계	8.7	15	26.1	52.2	87	209

하도급은 단순히 여러 단계로 생산조직을 수직화하는 데 그치지 않는다. 하도급 관행으로 인해 최초 계약이 어떻게 변형되는지 살펴보기 위해 [표 1-5]를 보기로 하자.

[표 1-5]에 보인 하도급 사례는 건설 현장에 일상적으로 일어나는 하도급 관행을 5단계의 행태로 설정하여 2018년 기준 노무비율 30%, 재료비는 60%, 시공이윤 10%로 가정한 것이다. 다만 하도급 이윤은 원청의 인위적 설정이 가능한 것으로 가정하여 별도 기준을 두지 않았다.

5단계 하도급계약을 통해 최초 100이었던 계약액(=수주액)은 전체 209로 늘어났다. 하도급 단계가 늘어날수록 최초 계약 물량이 중복되면서 수주액이 뻥튀기된 것이다. 5단계를 거치는 동안 수주액은 209로 부풀려졌지만 각 단계에서 생산된 기성액을 계산하면 87로 집계된다. 늘어난 계약액 중 109만큼은 하도급을 통해 중복적으로 계상된 것이다. 각 단계에서 직접시공하지 않고 하도급된 계약액을 모두 합하면 102(=45+40+17)이다. 이 실질적 하도금액 102 중 하도급 이윤으로 15(=5+5+3+2)가 빠져나가면서 기성액은 최초의 물량 100에도 미치지 못하는 87로 축소된 것이다.

실질 하도금액 102는 위 계약 전 과정을 통해 이윤 23.7, 인건비 26.1, 재료비 52.2로 쪼개진다. 이를 최초 100으로 시작된 계약(이윤 10, 인건비 30, 재료비 60)과 비교해보자. 하도급과정을 통해서 이윤을 제외하고는 인건비와 재료비 모두 축소돼 있음을 알게 된다.

하도급은 수주액을 부풀리는 대신 기성액은 줄이며, 정상이윤보다 높은 초과이윤을 창출하는 대신 인건비와 재료비는 당초 원가보다 줄인다. 하도급과정을 통한 생산의 장점은 부가가치(이윤+인건비) 측면인데, 최초 가정 40(10+30)보다 많은 49.8이 창출된다는 점이다. 물론 늘어난 부가가치의 상당 부분은 이윤을 늘린 데서 온 것이다. 위의 예는 하도급과정에서 발생할 수 있는 다양한 사례 중의 하나일 것이다. 실제 어떤 단계에서는 이윤을 남기지 못하고 손해를 보면서 일하는 하도급자도 얼마든지 있다. 그러나 만연한 수직 다단계 하도급이 주는 폐해를 파악하기에는 매우 적절한 사례임을 다시 한번 강조한다.

[표 1-6]은 2016년 한 해 동안 건설업체(종합, 전문, 기계설비, 시설물, 전기, 정보통신, 소방)가 발주자와 계약한 원도급액과 건설사들 간 하도급액, 각급 기성액 등의 현황이다. 2016년 우리나라에서 1년 동안 발주된 건설공사 계약액은 약 273.5조원이다. 2016년 건설투자 총액 258.1조원보다 많은 금액이다. 한 해 동안 실제로 공사가 완성된 양을 뜻하는 기성액은 277.6조원으로 수주액과 비슷한 규모임을 알 수 있다.

[표 1-6. 2016년 기준 건설공사 원하도급계약액, 기성액 현황]

(단위: 조원)

공사 종류별	발주자별	2016					
		계약액 (원도급)	계약액 (원도급, 하도급)	기성액	원도급 공사 기성액	하도급 공사 기성액	미기성액
총계	총계	273.5	342.6	277.6	192.	85.5	55.2
	공공	56.8	74.5	68.2	44.9	23.2	67.7
	민간	185.2	236.6	163.7	104.3	59.3	296.3
	외국기관	0.38	0.46	0.31	0.18	0.13	1.0
	해외	31.0	31.0	45.3	42.4	28.6	18.7

출처: 통계청 건설업조사, 외국기관은 국내소재 외국기관 등을 의미

273.5조원의 원도급 계약액 중 약 25%인 69.1조원은 원도급업체에서 하도급업체로 재계약되는 금액이다. 표에는 나타나지 않았지만 2016년 종합건설업과 전문건설업의 통계만 분리해 보면 원도급 수주액은 총 187.7

조원이다.(종합 162.1, 전문 25.6[13]) 종합건설업 수주액 162.1조원 중 65.9조원은 다시 전문건설로 하도급이 되었으므로 원도급공사의 약 40% 정도가 하도급되고 있는 것이다. 즉, 하도급률이 약 40% 정도인 셈이다.

건설수주, 건설기성, 건설생산, 건설투자의 상호관계

건설경제활동을 나타내는 대표적인 지표로 지금까지 건설생산, 건설투자, 건설수주, 건설기성 등에 대해서 알아보았다. 이 지표는 다양한 경제 주체들이 건설생산활동에 참여함으로써 만들어진다. [그림 1-7]은 이 네 가지 지표들 관계를 도식화한 것이다. 국가예산이든, 특정 사업을 위한 민·관의 투융자든, 또는 순수한 민간 조달 자본이든 건설사업을 추진하기 위한 재원이 마련되면 이후 사업주체의 사업자 선정방식에 따라 해당 계약자를 결정한다. 전통적인 최저가 낙찰방식을 비롯해 사업자를 선정하는 방식은 사업규모, 종류 등에 따라 다양하다.[14] 계약자를 선정하는 과정이 곧 건설수주가 이루어지는 과정이다. 건설수주가 확정되면 착공 이후 본격적인 건설생산이 이루어진다. 생산기간 중에 부분적으로, 정기적으로 건설기성이 집계된다. 건설생산이 완료되는 시점에 건설투자액이 집계되고, 이후 해당 사업 피드백과정을 거쳐 차기 유사 사업의 투자계획에 활용함으로써

---

13 이는 발주자로부터 전문건설업이 직접 원도급 받은 금액이다.
14 국가계약법, 지방계약법 등은 국가나 지방정부를 상대로 하는 공사, 용역, 물품구매 등의 계약을 규율한다. 건설공사의 경우 사업금액 등 사업규모 등을 기준으로 적격심사, 최저가낙찰제, 종합심사평가제 등의 계약자 선정방식이 있다.

사전투자의 개념으로 예산편성과정에 반영된다.

[그림 1-7. 건설수주, 건설기성, 건설생산, 건설투자의 관계]

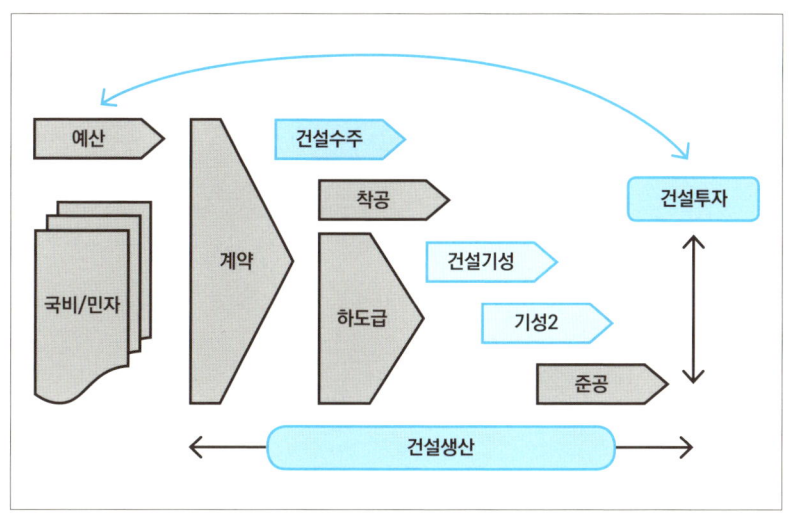

이들 지표는 주로 건설경기 상태를 판단하거나 향후 흐름 등을 전망하는 데 활용된다. 또 전체 경제활동 속에서 건설경기가 거시경기 전반에 작용하는 영향력이나 또는 그 반대현상을 판단하는 데 활용되기도 한다.

일반적으로 건설수주는 건설생산활동이 본격적으로 이루어지기 전에 생산활동을 예정하는 선행지표로 인식된다. 반면 건설기성은 생산활동이 일정 부분 진행되고 얻어지는 중간결과물로 경기순환과 동행하는 지표로 인식된다. 또 건설투자는 연간 투자규모를 예정하고 건설수주 이후 건설기성을 통해 부분 결과물을 얻는 과정을 거치다가 건설생산이 완료되는 시점에 추계되므로 건설기성을 통해 대용하기도 한다. 즉 건설기성은 건설투자가 실현된 상태라고 할 수 있다. 건설생산은 건설수주와 건설기성에 의해 진행되고 이는 종국에 건설투자가 완료되기까지 발생하는 부가가치로 집계된다.

잠깐만 1

생산의 본질, 가치란 무엇인가?

상품과 서비스로 대별되는 경제재는 본연의 가치를 어떻게 만들고 평가하는가? 사람들은 가치 있는 것을 소유하거나 소비하고자 하며, 소유와 소비의 욕망은 가치 있는 경제재를 생산, 유통, 판매하도록 하여 시장을 형성한다. 가치와 관련된 두 가지 근본적인 문제, 즉 '무엇이 가치를 만들어내는가?'와 '창출된 가치는 어떻게 평가되는가?'는 곰곰이 들여다보면 생산과 소비의 문제이기도 하다. 가치를 만든다는 것은 생산이며 만들어진 가치를 평가하는 것은 소비의 한 부분이기 때문이다. 결국 가치를 만들고 평가하는 문제는 경제활동의 가장 근본을 이루고 있는 것이다.

본격적인 논의에 앞서 '가치'란 사람이 평가한 것이고 사람과의 관계 속에서 이루어진 합의임을 먼저 지적하고자 한다. 가치 자체는 사람이 아닌 다른 요인에 의해 만들어질 수 있지만, 그렇게 만들어진 가치를 발견하고, 활용하고, 평가하는 일은 사람을 전제로 한 것이다.

자연으로부터 얻는 수많은 자원들, 예를 들어 금 같은 보석에 우리가 가치를 부여하는 것은 금이 인간생활에 주는 일체의 유용성 때문이다. 그러나 그 유용성에 대해 가치를 인정하고 평가하는 사회적 합의가 있기 때문임을 인식해야 한다. 그런데 가치에 관한 사회적 합의는 역사적으로 변하기도 한다. 또, 동시대에 공간과 상황에 따라서도 바뀐다.

가치는 노동이다

가치를 만들어 내는 데 일찍이 주목을 받았던 것은 노동이었다. 노동은 인간이 어떤 목적물을 만들기 위해 행하는 육체적, 정신적 행위들의 총체이다. 노동이 가치를 만들고 노동이 가치의 원천이라고 했던 이들은 존로크나 윌리엄 페터 등 일단의 고전학파들이었다. 노동이 가치의 원천이라는 주장은 '노동', '노동시간', '노동량' 등에 대한 논의로 애덤스미스, 리카도, 마르크스 등의 정치경제학계 흐름으로 이어져 왔다.

애덤스미스는 《국부론》에서 가치의 근원과 관련한 두 가지의 입장을 취한다. 노동이 가치를 만드는 근원이자, 가치를 측정할 수 있는 척도라는 점이다. 그래서 어떤 가치 있는 물건을 생산하거나 소유하는 것은 그것을 만드는 데 필요한 노동(력)을 소유하는 것과 같다는 논리를 펼친다.[15] 물건을 소유하면 그 물건을 만드는 데 소요되는 '타인의 노동'을 소유하는 것과 같다고 주장했다. 노동이 일종의 실질가치인 것이다.

두 번째는 노동가치설에서 확장된 이른바 '생산비이론'이다. 애덤 스미스는 가격이 가치를 표시한다는 묵시적 전제를 두고 어떤 물품의 가격(가치)은 노동으로 창출된 가치(임금)에 토지의 사용대가인 지대, 자본의 사용

---

15 "어떤 물건을 획득해 가지고 있으나 그것을 팔거나 다른 물건과 교환하려 하는 사람이 갖는 실제의 가치는, 그 물건을 소유하고 있음으로써 자신은 면제받고 그리고 타인에게 부과할 수 있는 수고와 번거로움(노동)이다."
출처: 애덤스미스, 김수행 옮김, 《국부론》, 비봉출판사, 2007

대가인 이윤 등 각 생산요소의 대가들의 합으로 결정된다고 주장했다. 이 생산비이론은 가치의 근원이 노동에만 있다는 종전 주장과는 다소 배치되는 모습을 보인다. 노동가치설에 의할 경우 노동 이외의 생산요소인 토지, 자본 등이 투입되어 가치창출에 기여한 것을 무시하기 때문이다. 그러나 노동만이 유일한 가치창출원이라는 주장을 애덤 스미스가 명시적으로 언급하지 않았다는 점을 고려하면 이 생산비이론은 노동가치설과 배치되는 것이라기보다는 그것이 확장된 형태로 보는 것이 타당하다. 노동뿐 아니라 동일 선상에서 생산요소별 기여도 등을 가치의 근원으로 확장한 것으로 볼 수 있기 때문이다.

노동가치론의 논의를 좀 더 구체적으로 살펴보면 '가치는 노동을 통해 만들어지는데 구체적으로 과연 어떤 노동이 가치를 만드는가? 또는 평가하는가?'의 문제로 이어진다. 애덤 스미스와 리카도가 이 논쟁의 중심인물들이다. 이 논쟁은 노동으로 가치를 보유한 어떤 물건이 시장에서 평가받는 가치(노동)와 이를 만드는 데 들어간 가치(노동)가 불일치할 때 어느 것을 중시하는가의 문제였다.

애덤 스미스는 어떤 가치를 갖는다는 것은 그 가치만큼 노동을 보유하고 지배할 수 있는 것이므로 시장으로부터 평가된 가치를 중시했다. 그래서 내가 그것을 만드는 데 들인 노동량이 아니라 시장에서 평가받은 가치만큼 타인 노동을 지배할 수 있다고 했다. 이에 반해 리카도는 가치의 원천이 노동이고 그 노동의 가치는 투입된 노동에 의해 결정되는 것이며, 이렇게 측정되는 노동만이 가치의 절대적인 척도라고 주장했다[16].

노동과 생산요소 비중을 가치의 근원으로 본 견해들은 가치가 일종의 객관적인 요인에 의해 만들어지고 그 같은 객관적 요인을 척도로 측정(평가)할 수 있는 것으로 보는 공통점을 갖고 있다. 예를 들어 만들어진 가치 100은 들어간 노력 얼마에 의해 산출되었고 그 노력을 단위로 봤을 때 100으로 평가할 수 있다는 일종의 객관적 가치론인 것이다.

가치는 효용이다

노동량이든 노동시간이든 혹은 노동과 함께 활용된 다른 생산요소이든 가치를 만들기 위해 활용된 근원적 요소들로부터 가치가 창출된다는 입장은 가치창출 과정을 중심에 둔 것이었다. 물론 가치는 결과적으로 교환될 때 의미가 있으니, 창출된 가치와 동일한 등가의 구매력을 확보할 수 있어야 한다고 본 리카도의 입장도 큰 틀에서는 '만들어진 가치'를 중심에 두고 있는 것이다. 때문에 가치를 만드는 데 들어간 노동을 가치의 근원으로 보고 그 노력에 상응하는 등가의 다른 노동으로 보상받을 수 있어야 한다는 노동가치설은 직관적이면서도 합리적이라 할 수 있다.

---

16 "어떤 상품에 투하된 노동량과 그 상품이 구매할 수 있는 노동량은 같지 않다. 첫째 것은 많은 경우에 다른 물품들의 가치 변동을 정확히 가리켜 주는 불변의 척도이지만, 둘째 것은 그것과 비교되는 상품의 수만큼 변동을 겪는다."
출처: 데이비드 리카도, 권기철 옮김, 《정치경제학과 과세의 원리에 대하여》, 책세상, 2010

그러나 문제는 어떤 일정량의 가치가 모든 이에게 등가의 것으로 인정될 수 있느냐에 있다. 객관적으로 동일한 가치를 가진 경제재에 대한 평가도 사람, 공간, 시간에 따라 다르게 매겨지는 것이 다반사이다. 2시간 노동이 1시간의 노동 2개와 등가라고 어떻게 규정한다는 말인가? 노동의 질도 다르고 노동력의 종류도 다른 경우가 수없이 많다. 다시 말해 노동을 활용하는 재화와 서비스가 다양하고 그 일관된 평가기준을 세우기도 어렵다.

이 같은 제약을 넘어 새롭게 가치를 규정한 이론은 가치를 '소비자의 효용'이라는 주관적 만족감에서 찾았다. 한계효용학파로 불린 이들은 가치는 1시간 노동을 투입하여 생산되는 것이 아니라 소비자가 어떻게, 얼마만큼의 만족감을 얻느냐에 따라 결정된다고 했다. 이들은 가치가 그것을 소비 또는 소유하는 수요자의 주관적 만족도에 따라 가변적이고, 결국 수요자의 주관적 만족도라는 효용을 통해 가치의 우열을 결정할 수 있다는 입장을 취했다. 특히 재화의 가격인 교환가치는 주관적 만족도 중에서도 한 단위의 재화를 추가로 소비하는 순간 얻을 수 있는 '한계효용'의 크기로 결정된다고 보았다.

노동가치설이나 생산비이론에서 가치가 객관적으로 확인된 투입요소의 합으로 정해졌다면, 효용을 중시하는 입장에서는 '가치가 결국 수요하는 자의 만족도나 효용의 크기에 의해 결정된다'고 했다. 또 가치가 노동의 산물이라는 입장은 노동을 비롯한 공급요인에 의해 가치가 결정된다고 본다. 이에 반해 효용을 중시하는 입장은 수요자의 한계효용을 가격으로 봄으로써 수요 요인에 따라 가치가 결정된다고 본다. 각각 객관적 가치, 주관적 가치 또 공급자 중심, 수요자 중심이라는 하나의 구도를 형성했다.

가치는 혁신이다

가치는 노동이나 효용에 의해 만들어지기보다, 하나의 생산체계 안에서 혁신이 이루어질 때 만들어진다는 주장이 있다. 바로 슘페터의 '경제발전이론'이다.

슘페터의 경제발전이론은 가치론이라기보다는 가치를 비롯한 일련의 생산혁신과 경제발전에 집중된 이론이다. 《경제발전이론》에 소개된 혁신(신결합)은 '초과이윤'을 지향하는 기업가에 의해 이루어지는 비연속적 진화이다. 끊임없이 '많은 것'을 추구하는 기업가는 단순히 이윤을 노리고 기업을 하지 않는다. 기업가는 '자신의 왕국'을 건설하여 '성공을 성취'하여 창조의 기쁨을 추구하는 존재이다. 기업가들은 일반적으로 어떤 상태가 오래 되도록 내버려 두지 않는 특성을 갖는 존재로 자본가나 경영자와 다르다.

슘페터의 혁신은 공급 측면에서 발생한 불연속적 변화가 인류의 경제적 진보를 성취한 사례를 통해 설명된다. 컴퓨터나 스마트폰이 등장한 배경은 수요자의 강력한 욕망보다 공급자의 기술혁신 노력이 더 큰 것이었다. 결국 혁신은 새로움을 갈망하는 수요자의 욕망이 아니라, 공급자가 실현한 변화가 새로운 수요를 만나 현실화될 때 이루어진다.

슘페터는 이 같은 혁신을 위해 '새로운 상품', '새로운 생산방법', '새로운 시장', '새로운 원자재 공급원', '새로운 조직' 등 5가지가 필요하다고 보았다. 그리고 이들의 결합(신결합)이 이루어질 때 불연속적 진화와 같은 변화(혁신)가 달성된다. 그 변화로 기존 체계와는 다른 새로운 형태의 생산성과 가치 증진이 실현된다. 돌이켜 보면 자본주의는 이 같은 창조적 파괴와 신결합으로 점철된 과정이 중첩되면서 가치를 증진시켜 왔음을 부인하기 어렵다.

슘페터는 가치를 높여 가는 주체로 기업가를 지목했다. 그리고 이 기업가에게 변화를 만드는 지원자로 은행가를 지목한다. 다시 말해 금융이 혁신을 위한 지원자라는 것이다. 기업가는 은행가의 자금지원을 받아 혁신을 이루고 그 결과로 이윤을 만들어 내는데 이 이윤이야말로 이자의 원천이라는 것이 슘페터의 주장이다. 그래서 슘페터는 금융이 단순히 자금지원에 대한 자금 사용대가를 노리는 데 그치는 것이 아니라 기업가의 혁신을 유도하고 그로 인한 생산성 향상과 가치 증진의 근원적 역할을 해야 하는 점을 강조한 것이다.[17]

---

17 "발전이 없으면 이자는 존재하지 않을 것이다. 이자는 발전이 첩첩이 쌓이는 경제가치의 큰 바다에서 일어나는 거대한 파도의 일부이다. (중략) 이자는 결국 기업가 이윤에서 흘러나와야만 한다."
출처: 조지프 슘페터, 박영호 옮김, 《경제발전의 이론》, 지식을만드는지식, 2012.03

제2편
건설경제의 생산물 1
- 집

04장
우리는 얼마나 많은 집을 지었고, 지어야 하나?

건설경제의 생산물인 집은 인간생활의 가장 근본적인 물리적 토대이다. 집은 경제적으로 사람이 살아가는 공간, 정주하는 공간을 제공하는 내구재로 그 기능은 사람을 보호하고 생존시키는 데 있다. 그래서 집이 없는 사람은 있지만, 집에서 살지 않는 사람은 없다. 반드시 주택의 형태가 아니더라도 집의 기능을 하는 처소에서 거주한다. 집을 사람의 삶을 구현하는 장소로 확장하면 집은 인간의 정서와 감정을 담아내는 그릇이 된다. 따라서 건설경제의 생산물인 집은 인간의 삶을 물리적으로 뿐만 아니라 정서적으로 좌우하는 공간이다.

주택이 인간 삶에 미치는 근본적 기능과 의미를 살피는 것은 건설경제의 생산물인 주택을 다루는 첫 출발점으로 삼기에 모자람이 없다. 이토록 중요하고도 필수적인 것이기에 주택을 바라보는 시선이 여러 갈래인 것은 어쩌면 당연한 것일지도 모른다.

주택보급률

주택보급률은 분모인 가구 수, 분자인 주택 수를 대비하여 주택의 수요와 공급을 간결하게 보여 주는 통계다. 1가구 당 1주택이면 주택보급률은 100%가 된다. 그런데 주택보급률을 정의할 때 최근까지도 논란이 있었다. 종전 주택보급률 통계 기준[18]에 의하면 우리나라는 이미 2002년에 주택보급률이 100%를 넘어섰다(100.6%). 그러나 종전 주택보급률은 지속적으로 증가하는 1인가구를 배제하여 가구 수를 실제보다 줄인다는 맹점이 있었다. 또 주택 수를 산정할 때도 대도시에서 흔히 보는 다가구주택을 1주택으로 계산하는가 하면 오피스텔이나 상가주택 등을 배제하여 실제보다 적게 계상하는 문제가 있었다.

이 같은 점을 보완하여 2008년부터 적용된 신주택보급률[19]은 주택 수를 계산할 때 다가구주택을 실제 주택 수로 반영하고 가구 수에도 1인가구를 반영하였다. 신주택보급률에 따르면 우리나라는 2008년에 100.7% 기록하여 이 역시 100%를 넘었다.

---

18 총 주택 수를 보통가구 수의 비율로 나눈 것으로 총 주택 수는 거주주택 수와 빈집 수를 합한 후 멸실주택 수를 뺀 숫자를 말한다. 보통가구 수란 총 가구 수에서 외국인가구 수, 집단가구 수(양로원, 고아원 등), 단독가구 수, 비혈연가구 수를 제외한 가구 수를 말한다.

19 주택보급률(%) = (주택 수/보통가구 수) × 100
주택 수 = 거주주택 + 빈집
가구 수 = 보통가구 수 + 1인가구 수 + 비혈연가구 수
     = 총 가구 수 − (외국인가구 수 + 집단거주가구 수)

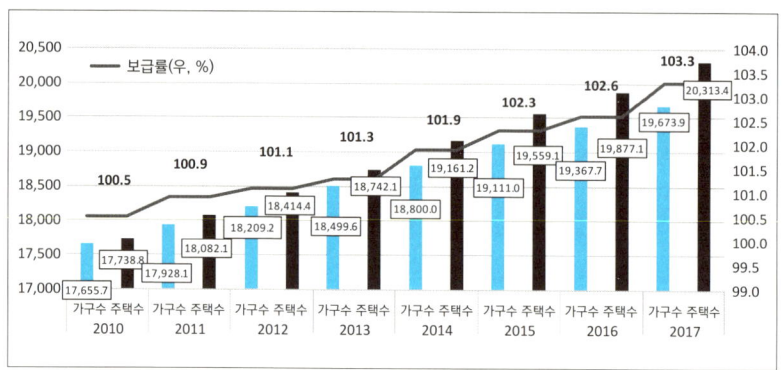

[그림 2-1. 2010년 이후 주택보급률 추이]

출처: 통계청, 신주택보급률, 필자 편집

[그림 2-1]에서 보는 것처럼 2010년 이후 우리나라의 주택보급률은 꾸준히 상승하고 있다. 7년간 약 2.8%P가 올랐다. 이는 공급량(분자: 주택 수)이 수요량(분모: 가구 수)보다 더 많이 늘어났음을 뜻한다.

[표 2-1. 2017년 주택보급률]

(단위: 만 호, %)

구분	가구 수	주택 수	보급률
전국	1967.4	2031.3	103.3
수도권	949.6	933.5	98.3
서울	381.3	367.1	96.3
지방	1017.7	1097.8	107.9

출처: 통계청, 인구주택총조사
㈜ 가구 수: 일반가구(보통가구+1인가구+비혈연가구), 주택 수: 다가구주택 구분 거처 반영

[표 2-1]에서 보는 바와 같이 2017년 우리나라의 주택보급률은 103.3% 이다. 산술적으로 주택보급률이 100%를 넘었으니 가구 수보다 많은 집이 지어진 것은 맞다. 그러나 현실에서 모든 가구가 집을 보유한 것은 아니다. 특히 지방의 주택보급률이 108%에 가까운 데 반해 수도권의 주택보급률이 100%에 미치지 못하고 있는 점을 주의 깊게 볼 필요가 있다. 여기에 '원하는 장소와 규모'라는 주택 수요의 질까지 고려하면 문제는 더 복잡해진다. 인구 50%가 모여 사는 수도권의 주택보급률이 아직 100%에 미치지 못하는 점은 여전히 사람보다 주택이 부족하다는 걸 뜻한다. 나아가 수요의 질적 측면까지 고려하면 공급이 부족해 주택가격이 오르는 것임을 적어도 이론적으로는 거부할 수 없게 된다. 그래서 공급을 일시적으로 확대하여 가격을 안정시키자는 논리를 무시할 수 없게 된다.

그러나 만성적인 초과수요 상태인 수도권에서 주택가격이 급등할 때마다 일시적으로 공급을 늘려야 한다는 주장은 오르는 집값을 추종하자는 논리로도 연결된다. 집값이 수급만의 일이 아님을 확인한 후에도 일시적인 공급 확대로 집값을 잡자는 주장은 오르는 집값을 내버려 두자는 것과 결과적으로 다를 바가 없기 때문이다.

100%에 미달하는 수도권의 주택보급률을 높이려면 장기적으로 일관된 공급 실적을 유지하는 것과 동시에 가격 급등이 발생하는 원인을 종합적으로 가려내야 하는 정책이 요구된다. 시중유동성이나, 통화 급증 같은 화폐적 요인에 의한 집값 상승이나, 투기수요가 촉발한 집값 상승은 이른바 자연가격 또는 균형가격의 상승으로 보기 어렵기 때문이다. 뿐만 아니라 향

후 거품이 걷히면서 여러 가지 부작용을 초래할 수도 있기 때문이다. 집값에 대한 논의는 뒤에서 더 자세하게 살피기로 한다.

이제 공급과 수요 측면에서 주택보급률에 대해 좀 더 자세히 살펴보자. 집을 필요로 하는 가구에 충분한 집이 보급되었는지를 판단하는 기준으로 선진국에서는 주택보급률 120%가 자주 언급된다. 선진국의 주택보급률이 대체적으로 115% 내외인 것을 감안하면 103%에 머무는 우리나라의 주택보급률은 여전히 풍족한 수준으로 보기 어렵다. [표 2-2]에 보는 것처럼 2011년부터 연도별 주택공급 실적은 약 45만 호에서 67만 호로 꾸준히 증가해 왔다. 7년 평균 매년 약 55만 호의 신규 주택이 공급된 것이다.

[표 2-2. 신규주택 추이(2011~2017년)][20]

(단위: 만 호)

구분	2011	2012	2013	2014	2015	2016	2017
총계	45.7	49.7	50.1	54.3	57.1	62.6	67.0
수도권	20.7	22.1	19.7	20.8	22.6	28.4	30.7
서울	6.8	6.8	7.0	7.8	6.8	9.1	7.5
지방	25.0	27.5	30.4	33.5	34.4	34.1	36.3

출처: 통계청, 2018년 주택총조사

[표 2-2]는 사용검사를 통해 사용승인이 난 통계이니 사실상 실제와 가장 근접한 주택공급 데이터라 할 수 있다. 물론 사용검사 후에도 사용하지 않는 '준공후미분양'이 있을 수 있다.

---

20 다가구주택 분할 사용검사실적

[표 2-3. 멸실주택 추이(2010~2016년)]

(단위: 만 호)

구분	2010	2011	2012	2013	2014	2015	2016
전국	6.2	7.6	7.7	8.3	8.4	9.9	13.2
수도권	2.3	3.7	3.6	4.0	4.0	4.8	6.8
(서울)	1.2	2.2	1.9	2.0	2.2	2.5	4.2
지방	3.8	3.9	4.0	4.3	4.3	5.1	6.3

출처: 통계청, 2018 주택총조사
㈜ 멸실주택: 건축법상 주택의 용도에 해당하는 건축물이 철거 또는 멸실되어 더 이상 존재하지 않게 된 경우로서 건축물대장 말소가 이루어진 주택

[표 2-3]은 2010부터 2016년까지 연도별 멸실주택 수를 나타내고 있다. 지난 7년간 멸실주택이 꾸준히 증가하고 있다. 멸실주택이 증가하는 원인은 다양할 것이다. 무엇보다 1970년대 이후 서울과 수도권에 공급된 아파트 재건축과 외곽 개발로 인한 원도심 슬럼화 등을 꼽을 수 있다. 이 밖에 미분양도 무시할 수 없는 공급(감소) 요인이다. 2010년 이후 미분양 물량은 한때 10만 가구를 넘기도 하였으나 2017년까지 연평균 6.4만 호 정도로 줄어들었다.

주택 수 즉, 주택보급률의 공급 측면을 종합하면 2010년 이후 전국적으로 매년 평균 약 55만 호의 주택이 지어졌고, 약 8.7만 호가 멸실되었으며, 약 6.4만 호 정도가 미분양으로 남았다. 결국 매년 약 40만 호 정도가 순공급되었음을 추정할 수 있다.

이제 주택 수요 측면을 살펴보자. 국민 1인이 한 채의 집을 갖는다면 한

나라에 필요한 주택 수는 국민 수 만큼일 것이다. 그러나 실제로 국민 모두가 집을 갖는 것은 아니다. 세대가 분화하여 독립된 가정을 이루기까지 개인의 성장시간이 필요하기 때문이다. 반대로 1인이 한 채 이상의 집을 필요로 하는 경우도 있다. 세컨 하우스든 별장이든 용도나 지역에 따라 집을 필요로 하거나, 시기적으로 각기 다른 집을 소비할 수도 있다. 주택 수요 요인 중 가장 큰 것은 역시 인구이며, 가구 수가 그중 가장 직접적인 요인이라 할 수 있다. 그래서 주택 수요는 인구나 가구 수 같은 양적 요인으로부터 결혼, 가정, 소득, 소비 등 경제, 사회, 문화적 요인이 복합된 것이다. 2010년에서 2016년 동안 인구가 4,955.4만 명에서 5,124.5만 명으로 증가한 결과 가구 수도 약 1,765.5만 가구(2010년)에서 1,936.7만 가구(2016년)로 약 171.2만 가구가 늘어났다. 인구증가 속도보다 가구 증가 속도가 세 배 정도 빠르다. 이는 1인가구 증가 등으로 가구분화가 빠르게 이루어졌기 때문이다. 그 결과 이 기간 가구 당 평균 가구원 수는 2.79명에서 2.64명으로 낮아졌다.

이상의 논의를 주택 수, 가구 수, 가구원 수로 분류하여 [표 2-4]에서 요약했다. 지난 2010년부터 2016년까지 공급 측인 주택 수(연평균 증가율 1.54%)가 수요 측인 가구 수(연평균 증가율 1.26%)에 비해 약 0.3%P 더 빠르게 증가했다. 그 결과 이 기간 주택보급률은 전국 평균 100.5%(2010년)에서 102.6%(2016년)로 높아졌다. 권역별로 수도권은 96.4%(2010년)에서 98.2%(2016년), 지방은 104.3%(2010년)에서 106.8%(2016년)로 전체적으로 2%P 이상이 증가했다.

[표 2-4. 주택 수, 가구 수, 가구원 수 변화 추이(2010~2016년)]

구분	주택 수(만 호)	증가율	가구 수(만 호)	증가율	가구원 수(명)	증가율
2010년	1,773.8	1.54%	1,765.5	1.26%	2.79	-0.9%
2016년	1,987.7		1,936.7		2.64	

출처: 통계청, 필자 편집

문제는 현재가 아니라 미래이다. 증가 속도가 미미하긴 하지만 아직은 인구가 증가하고 있다. 또 평균 가구원 수도 점차 낮아져 가구 수 증가도 당분간은 계속될 것이다. [그림 2-2]에서 나타낸 것처럼 통계청의 장래인구 추계에 따르면 우리나라 인구는 2030년까지 증가세를 유지하여 5,216만 명으로 정점에 달한 후 2031년부터 감소 추세로 전환할 것으로 예상되고 있다. 이 같은 추이를 반영하여 2030년은 [그림 2-3]에서 보는 바와 같이 2016년 1,936만 가구보다 약 270만 가구 이상이 증가한 2,226.1만 가구가 될 것으로 추정된다.

[그림 2-2. 장래인구 변화 추이 전망]

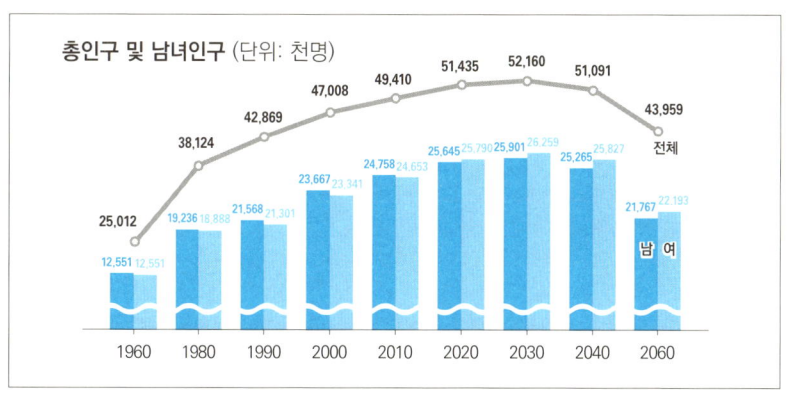

출처: 통계청, 장래인구추계

[그림 2-3. 장래인구 및 가구 수 전망]

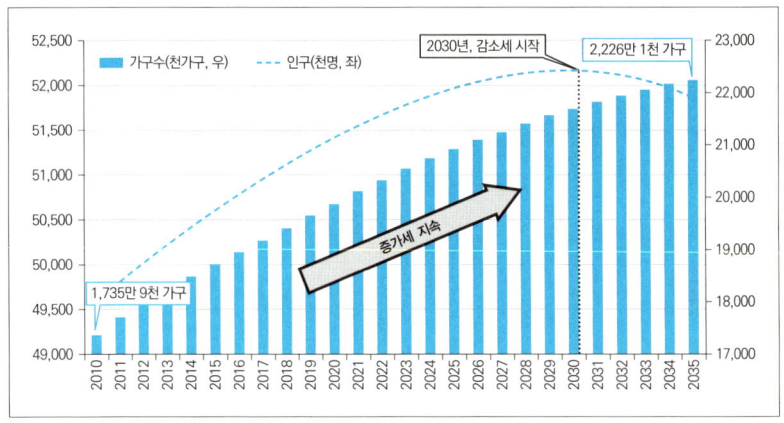

출처: 통계청, 인구총조사

[그림 2-4. 연령대별 인구 비중 추이]

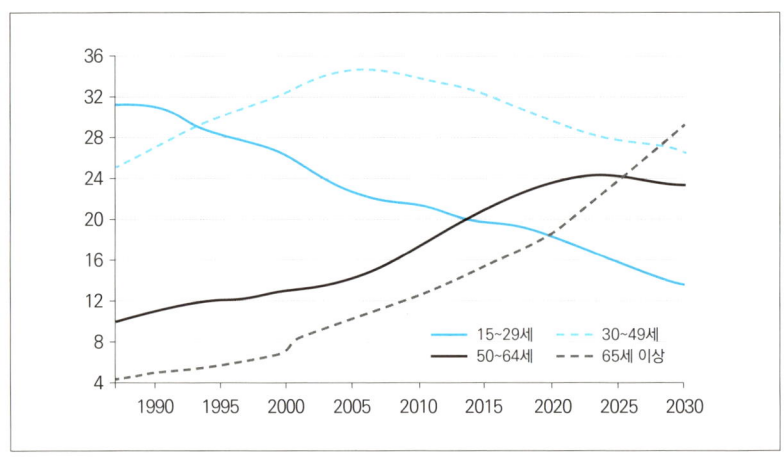

출처: 통계청, 장래인구추계

평균 가구원 수는 2030년에 약 2.35명 정도로 추정되는데 이는 인구 고령화, 4인 가구의 감소 및 1인가구의 증가 등에 기인한 것이다. [그림

2-4]와 [그림 2-5]는 기간별로 우리나라 인구구조 및 가구구조의 변화를 전망하고 있다. [그림 2-4]에서 보다시피 65세 이상의 고령인구가 급격히 증가할 것으로 예상된다. 또 [그림 2-5]에서 보는 것처럼 2025년이 되면 1,2인 가구가 전체 가구의 60%를 넘어설 것으로 전망된다.

[그림 2-5. 가구원 수별 비중 추이]

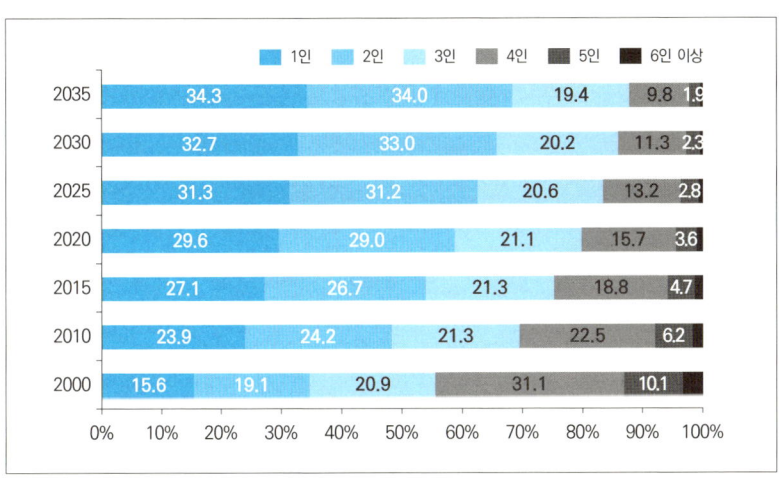

출처: 통계청, 장래가구추계

주택보급률 120%를 달성하려면

인구증감, 가구분화 등을 감안하면서 우리나라의 주택보급률이 선진국 수준의 주택보급률 120%를 달성하기 위해 필요한 주택 수와 투자비용을 계산해 보자. 독자들은 [표 2-5]의 ①, ②, ③ 경우를 살펴봐 주기 바란다.

먼저 ①번 계산이다. 이는 2016년을 기준으로 당장 120%의 주택보급률을 달성하기 위해 필요한 주택 수를 계산한 것이다. 2016년 우리나라 전체 1,936.7만 가구를 가정하면 선진국 수준의 120%의 주택보급률을 충족하기 위해서는 2,324.2만 호의 집이 필요하다. 이는 2016년 주택 수 1,987.7만 호보다 약 336만 호가 더 지어져야 하는 수치다. 이를 수도권과 지방으로 나누어 보면 수도권 약 204만 호와 지방 133만 호가 된다.

[표 2-5. 주택보급률 120% 달성을 위한 추가 주택 수]

(단위: 만 호)

구분	①번 2016년 기준			②번 2030년 (CAGR 기준)			③번 2030년 (추정 가구 수 기준)		
	수도권	지방	소계	수도권	지방	소계	수도권	지방	소계
주택 수(A)	916	1,071	1,988	1,135	1,327	2,462	1,135	1,327	2,462
가구 수(B)	933	1,004	1,937	1,112	1,196	2,308	1,073	1,153	2,226
주택보급률 (C=A/B)	98%	107%	103%	102%	111%	107%	106%	115%	111%
주택보급률120% 주택 수 (D=B×1.2)	1,120	1,204	2,324	1,334	1,435	2,769	1,288	1,384	2,671
부족 주택 수 당년도 기준 (E=D-A)	204	133	336	200	108	308	153	56	209
부족 주택 수 총량 (F=D-2016년 주택 수)				418	364	782	371	312	684
연평균 필요 주택 수(G=F/14)				30	26	56	27	22	49

2016년을 기준으로 주택보급률 120%를 달성하기 위해 필요한 추가 물량 약 336만 호는 현재 상태에서 부족분 정도를 파악하는 의미로 봐 두자. 한 해 300만 호 이상의 집을 짓는 것은 우리 경제규모를 감안할 때 사실상 불가능한 일이다. 현실적이지 않거니와 향후 이 부족분을 어떻게 채워 나갈 것인지에 대한 의미로 충분하다.

　보다 현실적인 접근을 위해 2030년에 예상되는 가구 수를 기준으로 계산해 보자. 2030년에 예상되는 가구 수는 지난 7년간 연평균 가구 수 증가율 1.26%를 적용하여 예상(2,307.9만)하거나(②번) [그림 2-3] 인구통계전망에 의해 제시된 가구 수(2,226.1만)로 가정(③번)해 보았다. [표 2-5]의 ②번에서 보는 것처럼 주택 수와 가구 수가 현재 수준의 증가율로 2030년까지 이어지면 2030년 당시 우리나라의 주택보급률은 약 106.7%로 예상된다. 수도권은 102%로 겨우 100%를 넘어설 것으로 전망된다. ②번에서 추정된 2030년의 가구 수를 기준으로 2030년 주택보급률 120%를 달성하기 위해서는 현재(2016년) 주택 수에 비해 2030년까지 약 781.8만 호의 주택을 더 지어야 한다. 이는 2030년까지 14년 동안 매년 약 55.8만 호의 집을 추가로 지어야 달성 가능한 수치이다. 다시 말해 우리가 지난 7년간 얻은 가구 수 증가율(1.26%)이 2030년까지 이어진다는 가정하에 2030년에 예상되는 가구 수(2,307.9만 가구) 대비 120%의 주택보급률을 달성하기 위해서는 14년간 매년 약 55.8만 호의 주택을 지어야 한다는 것이다.

　이에 반해 인구통계전망으로 추정한 가구 수를 기준으로 한 ③번 계산에 따르면 종전 연평균 주택증가율(1.54%)을 적용하여 주택을 공급할 경우

2030년 우리나라의 주택보급률은 약 110.6%로 전망된다. 특히 수도권의 경우도 106%에 근접할 것으로 추정된다. 그러나 2030년에 120%의 주택보급률을 달성하기 위해서는 연평균 주택 증가율 1.54%보다 더 높아야 하는데, 그것은 매년 약 48.8만 호의 물량을 14년간 지속적으로 공급해야 한다는 결과를 도출한다. ②번 계산으로 현재 주택 수 대비 781.8만 가구가 더 필요한 것이 ③번 계산으로는 약 683.5만 가구로 조정된다.

[표2-5]의 계산은 2030년에 주택보급률 120%를 달성하기 위해 현재 상태에서 전망되는 가구 수를 기준으로 추정해 본 것이다. 향후 인구증가율 변동 여하에 따라 가구 수 변동이 발생할 수 있고 그로 인해 이 추정은 얼마든지 달라질 수 있을 것이다. 그러나 향후 지속되는 인구증감, 주택 수와 가구 수 변화 등을 감안할 때 개략적인 주택공급량을 전망하는 데는 나름의 의미가 있을 것이다. 특히 2030년 이후에 인구가 감소하고 가구 수가 감소할 것이라는 일반적인 전망을 추가한다면 2020년대 우리나라 주택공급량의 적정규모를 파악하는 데 유의한 지적이 될 것이다.

위 추정의 결론은 간단하다. 우리나라가 2030년까지 선진국 수준인 주택보급률 120%를 달성하려면 향후 10여 년 동안 매년 약 50만 호 정도의 주택을 지속적으로 공급해야 한다는 것이다.

이번에는 주택보급률 120%를 달성하기 위해 필요한 추가 주택 수를 바탕으로 이 물량건설에 필요한 금액을 계산해 보자. 여기서는 주택의 형태나 크기 등을 배제하고 평균적인 주택가격을 기준으로 놓고 그에 따라 앞에서 추정한 물량을 건설하는 데 필요한 금액을 계산해 볼 것이다.

[표 2-6. 주택보급률 120% 달성에 필요한 명목금액]

(단위: 만 호, 조원)

구분	①번 2016년 기준			②번 2030년 (CAGR 기준)			③번 2030년 (추정 가구 수 기준)		
	수도권	지방	소계	수도권	지방	소계	수도권	지방	소계
부족 주택 수 당년도 기준(E=D-A)	204	133	337	200	108	308	153	56	209
부족 주택 수 총량 (F=D-2016년 주택 수)				418	364	782	371	312	684
연평균 필요 주택 수 (G=F/14)				30	26	56	27	22	49
주택 당 평균가액 18,802만원						105			92
KB 주택 통계 35,236만원[21]						197			172
한국감정원 부동산 통계 28,944만원						162			141
한국감정원 부동산 통계 26,450만원[22]						148			129

[표 2-6]에서 보는 것처럼 현재 우리나라의 평균적인 주택가격 지표들은 몇몇 부동산 전문통계를 통해 확인할 수 있다. 먼저 주택당 평균가액은 한국은행에서 제공하는 우리나라 주택시가총액을 주택보급률의 주택 수로 나누어 얻은 가격이다. 이 계산에 따르면 우리나라 집 한 채의 평균가격은 2016년을 기준으로 1억 8,800만원 정도이다. 두 번째는 국민은행에서 제

---

21 2018년 12월 현재 전국 주택(아파트+연립+단독)의 평균가격, KB부동산 시세 참조
22 2019년 1월 현재 전국 주택 평균 매매가격, 주택 중위 매매가격

공하는 전국의 주요 주택 형태별 평균가격을 활용해 보는 것이다. 이 통계에 따르면 2018년 12월 우리나라의 주택 평균가격은 약 3억 5,200만원이 약간 넘는 수준이다. 마지막으로 한국감정원에서 제공하는 통계인데 평균 매매가격으로 약 2억 8,900만원, 중위 매매가격으로 약 2억 6,400만원을 제시하고 있다.

이 세 가지 평균가격을 보면 국민은행이 제시하는 주택가격이 3억원을 훌쩍 넘겨 가장 높은 수준을 보이고 있다. 주택당 평균가액은 주택시가총액의 통계 제약으로 2016년 가격을 추정하였는데 세 가지 평균가격 지표 중 가장 낮은 수준이다. 어쨌든 세 기준을 가지고 2030년까지 주택보급률 120%를 달성하기 위해서는 [표 2-6]에서 보는 것처럼 매년 100조원 이상의 주택건설투자가 이루어져야 함을 알 수 있다. 대규모 물량 건설과정에서 발생하는 규모의 경제 등 원가절감 요인을 감안하더라도, 지속적인 건설투자 특히 주택투자가 필요하다는 점을 부인하기 어렵다.

주택보급률을 통해 우리나라 전체 주택 수와 가구 수의 비율, 그리고 최근 공급실적 및 가구 수 증가 추이 등을 살펴보았다. 양적 측면에서 주택수급상의 관계를 살펴보는 것은 건설경제의 생산물로서 주택을 개략적으로 들여다보는 데 매우 유효한 수단이다. 문제는 주택수급 관계에서 양적 요인보다 질적 요인의 중요도가 훨씬 크다는 점이다. 따라서 수급의 질적 요인이라 할 수 있는 주택의 면적, 형태, 지역 등에 균형을 찾는 것이야말로 주택문제를 풀어가는 본질적인 열쇠다. 주택 수요의 질적인 측면은 뒤에서 자세히 살피기로 한다.

05장

아파트의 씨앗, 국민주택

　국민이라는 단어가 수식어로 사용되는 경우가 꽤 있다. 국민가수, 국민배우처럼 어떤 분야의 대표적인 권위자를 뜻하는가 하면, 국민오빠, 국민남동생처럼 특정 연예인이 갖는 친근한 이미지를 부각시키기도 한다. 모든 국민이 탈 만한 차라 하여 어느 소형차를 국민차라 한 적도 있다. 이 밖에 거대공기업 주식을 상장하면서 많은 국민의 투자참여를 북돋기 위해 한때 국민주가 거론되기도 했다. 그렇다면 국민주택은 어떤가? 본격적으로 논의하겠지만 국민의 보편적 주거수단으로 주로 크기를 가지고 규정했다. 우리가 익히 아는 전용면적 25평 이하의 주택이다. 국민주택이 어떻게 탄생했으며 그것이 우리 주택과 주택시장에 어떤 영향을 주었는지 하나씩 살펴보자.

　1972년 주택건설촉진법 제2조에 규정된 국민주택은 "이 법에 의하여 한국주택은행과 지방자치단체가 조달하는 자금 등으로 건설하여 주택이 없는 국민에게 저렴한 가격으로 임대 또는 분양되는 주택"을 일컬었다. 시행령에서는 국민주택규모를 "단독주택은 $60m^2$ 이상에서 $85m^2$ 이하로, 연립주택과 아파트는 $40m^2$ 이상에서 $85m^2$ 이하"로 명시하였다.

지금까지 '국민주택'을 주택공급과 연계한 사항은 ① 국민주택규모 이하 건설비율의 지정, ② 주택기금의 지원 기준, ③ 국민주택 건설사업 시행자에 대한 세제 지원, ④ 국민주택 입주자 지원 기준 등을 들 수 있다.[23] 국민주택은 국민이 거주하기에 적절한 규모의 주택을 지정하여 정부의 주택보급 정책의 기준이 되었다. 뿐만 아니라, 이후 사회 전반에 국민주택이 일반화되면서 국민의 주택결정 즉, 주택소비에도 매우 중요한 기준으로 작용해 왔다.

현재 주택법에 규정된 국민주택은 국가·지자체·주택공사·지방공기업 등이 건설하거나, 국가·지자체·국민주택기금으로부터 자금을 지원받아 건설(개량)되는 주택이다. 그리고 주거 전용면적이 1호 또는 1세대 당 85㎡ 이하인 주택[24]을 의미한다. 여기서 잠시 국민주택이 규정한 면적에 대해 살펴보자. 국민주택이 분명 국민의 안락한 삶을 보장하는 주택의 기준이라면 그 같은 면적 기준이 정해진 근거가 있지 않겠는가? 국토부(당시 건설부)는 1976년 당시 국민주택에 관한 기준을 정하고자 '국민주택의 적정규모와 부대복지시설 기준 연구'를 시행했다.

---

23 국민주택과 주택공급의 연계사항에 관한 자세한 정보는 천현숙 등이 2011년 시행한 '주택공급제도 선진화방안 연구', 국토연구원을 참조
24 수도권을 제외한 도시 지역이 아닌 읍 또는 면 지역은 1호 또는 1세대당 주거 전용면적이 100㎡ 이하인 주택

[표 2-7. 국민주택의 개념 요소]

개념 요소	주요 내용
적당한 규모와 경제성	건강한 주생활을 이룰 수 있는 경제적 조건에 알맞은 적당한 규모의 주택 적은 건설비로 지을 수 있으며 튼튼하고 안전한 주택 적은 관리비로 효율적인 생활을 할 수 있는 주택
중산층의 생활양식	전 국민 가운데 가장 많은 계층(중산층)의 주생활을 포함할 수 있는 대중주택 급속하게 변화하는 경제나 사회적인 면과 생활양식의 변화에 크게 좌우되지 않고 융통성 있게 장기간 생활할 수 있는 주택
건축 계획	통일된 규격체계와 모듈을 사용하여 설계된 주택

출처: 윤장섭 외, '국민주택의 적정규모와 부대복지시설 기준 연구', 1976
천현숙 외, '주택공급제도 선진화 방안 연구', 국토연구원, 2011, p.11

[표 2-7]에서 보듯이 이 연구에서 국토부가 검토한 국민주택의 개념 요소는 크게 비용, 안전, 거주계층, 주택양식, 건축방법으로 볼 수 있다. 비용이 적게 들면서 튼튼한 주택, 국민 다수가 거주할 수 있는 보편적 주택이어야 했다. 그리고 이런 주택은 통일된 규격체계와 모듈로 설계된 주택이었다. 그런데 이 중 국민주택의 면적을 암시하는 사항은 바로 '통일된 규격체계'이다.

통일된 규격체계로 국민주택규모가 전용 85㎡(25평) 이하 수준으로 정해진 이유를 두고는 몇 가지 설이 있다. 그중 국민주택제도가 만들어진 1970년대의 평균 가구원 수 5인[25]을 기준으로 1인당 최저 주거면적인 5평[26]

---

25 1975년 평균 가구원 수는 5.2인
26 당시 건설부 내부에서 판단한 1인당 최저 주거면적

을 곱하여 25평을 산정했다는 주장이 유력하다.[27]

또 하나의 설은 박정희 대통령 사저와 관련된 일화다. 1958년 박대통령이 구입한 서울 중구 신당동 사저의 면적이 약 120㎡이었는데, 여기서 공용면적을 제외하고 주거 전용면적만으로 약 85㎡가 결정됐다는 설이다. 박정희 대통령은 1970년대 초 영동지역 아파트 건설사업을 순시하면서 우리 국민이 거주할 아파트 크기로 표준적인 평형대가 다수 건설되도록 지시했다고 한다. 최고 지도자가 거주했던 집, 그리고 아파트 공급 활성화를 위해 지시한 사항들이 종합적으로 작용하여 국민주택규모가 되었다는 설이 있다. 압구정 현대아파트 등 현재 서울에 남아 있는 70년대 초중반의 아파트에 25.7평을 전후한 국민주택규모가 가장 많은 세대수를 점하는 것은 우연은 아닌 것이다.

국민주택규모에 대한 흔적을 좀 더 일찍 확인해 볼 수 있는 사례는 서울의 위성 신도시 건설의 시초라고 할 만한 '광주 대단지 이전 사건'이다. 광주 대단지 이전 사건은 1968년부터 1971년까지 당시 서울 시내 무허가 판자촌이 번성하면서 이를 정비하고자 시행된 사업이었다.[28] 그 당시 사업대

---

27 참조: 박철수, 《아파트》, 도서출판마티, 2013, p.222
28 서울시가 추진한 광주 대단지 개발사업은 '선 입주, 후 건설'이라는 방침으로 일관하여 구조적인 모순이 내재한 것이었다. 서울시가 추진한 인구 분산 정책의 일환으로 광주군 중부면 일대에 도시빈민을 분산시키려는 이주 정책이 시행되었는데, 결국 자립능력이 없는 철거민을 집단으로 광주군 중부면에 이주시킨 후 택지를 분양하여 입주한다는 것 자체에 갈등이 내재해 있었다.
출처: 한국학중앙연구원, 향토문화전자대전, '광주 대단지 이전'

상지인 현 성남시 수정구와 중원구 일대에 조성된 주택들의 면석은 하나같이 18~23평 사이로 마치 자로 자른 듯 재단되어 있음을 볼 수 있다. 획일적 바닥면적에 의해 오늘날 웬만한 도심에서는 보기 어려운 집단적인 주거 형태의 모습을 띠고 있다.

박 전 대통령의 지시였든, 선입주 후건설이라는 광주 대단지 이전의 무모함에서 비롯되었든 국민주택의 면적이 국민들의 주거 생활을 보장할 수 있는 최소한의 공간을 찾는 과정에서 만들어진 것은 분명하다. 국민주택제도는 이후 본격적인 산업화와 민주화를 거쳐 오면서 한국의 주택산업과 국민의 주거생활을 규정하는 매우 중요한 정책적, 실용적 키워드가 된다. 특히 국민주택과 아파트가 결합한 1970년대 이후 주택공급은 이들 양자의 앙상블에 의해 한국의 주택 유형이 획일화, 집단화하는 계기가 되었다. 이후 논의를 이어가겠지만 아파트는 국민주택제도의 틀 속에서 30년을 지나면서 단연 한국의 대세적 주거 형태로 자리 잡았다. 뿐만 아니라 표준적 주거재화로서 주택가격에 미친 영향 또한 적지 않았다.

국민주택제도가 정착되고 이를 통한 주택공급이 활성화되기 시작한 1970년대 중반 이후 주택공급 실적을 보면 국민주택제도의 영향력을 알 수 있다. [그림 2-6]은 2017년을 기준으로 우리나라 주택을 면적별로, 그리고 건축 연도별로 분류해 본 것이다. 1980년대 이후 20~85㎡ 주택건설이 압도적임을 볼 수 있다. 특히 경제성장이 본격화되던 1990년대와 2000년대 40~85㎡의 주택이 대량으로 공급되었고 이런 추세는 2010년 이후 현재까지도 지속되고 있다. 40~85㎡의 형태는 공용면적을 포함할 경우 아파트 18평에서 33평형대 주택들이다. [그림 2-6]은 사실상 '국민주택'이 주택공급 정책상 하나의 기준이 되었음을 말해 준다.

'20대에 20평에 살고, 30대에 30평, 40대에는 40평에 살아야 한다'는 우스갯소리처럼 아파트 면적을 넓혀 가는 것은 계층 상승의 사다리가 되었다. 이는 국민주택규모를 중심으로 공급된 주택 유형에서 넓은 면적의 주택이 나은 주택이라는 관념과 무관치 않다. 다행스러운 것은 2010년대 이후 주택공급 실적에서 변화된 양상을 두 가지 면에서 발견할 수 있는데 하나는 종전 미미한 공급 수준을 보이던 230㎡ 이상의 대형주택과 20㎡ 이하 초소형 주택이 늘어나기 시작했다는 점이다.

[그림 2-6. 주택면적별, 건축 연도별 분포(2017년 현재)]

(단위: 호)

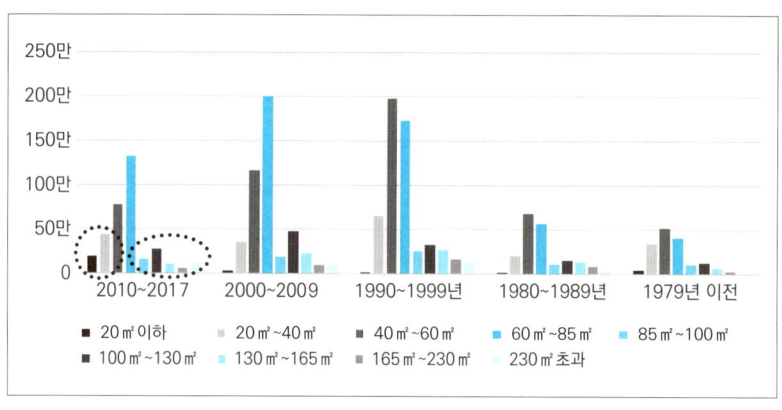

출처: 통계청, 주택총조사 내 주택의 종류, 연면적, 건축 연도, 필자 편집

초소형 주택의 증가는 인구의 노령화에 따른 독거노인, 1인가구의 증가 등에서 기인된 바가 크다. 한편 230㎡ 이상의 초대형 주택의 공급이 늘어

난 것은 아파트 공급 중심의 신도시 정책이 타운하우스나 단독주택 등 주택 다변화 요구에 어느 정도 부응한 결과로 풀이된다. 비록 면적을 기준으로 본 현상이지만 주택면적이 종전 40~85㎡에 집중된 유형에서 그 범위를 넓혀 변화하고 있는 점은 2010년대 이후 발생한 변화양상으로 긍정적 신호라고 할 수 있을 것이다.

국민을 위한 보편적 주택으로 정부에서 면적을 중심으로 제도화하여 적극적으로 공급한 사례가 해외에도 있을까? 이와 관련한 연구를 조사한 바에 의하면 우리나라처럼 주택면적을 직접 지정한 경우는 없었다. 다만, 주거환경을 보장하기 위한 기준으로 방의 면적이나, 수용인원 등을 규정한 예는 영국이나 미국에서 찾아볼 수 있었다. 이들의 기준면적이 사람이 사는데 필요한 거주밀도, 과밀방지, 위생, 환경상의 쾌적성 등 질적인 분야를 두루 검토한 것은 물론이었다.[29]

국민 다수에게 보급하기 위한 표준주택으로서 의미와는 다소 차이가 있지만 면적을 주거의 기준으로 삼은 제도는 일본에서 찾아볼 수 있다. 일본은 '최저거주수준'을 정하기 위해 '면적하한선'을 지정하거나, 평균적인 면적

---

29 1985년 제정된 영국의 Housing Act에 따르면 인간정주를 위한 조건들로 정주환경의 적합성(안정성, 습도, 채광, 환기 등), 개인의 편안함, 기본적인 쾌적성(목욕시설, 세면시설 등), 과밀 등을 정하여 이를 지키도록 하고 있으며, 미국은 연방정부가 제시한 Model Housing Code를 준용하여 각 주별로 Housing Code를 제정하여 운영하는데 Housing Code의 목적은 거주자의 안전과 건강한 삶을 보장하는 데 있으며 건물이나 설비의 질과 공간의 최소면적 등에 관한 기준으로 이루어져 있음.
출처: 국토해양부, '2010 최저주거기준 도입방안 연구'

거주기준을 활용해 '평균거주수준'을 지정하였다. 또 이 평균거주수준을 활용해 바람직한 거주수준을 권고하기 위한 면적으로 '유도거주수준' 등을 운용하고 있다. 일본이 최저 거주수준으로 지정한 면적 하한선은 지난 2011년 우리나라에 도입된 최저 주거기준의 모델이 되기도 했다.

국민주택제도는 절대빈곤을 갓 벗어나 국민 대다수가 집을 갖지 못한 상태에서 다수 국민에게 양질의 주택을 보급하려는 취지를 담고 있었다. 공공재원을 활용하여 국민의 부담을 줄이려는 노력도 포함돼 있었다. 다수 국민이 보다 나은 주거환경을 이루기 위해서는 개별적 기호보다는 표준화된 주거 형태를 통해 그 보급 속도를 높일 필요가 있었을 것이다. 그 결과 경제성장과 함께 국민 주거의 질을 일정부분 개선한 효과를 달성하기도 했다. 집에 대한 소유욕이 강한 우리 문화를 고려하면, 표준 주택을 대량으로 보급하고자 했던 정부의 노력이 있었기에 현재 100%를 넘어서는 주택보급률에 다다른 것인지도 모른다.

그러나 국민주택제도로 인한 부작용 또한 심각했음을 부인하기 어렵다. 무엇보다 주택을 '사는 곳'이 아닌 '사는 것'으로 전환시키는 계기를 만들었다. 또 아파트 일변도의 주택 유형으로 인해 다양한 주거선택권을 제약하는 요인이 되기도 했다. 대규모 주택사업을 두고 정부와 대기업의 유착 등 부정과 비리도 있었다. 결과적으로 경제성을 전면에 둔 주택기준이 오늘날 우리에게 부메랑이 된 것이 아닌지도 생각해 볼 일이다.

주택의 면적과 유형

주택의 질적 요인(면적, 유형)들에 대해 추가적으로 살펴보자. 주택총조사를 통해 확인된 2017년 기준, 우리나라 국민들의 1인당 평균 주거면적을 살펴보기 위해 [표 2-8]과 같은 기초 자료를 활용하여 분석해 보았다. 결론부터 살펴보면 우리 국민 1인당 평균 주거면적은 약 26.8㎡으로 조사되었다.

[표 2-8. 주택 연면적별 주택 수 및 평균 거주인수]

(2017년 기준)

주택 연면적	주택(호)	총 연면적(㎡)	평균 거주인	1인당 평균 거주면적(㎡)
합계	17,122,573	1,286,272,643	2.8	26.8
20㎡ 이하	267,329	2,673,290	1.1	9.1
20~40㎡	1,962,843	58,885,290	1.6	18.8
40~60㎡	5,079,680	253,984,000	2.4	20.8
60~85㎡	6,014,443	436,047,118	2.8	25.9
85~100㎡	816,101	75,489,343	2.7	34.3
100~130㎡	1,336,991	153,753,965	3.2	35.9
130~165㎡	815,993	120,358,968	3.7	39.9
165~230㎡	423,192	83,580,420	5.3	37.3
230㎡ 초과	406,001	101,500,250	9.9	25.3

출처: 통계청, 주택총조사, '주택의 종류, 연면적 및 거주인수별 주택 수', 필자 편집

이 수치는 [표 2-8]에서 보는 것처럼 (연)면적 구간별로 조사된 주택면적을 해당 가구원 수로 나누어 산출하였다. 다만 개별주택의 실제 면적을 활용하지 않고 해당 조사의 각 면적구간별 평균값(중위값 최고 구간인 230

㎡ 이상은 250㎡을 일괄 적용)을 이용하여 산출하였다.[30] 이를 통한 추정이 실상을 반영하는 데는 무리가 따르지 않을 것이다. 이렇게 추정된 우리나라 전체 주택의 총 연면적은 12.8억 ㎡이며 가구당 평균 거주인수는 2.8명, 그리고 이 둘을 이용해 산출한 1인당 평균거주면적은 26.8㎡이다.

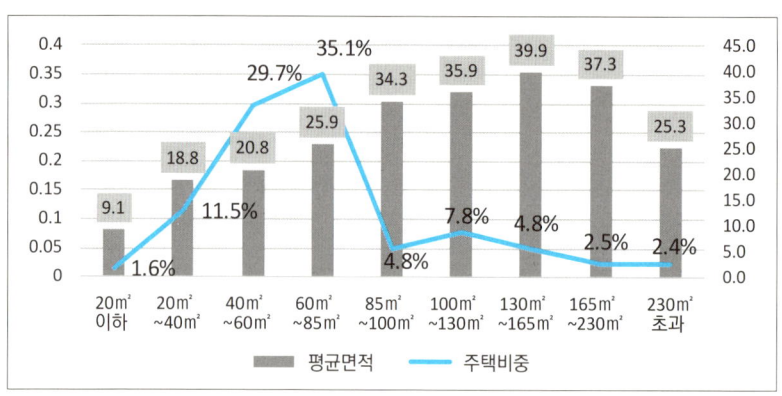

[그림 2-7. 주택면적별 구성 비중 및 1인당 평균거주면적(2017년)]

출처: 통계청, 주택총조사, '주택의 종류, 연면적, 거주인수별 주택 수', 필자 편집

[그림 2-7]은 [표 2-8]을 이용해서 각 연면적별 주택의 구성 비중과 1인당 평균거주면적을 표시한 것이다. 우리나라 전체 주택 중 연면적 60~85㎡의 '국민주택'이 차지하는 비중은 약 35.1%이다. 바로 아래 구간인 40~60㎡까지 합할 경우 두 면적 구간에 있는 주택이 전체 주택의 65%를 가까운 비중을 보이고 있다. 국민주택보급 정책의 효과가 상당 부분 반영된 결과로 간주해도 무리가 없을 것이다. 공교롭게도 국민주택의 최대면적

---

30 ∑(면적별 주택 수 × 면적 평균값 ÷ 면적별 평균 거주인수(면적별 주택 수 × 구간 평균 거주인수)

인 85㎡ 이하의 주택들에서 파악된 1인당 평균거주면적은 전체 주택의 평균거주면적인 26.8㎡에 전부 미치지 못했다. 국민주택 제정 초기에 검토했던 1인당 주거면적 5평(약 16.5㎡)임을 다시 상기해 보자.

면적과 관련된 내용은 주택 유형에 관한 몇 가지 통계를 살펴보고 다시 논의할 기회가 있을 것이다. 다만 독자들은 지금까지 1인당 평균거주면적을 산출하는 데 살펴본 면적이 '대지면적'이 아니라 건축물의 '연면적'임을 기억해야 한다. 아시는 바와 같이 연면적은 대지에 세워진 건물(지상)의 각 층 바닥면적을 누적한 것이다.

주거의 질적 측면으로 면적에 이어 주택의 유형에 대해서도 살펴보자. 주택의 유형을 고려할 때는 늘 먼저 눈에 들어오는 것이 아파트이다.

[그림 2-8. 주택 유형별 비중, 2018년 기준]

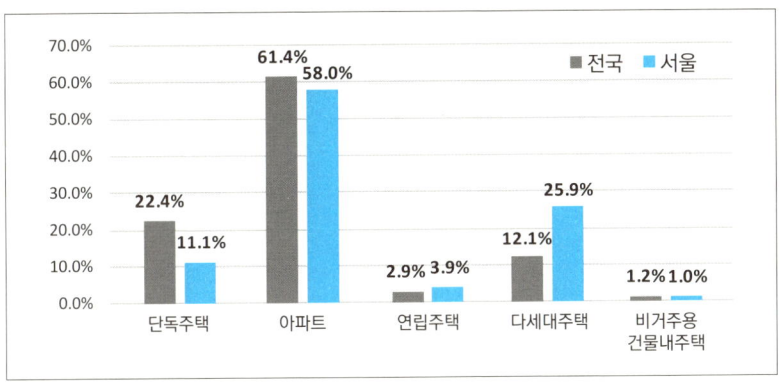

출처: 통계청, 주택총조사

[그림 2-8]에서 보는 것처럼 2018년 기준 우리나라의 주거유형 중 아파트

의 비중은 약 60%를 상회하고 있다. 아파트를 비롯해서 연립, 다가구 등의 공동주택이 76.4%이다. 서울만 놓고 봤을 때는 87.8%로 치솟는다.

주택유형을 보면 공동주택의 비율이 전국이나 서울 모두 압도적임을 알수 있다. 서울의 아파트 비중이 전국에 비해 조금 낮은 대신 다세대주택이나 연립주택의 비율이 높다는 점은 아파트 건설에는 부족한 소규모 택지에 연립이나 다세대를 많이 지었기 때문이다. 구도심 내 단독주택을 허물고 다가구, 다세대 주택으로 개축하거나 아예 몇 개의 주택필지를 병합하여 빌라를 짓는 행태는 수도권, 특히 서울 시내 주택가에서 쉽게 볼 수 있는 익숙한 풍경이다. 토지 효율을 높인다는 명분과 몇 채의 집이라도 더 지어 수익을 극대화하려는 시행사, 그리고 폭등하는 주택가격을 감당하지 못해 그나마 아파트에 비해 낮은 가격의 집을 찾는 수요가 어우러진 결과일 것이다.

아파트를 비롯해서 5가지 주택 유형이 건축된 시기별로 살펴보면 [그림 2-9]와 [그림 2-10]과 같다.

[그림 2-9. 건축 연도별 주택 유형 분포(전국)]

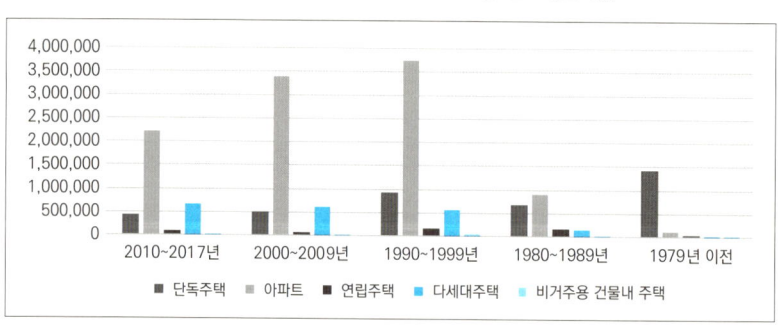

출처: 통계청, 주택총조사, 필자 편집

한마디로 1990년대 이후 아파트의 폭발적 증가, 다세대 주택의 완만한 증가 추세가 지금까지 이어오고 있음을 확인할 수 있다. 2010년 이후부터 아파트 공급이 다소 줄어들고 있으나 여전히 아파트는 전국적으로 가장 많은 유형의 주택으로 입지를 굳히고 있다. 특히 서울의 경우 영동(강남), 잠실, 목동, 상계 등 서울 시내 대규모 아파트 택지 공급이 중단된 후에도 재건축이나 재개발을 통해 1990년대 이후에도 지속적으로 아파트 건축이 이어져 왔음을 알 수 있다.

[그림 2-10. 건축 연도별 주택 유형 분포(서울)]

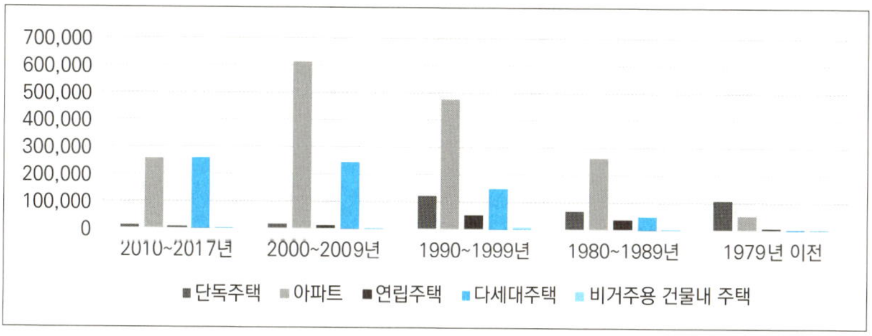

출처: 통계청, 주택총조사, 필자 편집

06장

한국의 집, 아파트

아파트의 시대였다. 산업화와 민주화, 정보화시대를 거쳐 오면서 50여 년의 시간 동안 한국의 주택에서 핵심적인 한마디를 꼽으라면 단연 '아파트'일 것이다. 그리고 그것은 앞서 [그림 2-10]에서 본 것처럼 2010년대 들어 다소 주춤한 면이 없잖아 있지만 여전히 진행 중이다. 한국에서 사람이 사는 곳에 아파트가 없는 곳을 찾기는 매우 힘들다.

[그림 2-11. 시골의 아파트, 도시의 아파트]

아파트는 말 그대로 공동주택의 어느 한 부분(Apartment)을 구분하여 소유할 수 있도록 한 집단주거시설이다. 개별적으로 집을 지을 때와 비교해 외벽, 지붕, 진출입로 등을 공동으로 활용하여 건축재원을 절약할 수 있다. 무엇보다 아파트는 한정된 땅에 더 많은 집을 지음으로써 토지이용의 효율성을 높여 준다. 사람은 많고 토지는 부족한 대한민국에 아파트는 참으로 훌륭한 주거유형임에 틀림없다. 아파트가 지난 50년간 대한민국의 현대 주거사와 명맥을 같이한 이유는 '우리나라는 사람에 비해 땅이 좁다'는 그 거부할 수 없는 명제 때문이었다.

'땅이 좁기 때문에 아파트를 지어 가급적 많은 사람들에게 주택을 공급한다'는 이 단순한 명제는 참으로 그럴듯하다. 경제적으로나 도덕적으로 반론의 여지가 없다. 땅이 좁은 대한민국이야 세계지도를 보는 순간 일찍이 느끼게 된다. 또 집에 대한 집착이 세계 어느 민족보다 높은 대한민국에서 한 사람이라도 집을 더 가질 수 있도록 많이 짓겠다는데 뭐라 할 말이 있겠는가. 문제는 '땅이 진짜 좁은지, 꼭 고층 아파트를 지어야 집을 많이 지을 수 있는지'에 있다. 땅이 좁다는 것은 땅의 넓이, 인구 수, 주택 수를 종합하여 주거지로 쓸 수 있는 땅의 넓이가 작다는 것을 뜻한다.

그런데 정말로 땅이 부족한가? 한적한 시골 마을에도 중층 이상의 아파트를 짓지 않으면 사람이 다 살 수 없을 만큼 우리나라의 주거면적은 인구와 비교해서 부족한가? 우리를 지배해 온 대세적 명제에 물음을 던져 보자.

대한민국 남한의 면적은 농경지를 제외하고 약 8,069ha(약 80,690㎢, 약 244.1억 평)이다. 사실상 직관적으로 가늠하기 어려운 넓이다. 사람이 살기 어려운 산이 많고 사람이 살 수 있다 하더라도 경제활동에 필요한 절대 공간을 제외하면 실제 사람이 거주할 수 있는 공간은 이보다 훨씬 줄어든다. 그래서 현실적으로 대한민국 국민이 주거지로 삼고 있는 땅의 면적은 어느 정도인지를 알아보기 위해 대한민국 토지공부(公簿)상 사람이 집을 지을 수 있는 지목인 '대(垈)'[31]의 면적을 살펴보았다. 약 3,093.5㎢이다. 역시 직관적으로 가늠하기 어려운 넓이다. 지목 '대'의 활용에는 주택 이외의 학교, 문화시설 등이 포함된다. 그래서 실제적인 잠재주거면적을 살피기 위해서 현행 도시계획법상 용도지역의 하나인 '주거지역면적'을 살펴보았다. 약 2,647㎢이다.

이 세 가지 넓이를 기준으로 대한민국 국민이 1인당 거주할 수 있는 잠재면적을 계산해 보자. 2017년 기준 공식 인구 5,144만여 명으로 이 면적을 나누어 계산하면 [표 2-9]와 같은 결과가 나온다. 농경지를 제외한 남한면적 전체를 전 국민이 균등히 나눌 때 1인당 약 475평을 보유할 수 있다. 주로 주택용지로 활용되는 지목 '대'의 면적을 인구 전체로 나누면 1인당 약 18평을 활용할 수 있다. 마지막으로 가장 실질적인 파라미터라 할 수 있는 주거면적을 기준으로 산출한 1인당 면적은 약 15.6평이다.

---

31 영구적 건축물 중 주거, 사무실, 점포와 박물관, 극장, 미술관 등 문화시설과 이에 접속된 정원 및 부속시설물의 부지로 국토법 등 관계 법령에 의한 택지조성공사가 준공된 토지를 말한다.

[표 2-9. 1인당 잠재거주 가능면적 추산(농경지 제외 남한면적 및 대지면적 기준)]

구분		남한면적 (농경지 제외)	남한 '대'지면적	남한 주거지역	비고
면적		806.9억 ㎡	30.9억 ㎡	26.4억 ㎡	51,422,507명 기준
1인당 면적		1,569.2㎡ (474.7평)	60.2㎡ (18.2평)	51.5㎡ (15.6평)	

출처: 통계청, 각 부문 2017년 기준값

앞서 주택면적 부분에서 살펴본 대로 우리나라 모든 주택의 '연면적'을 그 주택에 거주하고 있는 사람으로 나눈 1인당 평균면적이 약 26.8㎡(8.1평)이었다. 또 국민주택제도를 도입하던 1970년대에 국토부에서 검토한 국민주택(규모)의 면적 기준이 16.5㎡(5평)이었음을 기억해 보자. 우리 국민 1인이 현재 거주하는 주택면적(26.8㎡)은 국민주택규모를 산정할 때의 기준(16.5㎡)에 비해서는 약 10㎡ 넓다. 그러나 현재 토지 중 주택용지로 사용 가능한 1인당 대지면적(60.2㎡)은 물론 실제 주거지역으로 활용되는 1인당 주거 가능면적(51.5㎡)과 비교하면 현저히 작다. 다시 말해 우리에게 주어진 대지 또는 주거지의 면적은 현재 우리가 살고 있는 공간보다 아직 여유가 많다는 것을 뜻한다. 이 면적을 아파트와 같이 2~3배의 용적률로 활용한다면 그 여유격차는 더욱 커질 수 있다.

이제 다시 확인해 보자. 땅이 좁은가? 연면적을 기준으로 했음에도 불구하고 추정된 1인당 평균거주면적은 26.8㎡에 불과했다. 잠재적으로 활용 가능한 1인당 주거 기능면적의 약 45%밖에 되지 않는다. 여유공간이 남아 있고 그 여유공간을 활용해서 주거의 질을 개선할 수 있다는 주장은 합리적으로 도출 가능하다.

이러한 주장에 대해 '잠재주거면적은 전체적, 평균적 개념에 불과하며 실제 수요가 뒷받침되는 주거지역은 여전히 좁기 때문에 아파트가 불가피하다'고 반론할 수 있을 것이다. 나아가 지금까지 그나마 아파트를 지어 땅을 효율적으로 활용했기 때문에 1인당 주거면적(26.8㎡)이 국민주택 설정 당시보다(16.5㎡) 넓어졌다고 주장할 수도 있다. 지목이 '대'로 설정된 땅이라고 모두 주택을 지을 수 있는 것은 아니다. 주거지역이라고 모두 집을 짓고 사는 것도 아니다. 그래서 사람이 살고 싶어 하는, 예를 들면 서울(강남) 같은 지역에 많은 주택을 지어야 한다는 점을 염두에 둔다면 이 반론은 꽤 그럴듯한 말이 된다.

그러나 이 반론은 두 가지 이유에서 국토의 균형적, 효율적 활용에 배치된다. 첫째, 아파트가 좁은 땅에서 땅의 효율을 높이고자 지어졌다고 하는 사실을 실증적으로 부정하는 통계 때문이다.

[그림 2-12. 행정단위별 주택 유형 구성비, 2017년 기준]

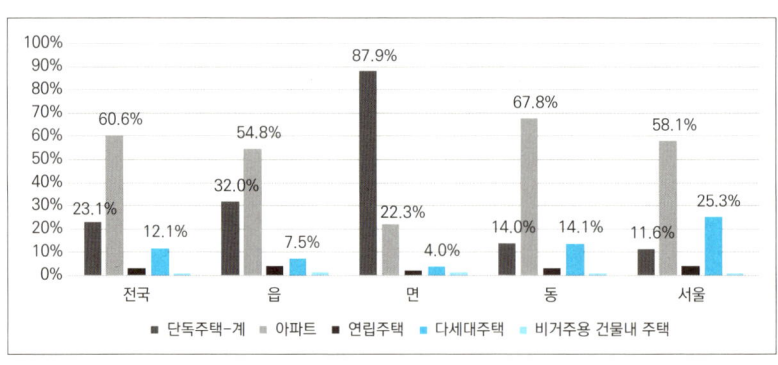

출처: 통계청, 주택총조사, 필자 편집

[그림 2-12]에 표시된 전국 행정단위별 주택 유형 구성비에서 보듯이 아파트는 도시와 시골을 크게 구분하지 않고 지어져 왔다. 즉, 꼭 '살고 싶은 지역' 그래서 사람에 비해 땅이 좁은 곳에서만 아파트가 공급된 것이 아니라는 것이다.

[그림 2-12]에서 면단위와 동단위 아파트 구성비가 세 배 가까운 차이를 보이고 있어, 아파트가 주로 '읍' 단위 이상의 도회지 중심으로 지어진 것처럼 보인다. 하지만 면단위 주택총량이 전국에서 차지하는 비중은 12% 수준에 불과하다. 전국 행정단위의 78%를 점하는 동단위에서 아파트가 차지하는 비중이 무려 68% 수준에 이른다는 점은 아파트가 전국적으로 지어졌다는 것을 뜻하기에 부족하지 않다. 그 결과 전국의 총 주택 중 60% 이상이 아파트인 것이다. 아파트가 '살고 싶은 곳', 땅이 좁아 초과수요가 있는 곳에서만 지어진 것이 아니라 우리나라 전 지역에 보편적으로 보급된 주택임을 [그림 2-12]가 방증하고 있다.

둘째, 위의 반론은 주거환경, 주택의 질 개선에 대한 근본적 대안을 제시하지 못한다. '살고 싶은 곳'에 주택이 부족하다는 말을 부정하는 사람은 없다. 언제나 '살고 싶은 곳'의 주택은 살고 싶어 하는 사람보다 부족했다. 그 덕분에 그런 지역의 집값은 상상할 수 없을 만큼 높았다. 집값이 비싼 지역의 주택은 사람들이 보편적으로 희망하는 주거환경 즉, 교통, 교육, 문화, 의료, 환경 등의 요건에서 높은 만족도를 보인다. 그러나 그런 곳만을 대상으로 집을 지을 수는 없는 일이다. 그곳에서만 국민 전체가 다 살 수도 없는 노릇 아닌가? 주택의 질이라는 것은 주택을 포함하여 교육, 환경,

문화, 의료, 교통 등 기반시설 개선과 함께 나아질 수 있다. 잠재공간을 이용해서 주택을 과밀되지 않게 하자는 데 반대하고, 그 이유로 살고 싶은 곳에 공급을 늘려야 한다는 주장은 과밀의 부작용을 인정하며 현재 형성된 주거지형만을 바라보는 협소한 생각이다.

'살고 싶은 곳'을 늘려 가면 어떤가? 단기적으로 당장의 주거환경에 집착하여 과밀과 극단적인 집값을 감수하는 것보다 잠재주거면적을 활용하여 현재의 거주면적을 점진적으로 늘려감으로써 국민의 평균적 주거 질을 개선하는 것이 현명할 것이다. 미래 세대를 위해서 우리의 주거환경과 주택의 질을 개선하느냐 마느냐는 우리에게 허락된 잠재 주거면적을 활용하려는 실질적 노력에 달린 것이지 현재의 주거환경지형에 집착한다고 나아지지 않는다.

그런 면에서 지난 50여 년간 강력한 주택 이데올로기와 같았던 '절대적으로 땅이 좁은 대한민국'이라는 말은 더 이상 논리적이지 않다는 점을 인식해야 한다. '대'의 면적을 국민수로 나눈 인당 평균 주거면적 $60.2㎡$, 또 현재 주거지역의 1인당 평균면적 $51.5㎡$은 도심 중심의 주택공급을 인정한다 하더라도 국토를 효율적으로 활용할 경우 현재와 같은 불균형과 주기적 집값 앙등을 초래하지 않을 만큼의 여력으로 보기에 충분한 공간임을 인식해야 한다.

아파트의 명과 암

앞에서 살펴본 것처럼 우리가 주거지로 활용할 수 있는 땅은 현재의 주거면적보다 넓었다. 쓸 수 있는 땅이 있는데 우리는 왜 지금까지 아파트를 지은 것일까? 이에 대해서는 앞서 본 대로 '살고 싶은 지역'이 좁다는 현실적 이유가 지속되었다. 그러나 실상은 [그림 2-12]가 보여 준 것처럼 아파트가 도심과 촌락을 가리지 않았다는 점에서 꼭 그런 것만도 아니었다. 말하자면 땅이 좁다는 이유만으로는 아파트가 이처럼 폭넓고 보편적으로 공급된 현실을 설명하기에 부족한 점이 있어 보인다. 이번 절에서는 지난 전국 주택의 60% 이상, 한국인의 대세적 주거 형태로 자리한 아파트가 갖는 '명과 암'을 네 개의 키워드를 통해 살펴보자.

아파트의 첫 번째 명암은 아파트가 갖는 '표준성'에서 유래한다. 아파트의 표준성은 처음 아파트가 도입된 이후 장점이자 단점으로 아파트의 중요한 정체성이 돼 왔다. 아파트는 비단 토지를 효율적으로 활용하고 건축비를 절감하는 장점만 있는 것이 아니었다. 아파트는 앞서 살펴본 국민주택의 개념 요소 중 '표준적 모듈화 주택'으로서 손색이 없는 것이었다. 주택이 표준적이라는 의미는 무엇인가? 그것은 현대적인 집단공동생활양식이 가능한 공통평면을 도입하면서 시작됐다.

50년 전 마포 아파트를 필두로 국민들은 아파트에서 현대식 싱크대, 수세식 화장실, 보일러 난방, 가족 거실, 개별 침실 등을 경험했다. 다수의 국민이 아파트를 경험하면서 아파트가 주는 공간의 편리함에 젖어 들었다.

면적을 달리할 뿐 격자모형의 공통된 평면구조는 아파트를 국민들의 삶에 익숙한 집으로 만들었다.[32]

표준성은 바로 이 공통된 평면구조와 그것을 소비하는 경험이 결합하여 만들어졌다. 국민 다수가 아파트 구조에 익숙해지면서 아파트는 이제 더 이상 특권층만 향유할 수 있는 특별한 집이 아니다. 아파트의 표준성은 동일 단지와 평형대의 주민들을 하나의 평등한 계층으로 묶어 내는 역할을 암묵적으로 해 왔다.[33] 이런 아파트 계층화는 초기에 단지 내에서 유대감이나 동류의식으로 이어지다가 아파트가격이 몇 차례 폭등하고 지역별로 가격차이가 심해지자 '지역 계층화'로 확장되었다.

이후 지역별, 단지별, 평형별로 집값이 주기적으로 평가되자 아파트는 더 이상 표준적이지 않은 집이 되었다. 구조의 동일성은 유지할지 몰라도

---

[32] 아파트의 표준성을 강화하는 데에는 앞서 살펴본 국민주택규모 즉, 주거전용면적을 기준으로 구분된 아파트의 단계화된 평형구조도 일조했다. 국민주택기금 장기융자 지원대상 평형적용 여부에 따라, 연말정산에서 주택융자의 이자비용을 소득공제 대상에 넣어주느냐에 따라, 주택청약제도에서 아파트 평형대별 청약 가능 범위에 따라 건설사의 아파트 평형 구조별 공급은 민감하게 반응해 왔다. 그 결과 90년대 이후 아파트는 $60m^2$, $85m^2$, $102m^2$, $135m^2$의 단계화 양상을 뚜렷이 보이게 된다.
출처: 천현숙, 윤정숙, '아파트 주거문화의 진단과 대책', 국토연구원, 2001

[33] 아파트의 확산과 대규모 아파트 단지의 형성은 동질적 성격을 갖는 가구들을 집합화시킴으로써 계층 간 지역적 분화를 가속화시켰다. 따라서 1960년대 이후 공간 재배치과정은 계층 간 분리의 과정이기도 하다. 1970년대 중반 이후부터 중산층 아파트지역을 중심으로 집락을 이루면서 중산층과 비중산층 간 물리적 주거지 분리가 이루어지고, 생활공간이 뚜렷이 구분되는 양상을 보여 왔다.
출처: 천현숙, 윤정숙, '아파트 주거문화의 진단과 대책', 국토연구원, 2001

가격으로 치밀하게 서열화되었기 때문이다. 동일한 평면구조와 대중의 소비 경험으로부터 형성된 아파트의 표준성이 이후 계층의식으로 확대되다가 가격을 통해서 서열화되자 아이러니하게도 그 표준성을 상실하게 된 것이다.

아파트는 더 이상 한 인간이 태어나고 살다가 죽는 집이 아니라 필요한 시기에 머물다 필요 없으면 팔 수 있는 재화로서 주택의 개념을 바꾸는 데 결정적인 기여를 했다. 삶의 속도가 빨라진 만큼 집도 이에 부응할 수 있어야 함은 당연하다. 이 같은 측면에서 아파트는 산업화 이후 한국 국민의 삶에 어쩌면 가장 잘 부합하는 집의 형태였을 것이다.

아파트가 갖는 두 번째 명암은 '아파트 단지'에서 찾을 수 있다. 단지의 위력은 아파트의 기본적 장점인 건축비 절약, 토지이용도 증대, 규격화된 구조 등과 또 다른 사항이다. 주택법에 규정된 주택 단지란 "주택건설사업계획 또는 대지조성사업계획의 승인을 받아 주택과 그 부대시설 및 복리시설을 건설하거나 대지를 조성하는 데 사용되는 일단(一團)의 토지"를 말한다.[34] 즉, 주택 단지는 '일단의 토지'인데, 이 토지에는 사업계획 승인을 받은 주택, 부대시설, 복리시설을 지을 수 있다. 주택 단지에 짓는 부대시설은 대표적으로 주차장, 관리사무소, 담장 및 단지 안의 도로 등이다.[35] 복리시설

---

34 「주택법」제2조의 제12호
35 이 밖에 전기·전화 설비, 초고속 정보통신 설비, 지능형 홈 네트워크 설비, 가스·급수·배수(配水)·배수(排水)·환기·난방·냉방·소화(消火)·배연(排煙) 및 오물처리의 설비, 굴뚝, 승강기, 피뢰침, 국기 게양대, 공동시청안테나, 유선방송 수신시설, 우편함, 저수조(貯水槽), 방범시설 등의 건축설비와 일정 규격 이하의 도로도 포함된다(「주택법」제2조).

은 입주자의 생활복리를 위한 공동시설인데 대표적으로 어린이 놀이터, 근린생활시설, 유치원, 주민운동시설 및 경로당 등이다. 이 밖에 상가, 종교시설 등도 포함된다. 지금까지 열거한 주택 단지, 부대시설, 복리시설의 내용을 한마디로 요약하면 주택법상 주택 단지인 아파트 단지에는 '아파트만 짓는 것이 아니라'는 말이 된다. 아파트를 짓기 위해서 상가도, 학교도, 주차장도, 노인정도 또 지하에 각종 설비들도 모두 아파트를 이용하는 주민들이 부담하여 건축해야 했던 것이다.

한국전쟁 이후 경제를 일으키는 과정에서 전후 베이비붐 세대로 이어져 온 인구증가는 도시화로 연결되었다. 도시화의 다른 이름은 사람이 살아가기 위한 주거시설을 포함한 도시기반시설을 확보하는 것이었다. 그런데 아파트 단지는 도시 인프라 중 상당 부분을 차지하는 주거 인프라에 들여야 할 재정지출을 줄여줬다. 왜냐하면 위에서 본 것처럼 시민을 위한 공원, 주차장, 상하수도 시설 등 주거의 기반이 되는 대부분의 인프라를 아파트 단지가 해결했기 때문이다. 따라서 아파트 단지는 아파트 입주민이 십시일반 부담하여 만들어 놓은 제한된 도시, 인프라의 집합체라고 해도 과언이 아니다. 정부 입장에서는 공공지출은 절감하면서도 표준적, 대중적 주택을 대량공급하여 주거환경을 개선하는 두 가지 효과를 동시에 본 셈이다.

아파트 단지가 차지하는 면적은 [그림 2-13]에서 보는 것처럼 2016년 기준으로 전국적으로 약 449.4㎢이다. 이 중 경기도가 120.3㎢으로 가장 넓고 서울은 72.9㎢을 기록하고 있다. 2016년 서울과 경기의 주거지역이 각각 약 316.2㎢와 564.1㎢이었으니 서울은 주거지의 약 23%가, 경기는 약 21%가 아파트 단지로 이루어진 것이다. 아파트 단지는 입주민 전체가 보유하는 땅이다. 아파트 담장을 경계로 단지 주민에게는 쾌적한 공원이 되기도 하고 편리한 커뮤니티 공간을 제공한다. 그러나 단지를 벗어나면 어떤가? 아파트 단지화로 인한 도시 내 문제는 크게 세 가지 정도로 정리할 수 있다.

[그림 2-13. 아파트 단지의 면적 변화 추이(2007~2016년)]

(단위: km²)

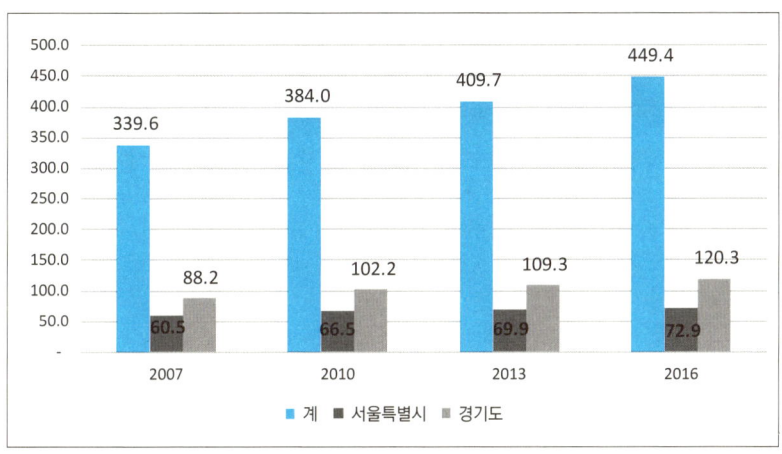

출처: 통계청, 아파트 주거환경통계

먼저 도시 내 아파트 단지 지역과 비아파트 지역 간 주거 인프라 불균형 문제이다. 일반적으로 아파트 단지가 입주민이 비용을 부담하여 기반인프라를 설치하는 것과 달리 일반 주택 단지에서는 경로당, CCTV, 주차장 등의 기반시설을 공공의 비용으로 설치한다. 이마저도 지자체별로 재정 사정에 따라 천차만별이다. 노후주택 지역이 재개발되는 경우 지금까지 십중팔구 아파트 단지로 전환되는 이유는 바로 그간 공공의 재원으로 확충되지 못한 인프라 문제도 없지 않았다. 공공의 재산을 절약하는 대신 도로, 주차장, 공원 등의 단지 내 인프라 재원을 위한 대가로 용적률을 올리거나 세대수를 늘리는 등의 협의가 숱하게 진행되었다. 그 이면에 아파트와 비아파트의 인프라 불균형을 사실상 인정하고 시정해 보려는 공공의 의도가 자리하고 있었다.

두 번째 문제는 섬처럼 아파트 단지가 듬성듬성 생김으로써 개별 토지와 건축이 도시환경 변화에 유기적으로 대응하지 못한다는 점이다. "도시도 하나의 유기체이자 생명체라면 도시 내 도로확장이나 여타 도시계획 변화에 탄력적으로 대응하는 자율조정 능력을 갖는다. 반면에 한번 아파트 단지가 되면 영원히 아파트 단지로 굳어져 도시의 변화에 탄력적으로 대응할 수 있는 가능성을 봉쇄당한다."[36]

세 번째 문제는 두 번째에서 지적한 아파트 단지의 불가역성(不可易姓)으로 인한 향후 주택 정책의 불투명성이다. 아파트 단지의 불가역성은 주택 생애주기의 시각에서 반드시 짚어 봐야 할 문제이다. 향후 노후화된 아

---

[36] 출처: 박철수, 《아파트, 공적 냉소와 사적 정열이 지배하는 사회》, 도서출판마티, 2013, p.148.
박인석(2013)도 《아파트 한국사회(현암사, 2013)》에서 아파트 단지화로 인해 공공투자의 상당 부분이 아파트 입주자가 사적으로 대체하였고, 도심에 듬성듬성 형성된 단지로 인해 소필지조직으로 유기적으로 연결되어야 할 도시 생태계가 파괴되어 도시기능의 자율조정능력이 약화된다고 하였다. 한번 아파트 단지화한 토지는 다시 단지 외 다른 소조직화하기 힘든 경직성 등을 지적했다. 또 초고층 과밀 아파트 단지는 녹지 등 공공공간기반시설을 제공하지 않는 여건에서 자체적으로 녹지를 확보하기 위한 전략임을 지적하며 단지와 고밀화 고층 개발의 관계를 지적했다.

파트를 재개발하거나 재건축할 때 아파트 단지는 다시 아파트를 지을 운명에서 벗어나기 힘든 데서 문제가 생긴다.

이를테면 1970년대 건축된 아파트와 2010년대에 지은 아파트는 경제성장을 고려한 재화의 가치 측면에서 완전히 다른 재화라 할 수 있다. 1970~1980년대 아파트는 이후 고성장을 반영해 아파트의 자산가치도 높아졌다. 또 당시 적용했던 건축밀도(용적률, 지분률, 동간거리, 층수 등)도 지금보다 낮아 재개발 사업성이 최근의 아파트 단지보다 훨씬 우수하다. 반면 2000년대 이후에 지어진 아파트들은 상대적으로 높은 분양가, 용적률 등을 적용하여 사실상 사업을 다시 추진할 때가 오면 그 사업성을 전망하기 어려운 상황이다. 2030년 이후 우리 경제가 성장을 지속하고, 주택수요가 계속 과거처럼 증가할 수 있는가 자문해 보면 쉽게 답할 수 없는 현실 때문이다.

경제성장이 정체되고 주택시장의 경기탄력이 상대적으로 둔화될 수밖에 없는 미래에 저성장과 과밀화 등을 반영한 2000년대 이후의 아파트는 과거 30~40년 전의 아파트와 현격한 차이를 보일 수밖에 없다. 바로 그 같은 가치차이는 향후 이 아파트들의 재생산 시기에 주택공급을 불투명하게 하는 요인이 될 수 있다.

다시 아파트의 명과 암으로 돌아오자. 아파트가 갖는 마지막 명암은 '주거지로서 양면성'이다. 아파트의 양면성은 아파트 개별세대의 독립성과 공동주택의 한계가 충돌할 때 발생한다. 사실 1970년대 아파트가 보급되기 시작할 무렵 아파트의 장점으로 많이 홍보된 것이 편리성과 프라이버시였다. 공간의 편리성은 전통적으로 외부에 배치했던 화장실, 다용도실, 한실 등을 모두 내부화하고 각종 공간을 독립적으로 배치하면서 생겨났다. 또 프라이버시는 바쁜 도시생활에서 타인의 시선과 간섭으로부터 벗어나 온전한 자유를 누릴 수 있는 장점으로 여겨졌다. 아파트가 프라이버시를 대별하는 공간이 되자 어느 순간 아파트는 옆집에 누가 사는지 모르는 곳이 되었다.

아파트의 이 같은 편의성과 프라이버시는 수십 년간 아파트를 지어오면서 꾸준히 진화해 왔다. 최근에 지어진 아파트는 세대의 공간 구조나 단지 내 편의시설이 모두 일류 호텔 못지않을 정도이다. 세대 내에서는 아파트의 고유 특성이라 할 수 있는 독립성을 더욱 철저히 보장한 반면 단지 내 각종 시설들은 독립성을 보완하기 위한 개방, 교류의 장을 지속적으로 확충해 왔다.

이제 아파트는 더 이상 옆집에 누가 사는지 모르는 곳이 아니다. 이웃 간에 안면을 트고 교류하며 지낸다면 얼마든지 그렇게 살 수 있다. 아파트에서 이웃관계는 어디까지나 입주민들 하기 나름이다. 단지에 따라 차이는 있지만 새로 입주가 시작된 아파트 엘리베이터 등에서 이웃끼리 서로 인사하는 모습을 자주 볼 수 있다. 잃어버린 공동체성을 회복하려는 나름의 변화임에 틀림없다. 아파트가 이웃관계를 형성할 수 없는 곳이 아니라 오히려 선택적으로 형성할 수 있는 곳으로 바뀌고 있다. 또 선택적 이웃관계는 도시생활에 적합한 주거 형태라고 할 수 있다.

아파트의 편의성, 독립성은 이처럼 시간이 지날수록 진화되고 있는데 무엇이 문제인가? 문제는 아파트를 통해 실현하려는 이 개개인의 완벽하고도 독립적인 생활욕구가 서로 충돌하면서 시작된다. 세대 간 욕망의 충돌은 쾌적한 아파트 주거환경을 송두리째 비인간적인 형태로 변질시키기 때문이다. 층간소음으로 인해 이웃집끼리 칼부림 사건이 났다는 기사는 더 이상 새롭지 않다. 살기 위해 지은 집이 자살의 도구로 전락했다는 뉴스도 심심치 않게 등장한다. 아랫집에서 피운 담배 연기는 '내 집에서 담배도 하나 못 피우냐'는 욕구와 '내 의지와 관계없이 역겨운 냄새가 내 집에 스며드는 것을 배제'하려는 욕구 간의 충돌이다. 이 같은 욕구의 충돌은 아이러니하게도 아파트라는 하나의 덩어리 안에서 일어나는 일들이다.

환경부 산하의 이웃사이센터에 따르면 아파트 층간소음으로 인한 상담과 현장진단이 한 해 3만 건을 넘는다고 한다. 환경부에서 2012년 층간소음문제를 다루기 위해 이웃사이센터를 설립한 이래 층간소음 문제는 지속적으로 증가하고 있다.

사실 층간소음이 공동주택의 문제가 된 것은 공동주택이 출현하면서부터 잠재된 것이었다. 또 1990년 이후 폭발적으로 증가한 아파트 등 공동주택에서 주거의 쾌적성 문제가 대두되는 과정은 일종의 사회문제가 될 소지를 다분히 내재하고 있었다. 문제는 그로 인한 피해와 해결책을 사회적으로 준비하고 공유하느냐인데, 실상 아직까지도 실효성 있는 해결방법이 부재한 실정이다.

[표 2-10. 층간소음 해결을 위한 4단계 합의모델]

단계	담당기관	처리방법	제재근거
1단계	아파트 관리사무소	아파트 관리 규약에 따른 제재 및 중재	아파트 공동관리 규약
2단계	이웃사이센터 (1661-2642)	전화상담, 현장진단으로 분쟁해결 유도	환경정책기본법 등
3단계	경찰서	고의적인 경우 범칙금 최고 10만원	경범죄처벌법
4단계	환경분쟁조정위원회	전문가 현장조사 및 피해배상	환경분쟁조정법

출처: 중앙환경 분쟁조정위원회, 층간소음 리플릿

07장

집값 1
– 집값의 공공연한 비밀

 현실의 삶에서 대부분의 국민에게 주택이 문제가 되는 점은 '가격'일 것이다. 주택의 크기와 유형, 주거환경과 같은 질적 요인도 문제가 없지는 않다. 그러나 우선은 내가 거주할 수 있는 주택을 확보하는 것이 급한 문제이다. 소유, 전세, 월세 중 어떤 형태로든 주택을 확보하기 위해서는 주거비용이 발생한다. 주택은 장기간 나와 가족의 삶을 담는 안식처로서 특별한 일이 없다면 살아 있는 내내 소비해야 하는 내구재이다. 즉, 살아 있는 내내 주거비용을 부담해야 한다. 따라서 주거비용은 생존에 필수적이다.

 전 세계 주요 도시도 그렇거니와 우리나라에서도 집값은 늘 문제였다. 때때로 자고 일어나면 집값이 치솟아 도저히 끝을 모르고 오르는가 하면 어느 순간에는 집값이 폭락하여 큰 고통을 안겨 주기도 했다. 예로부터 집 한 채 갖는 것은 부를 일구는 가장 근본적인 출발점이었다. 전세제도라는 독특한 점유 형태를 보유하고 있는 우리나라에서는 때가 되면 이사를 가야 하는 '집 없는 설움' 때문이라도 집에 대한 소유욕이 매우 강하다.

주택이 인간의 삶을 담는 그릇이기 때문에 누구에게나 반드시 필요하다. 그러나 소득수준에 비해 턱없이 높은 주거비용으로 압박받는 국민에게는 주택은 그릇이 아니라 삶을 곤궁하게 하는 골칫거리가 되기 십상이다. 또 경제 전체적으로도 과도한 주거비용은 가계나 기업의 자산구조와 지출구조를 왜곡하여 소비를 위축시킨다.

과도한 비용으로 위축된 소비는 내수경기를 활성화시키지 못하여 성장을 저해하는 요인이 되기도 한다. 높은 집값은 부동산 자산에 과도한 부를 집중시켜 부동산의 이전이나 세습이 부를 축적하는 도구가 된다. 저축과 투자 등 정상적인 경제활동으로 부가 형성되기보다 부동산으로 부를 대물림하는 것은 경제활동을 위축시키는 요인이 된다. 종국적으로 과도한 부동산가격은 전체적인 경제활동을 둔화시켜 성장을 저해하는 요인이 될 수 있는 것이다.

주택가격은 기본적으로 주택건축에 필요한 토지가격과 건축비로 구성된다. 그러나 주택가격이 토지와 건축비만으로 형성된다는 사실이 상당한 의구심을 불러일으킬 때가 한두 번이 아니다. 건축에 소요되는 자재와 인건비는 단기적으로 고정되었다고 보고, 주택가격의 변동은 실상 땅값의 변동인 경우가 대다수이다. 지어진 집이야 짓고 나서부터는 쓰게 되는 소모재가 아닌가. 건축비는 감가상각으로 매년 일정 부분 깎이게 돼 있다. 그런데 매년 집값은 오른다. 아니 매달, 매주 오르다가 어느 순간에는 자고 일어나도 오른다. 땅값이 올랐기 때문이다. 도대체 땅값은 무엇인가? 땅값은 끝없이 오르기만 하는가? 땅값으로부터 주택의 가격에 대해 살펴보기로 하자.

[표 2-11. 주요지역 지가 상승배수(1974~2017년)]

(1974년 지가=1)

전국	서울	대구	광주	대전	성남	의정부
25.2	53.3	37.6	36.1	35.0	45.5	25.3
부천	양평	강릉	홍천	영동	천안	전주
49.5	11.1	15.3	7.79	7.99	34.03	16.2
고창	목포	보성	안동	청송	진주	의령
6.18	21.5	7.02	15.1	5.65	29.7	6.02

출처: 한국감정원, 연도별 지가변동률, 필자 편집

[표 2-11]은 1974년의 땅값을 1로 보았을 때 각 지역별로 2017년 말에 형성된 땅값을 표시한 것이다. 43년간 전국적으로 25배, 서울은 53배 올랐다. [표 2-11]에 표기한 지역 중 청송, 의령, 고창 정도가 6배 내외로 땅값 상승이 비교적 완만한 경우이다. 대개의 대도시와 중소도시는 15배에서 40배 미만으로 상승했다. 수도권지역은 지역편차가 있긴 하지만 40배 이상 올랐음을 알 수 있다.

땅값이 시기별로 어떻게 올랐는지 보기 위해 [그림 2-14]를 보자. 80년대 초반 이미 서울과 강남의 집값은 꿈틀거리기 시작했다. 1986년을 전후한 급격한 상승 전에 이미 서울 집값은 타 지역보다 높은 수준이었다. 1986년 아시안게임 후 올림픽을 앞둔 시점부터 시작된 급격한 상승세는 1990~1991년까지 줄곧 이어졌다(1차 상승). 이후 1990년대 내내 하향보합을 이어가다 1997~1998년 IMF 외환위기로 한 차례 급락한다. 이후 횡보세는 2000~2001년까지 이어진다. 1991년 이후부터 약 10여 년간 전국의 땅값은 하향안정세를 이어간 것이다. 2001년 이후 다시 대세 상승의 모습을 보이고(2차 상승), 2006~2007년 상승세가 꺾이기는 했지만 이후로도 지속적으로 완만한 상승세를 이어가는 모습이다(3차 상승). 서울 집값의 상승폭은 1980년대 중반 이후 확연해졌다. 전국적으로 서울을 비롯한 대도시지역과 그 외 지역의 지가가 괴리되는 시기가 바로 이때였다. 2차 상승기 이후부터는 서울을 제외한 전국의 주요 지역이 완만한 상승세를 보이는 반면 서울과 강남의 상승폭은 여전히 압도적으로 높은 수준이다. 서울의 상승폭은 3차 상승기에 들어서야 다소 완화되고 있음을 볼 수 있다.

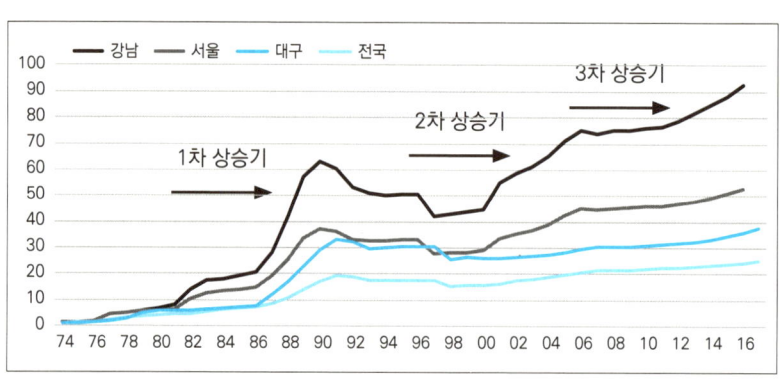

[그림 2-14. 연도별 지가 상승배수 추이(1974~2017년)][37]

출처: 한국감정원, 연도별 지가변동률, 필자 편집

---

37 1963~1979년 동안의 서울 강남 땅값 상승과 관련해서는 다음을 참조하기 바란다. "1963~1979년 16년간 학동의 땅값은 무려 1,333배, 압구정동은 875배, 신사동의 경우 1,000배가 올랐다. 같은 기간 신당동과 후암동의 땅값은 각각 25배 상승하는 데 그쳤다."
출처: 한종수, 강희용, 《강남의 탄생》, 미지북스, 2016, p.209

대한민국의 땅값은 지난 40여 년 동안 꾸준히 올랐다. 땅값은 곧 집값을 의미하는데 덕분에 집값도 무섭게 올랐다. 이제 실제로 땅값의 변화가 집값에 어떻게 영향을 미쳤는지 살펴보기 위해 1971년에 분양된 반포주공 1차 아파트의 가격 변화를 보자. 1971년부터 건설되기 시작한 남서울아파트(반포주공아파트)는 총 11만 6,000평에 3,300세대를 건립한 서울 강남 대단지 아파트의 신호탄이었다. 특히 "남서울아파트는 우리나라 최초로 고온수(高溫水) 지역난방을 갖추어 매연 등 공해를 방지하고 냉온수를 공급하는 동시에 슈퍼마켓을 비롯한 1,000평의 상가와 학교, 우체국, 수영장, 전화국 등 생활에 필요한 공공시설도 갖추게 된"[38] 강남이 새롭게 중산층의 주거지로 자리매김하는 결정적인 계기가 된 아파트였다.

[표 2-12. 남서울아파트(반포주공 1차) 분양가격]

(단위: 만원)

구분	1971.9월 분양 당시			2018.12 평균 매매가	상승배수
	1층	3층	5층		
23평형	384	415	364	202,500	506.25
32A 평형	544	594	516	345,000	584.7
32B 평형	533	587	533		
42평형	709	775	672	417,500	556.6

출처: 분양가는 동아일보의 1971년 9월 6일 광고 발췌. 평균 매매값은 닥터아파트 참조. 상승배수는 각 평형 1, 3층 평균분양가 기준

반포주공아파트(1단지)는 1972년 11월 입주 후부터 46년간 분양가 대

---

38   출처: 기자 미상, '3,300가구 수용', 매일경제, 1971.7.21

비 2018년 12월 시세를 기준으로 약 500~580배 정도 상승했다. 2018년 12월은 2016년부터 재차 오르기 시작한 아파트가격이 강한 상승세를 보이자 이에 대한 우려가 깊어지던 시기였다.[39] 그럼에도 불구하고 반포주공아파트는 평당 1억 시대를 외치며 계속해서 상승해 왔다. [그림 2-14]에서 보듯이 1974년부터 측정한 강남의 땅값이 약 93배 상승한 것을 감안해도 남서울아파트(반포주공 1단지)의 가격은 땅값 상승보다도 5배 이상 더 오른 것이다.

집값이 오르는 이유를 비교적 분명하게 설명하는 이론이 있다. 임서환은 땅값(집값)이 오르는 근본적인 이유를 다음과 같이 제시한다.

> 첫째, 땅값의 원천은 개발이익이다. 땅을 개발해서 이익을 볼 것으로 기대하는 수준이 반영된 것이 땅값이다. 지역에 따라 땅값이 차이가 나는 것은 그 땅을 활용해서 돈을 벌 수 있는 가능성에 차이가 있기 때문이다.
>
> 둘째, 개발이익이 증가하면 그 일부, 혹은 전부가 땅값으로 이전된다. 어떤 땅을 개발하여 발생한 이익이 어떤 이유에서든 보통 수준보다 커졌다고 하자. 그다음 수순은 주변의 땅값이 오르는 것이다. 부동산 상품, 예를 들어 주택은 개발자가 땅을 구입해 주택을 개발하고 여기에 이윤을 더해 주택가격을 정해 판매한다. 그런데 이 과정에서 땅 주인, 즉 토지 소유자가 주요한 주체로 개입한다. 어떤 땅에서 개발자가 구현하는 개발이익이 늘어나면 인근

---

[39] 문재인 정부는 출범 후 오름세가 지속되는 아파트가격을 잡기 위해 세제 및 금융 제제 등을 담은 부동산대책(2017년 8.2대책, 2018년 9.13대책)들을 발표했다. 9·13대책으로 집값 상승세가 한풀 꺾이는 시기였다.

땅 소유자는 기대되는 개발이익이 늘어난 만큼 땅값을 올리는 것이다.

셋째, 개발자들은 개발이익을 늘리기 위해 새로운 방법을 끊임없이 모색하며 이는 계속해서 땅값이 오르는 힘으로 작용한다. 예를 들어 개발 밀도를 높여 토지원가를 줄이거나 새로운 공법을 개발해 건설비를 줄이는 것은 모두 개발이익을 늘리려는 노력이다. 이를 위해 개발자들은 정부에 토지이용규제를 풀도록 로비하기도 하고 연구개발 투자를 통해 공법을 개발하기도 한다. 그런데 이러한 노력으로 늘어나는 개발이익은 얼마 안 가서 땅값으로 옮겨 간다. 그만큼 땅값은 오르고 주택가격 역시 오른다.

예를 들어 매매가격이 1억원인 땅에서 주택개발자가 건축비 1억원을 들였다고 하자, 평균이윤율 5%라 하면 이윤 1천만원을 더해 주택가격은 2억 1천만원이 될 것이다. 주택개발자가 새로운 기술을 개발하거나 재료 유통 효율화 등으로 건축비를 9천만원으로 줄였다고 하자. 주택가격을 그대로 받는다면 주택개발자의 이윤이 2천만원으로 늘어날 것이다. 일반 상품이라면 얼마 안가 다른 생산자들이 가세하면서 이윤을 다시 1천만원으로 하고 상품가격을 2억원으로 낮추는 업체가 등장하면서 전체 상품가격이 2억원으로 하락할 것이다. 그러나 주택의 경우는 그렇지가 않다. 개발자의 이윤율이 늘어난 만큼 땅의 잠재적 개발가치가 상승하면서 땅 주인이 땅값을 1억 1천만원으로 인상할 것이다. 주택개발자의 이윤은 다시 1천만원으로 줄어들고 주택가격은 여전히 2억 1천만원을 유지한다. 땅값만 오른 것이다.

출처: 박인석, 《단지공화국에 갇힌 아파트 한국사회》, 현암사, pp.116~118 재인용

다시 반포주공아파트의 사례로 돌아오자. 반포주공아파트 단지는 1971년 남서울아파트(현 반포주공 1단지) 건축을 필두로 1979년 5월 2, 3단지

입주까지 약 7,100세대가 넘는 대형 단지였다. 1단지와 2, 3단지는 입주를 기준으로 약 7년 정도 시차가 있다. 반포주공 1단지가 2019년 재건축이 예정된 가운데, 2단지와 3단지는 각각 지난 2009년 7월과 2008년 12월에 재건축을 완료하였다. 재건축이 완료된 2, 3단지는 각각 반포래미안퍼스티지, 반포자이로 이름을 바꾸었다. 또 2단지(래미안) 3,410세대와 3단지(자이) 2,444세대로 재건축 이전 총 세대수 3,810세대에 비해 2,000세대 이상 늘어났다. 명실공히 대한민국의 최고가 수준의 아파트이며, 강남 개발과 부동산 불패의 신화를 고스란히 안고 있는 상징적인 아파트이다.

[그림 2-15. 반포 3개 주공단지 33평형 가격 추이]

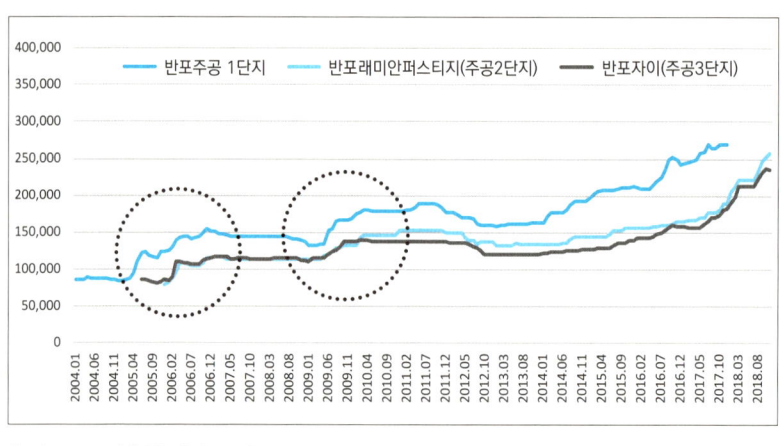

출처: KB국민은행 아파트 시세

[그림 2-15]는 반포주공 1단지 33평형과 2, 3단지의 각 25평형에 대한 2004년 이후 시세를 비교하고 2, 3단지 재건축 시점 이후에는 1단지 33평과 반포래미안퍼스트지(2단지)와 반포자이(3단지) 33평을 연속하여 비교한 것이다. 주공 2, 3단지 25평 보유자들은 재건축으로 33평형을 배정받

앉기 때문에 시세관리가 함께 이루어진 것으로 보인다.

[그림 2-15]에서 보는 바와 같이 반포주공 1단지는 관찰기간 내내 반포 2, 3단지에 비해서는 시세가 높다. 재건축 이전에 2, 3단지는 소형 평형으로 구성돼 25평형이 제일 큰 평형이었다. 따라서 33평형과 25평형의 차이만큼을 유지했던 것으로 보인다. 2004년부터 이들의 가격은 전반적인 경제흐름에 노출되어 상승과 하락을 함께 경험하고 있었다. 다만, 단지별로 재건축 진행경과 시점이 상이하므로 단지별 개발이익 변화분을 단지 상호 간에 주고받은 흔적은 확인할 수 있다.

단지 상호 간 영향관계를 보여 주는 대표적인 예가 [그림 2-15]에서 점선 원으로 마크한 부분들이다. 먼저 왼쪽 마크를 보자. 그림에서 보듯이 2, 3단지가 재건축되기 전까지는 1단지와 주택면적 차이만큼 시세차를 유지한다. 다만 재건축이 1단지에 비해 앞서 진행된 2, 3단지는 2006년 이후 재건축 진행과정상의 단계를 밟아가면서 그 단계가 진척될 때마다 시세 상승을 이루어 갔다. 그러나 1단지의 경우 이 같은 주변단지의 개발이익 반영분을 선행적으로 흡수하여 그래프상으로 보면 2005~2006년의 가격 상승은 오히려 1단지가 2, 3단지를 약 6개월 정도 선행한 것이 완연하다.

이 같은 흐름은 재건축 이후에도 이어진다. 2, 3단지의 재건축이 진행되고 입주가 개시되는 시점인 2009년 7월(2단지)과 2008년 12월(3단지)로부터 약 1년 이내의 시세변동을 살펴보면 2, 3단지 시세가 큰 폭으로 상승한 것을 확인할 수 있다. 구체적으로 2단지(래미안: 12억 4,000만원→14

억 6,000만원), 3단지(반포자이: 11억 2,500만원→13억 7,500만원)로 입주 개시 후 1년 이내 두 단지 모두 예년의 상승률을 큰 폭으로 뛰어넘는 17.7%, 22.2%의 상승률을 보였다. [그림 2-15]에서 두 번째 점선 원으로 표시한 부분이다.

문제는 이때 재건축과 관련이 없는 주공 1단지의 시세도 1년 6개월간 들썩거리면서 16% 상승을 기록했다는 점이다. 주변단지의 재건축이 완료되면서 얻는 개발이익이 유사단지에도 그대로 흡수된 전형적인 예라 할 것이다. 이 무렵 우리나라의 부동산시장, 특히 서울 강남의 부동산시장은 2008년 세계 금융위기가 터지고 금융시장에 신용경색이 팽배해지면서 한동안 얼어붙었던 시기였다. 바로 대세적으로 시장이 침체·냉각되던 2008~2009년에서조차 반포주공의 재건축은 주변 아파트에 가격 상승의 동인을 제공했다는 점에서 개발이익과 집값 상승의 밀접한 특성을 잘 보여주는 사례라 할 수 있다.

주변 개발이익이 땅값으로 흡수된 사례를 대한민국 최고 주거지역에 있는 유사 단지의 시세 비교를 통해 확인해 봤다. 세 단지 모두 경제 전체로부터 미치는 체계적 위험에 대한 노출은 동일하다고 전제하고, 가격변동의 개별 요인인 지역개발 등의 영향도 큰 차이가 없다고 전제했을 때, 이들 단지의 가격변동은 각 단지가 경험한 개발이익 변화분을 상호 흡수함으로써 이루어진다는 사실을 확인할 수 있다.

두 번째 살펴볼 사항은 개발이익이 어떻게 반영되는가 하는 점이다. 집값(땅값) 상승이라는 것이 어떤 경로를 밟아 가면서 정확한 상승률이 적용되는 수학적 메커니즘은 아닐 것이다. 그러나 결론부터 말하면 [그림 2-16] 반포아파트 재건축 사례에서 확인되는 개발이익의 전이는 놀라움을 넘어선다.

[그림 2-16. 반포 3개 주공단지 33평형 대지 1㎡당 가격 추이]

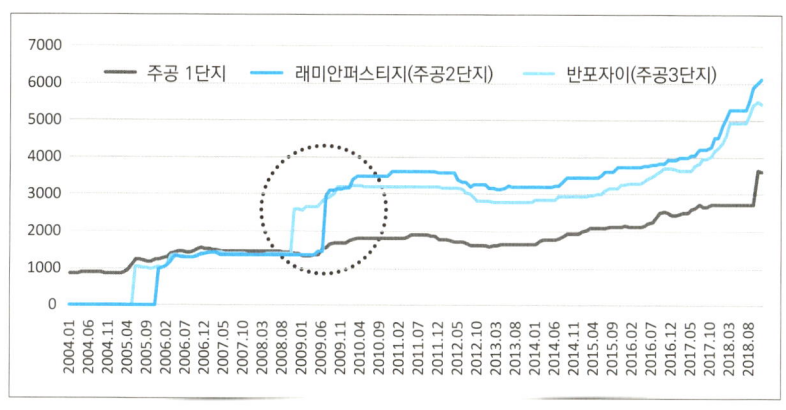

출처: KB국민은행 아파트 시세를 기준으로 한 각 평형별 지분율, 필자 편집

[그림 2-16]은 반포주공 3개 단지의 대지 1㎡당 시세를 비교한 것이다. [그림 2-15]과 마찬가지로 2008~2009년 2, 3단지 재건축 이전에는 주공단지의 지분율에 의해 비교하였고, 재건축 이후에는 반포래미안과 반포자이 단지의 각 33평형의 지분율을 기준으로 비교한 것이다. 먼저 재건축 이전 시점까지 3개 주공단지의 대지가격이 유사한 것을 한눈에 확인할 수 있을 것이다. 1㎡당 약 1,400만원 내외를 보이고 있다. 1단지의 경우 전체 용적률은 80%이고 33평형의 지분율은 약 99.2㎡(30평)로 알려졌다.[40] 주

---

40 1단지 지분율은 주구마다 상이한데, 33평형 기준 약 30평 이상인 것으로 확인됨
    출처: 닥터아파트

제2편. 건설경제의 생산물 1 - 집   117

공 2, 3단지도 사정은 유사했던 것으로 파악된다. 25평형의 대지지분율은 18평 이상이었을 것이라는 주변 공인중개사 사무실의 의견[41]을 반영하여 82㎡를 지분율로 반영하였다. 1970년대에 지어진 아파트답게 용적률을 100% 미만으로 두어 공간상의 여유를 충분히 주었다. 기반시설에 대해서도 여유 있는 면적을 할당한 것으로 보인다. 반포주공은 대지지분율이 거의 1:1 수준으로 현재 기준으로 보면 상상하기 어려운 아파트라 할 것이다.

문제는 주공 2, 3단지의 재건축 이후에 드러났다. 주공 2, 3단지는 재건축을 하면서 용적률 269%를 적용하였다. 이는 주공 시절 용적률 80%대를 감안하면 약 3배 이상 과밀하게 지었다는 것을 뜻한다. 5층 아파트를 30층 이상으로 지으면서 세대수도 2,000세대 이상 늘렸으니 불가피한 선택이었을 것이다. 재건축 후 반포래미안과 반포자이 아파트 33평형의 대지지분은 각각 42㎡, 43㎡으로 알려졌다.[42] 높게 많이 지었으니 세대당 돌아가는 고유한 땅 면적이 줄어드는 것은 당연하다. 그런데 같은 대지의 1㎡에 해당하는 땅값은 재건축 전 1,400만원 수준에서 재건축 직후 무려 2배 이상 폭등한 2,800만원을 상회하여 형성되었다. [그림 2-16]에서 보는 것처럼 재건축 완료 후에 1㎡ 당 가격은 점프 후에도 그 수준을 유지하면서 움직이고 있다. 이것을 어떻게 이해해야 하는가? 동일 면적의 대지에 5층 아파트를 지을 때와 30층 아파트를 지을 때 두 배 이상 가격차이가 난다? 땅값이 땅값만은 아니라는 것을 여실히 증명하는 사례이다.

---

41 대한공인중개사, 반포에서 40년 이상 부동산 중개업을 운영해 온 업체이다.
42 출처: 닥터아파트

같은 땅을 어떻게 활용하는가에 따라 동일한 땅의 가격이 달라질 수 있다는 것은 땅의 사용가치와 관련된 것이다. 용도지역에 따라 땅값이 큰 차이를 보이는 것도 사용가치가 다르게 반영된 것이다. 그러나 여기서 문제는 모든 조건은 동일한데 건축밀도를 높여 개발이익을 창출한 결과 이는 다시 토지가격과 집값 상승으로 연결된다는 점이다. 이렇게 오른 집값은 주변의 다른 집값에 영향을 주어 연쇄적인 집값 상승을 초래한다. 이는 개발밀도 등 인위적 요인을 이용해서 집값 상승이 얼마든지 가능하다는 논리로 연결된다. 이 같은 인위적 상승으로 인해 고밀개발 후 대지지분율은 줄어들었음에도 즉, 집의 본래 면적은 줄었는데도 집값은 오히려 상승하는 아이러니를 받아들이게 된다.

대도시, 특히 서울의 강남 같은 곳의 땅값은 개발이익을 빨아들이는 스펀지라고 말할 수 있다. 수요량 정도에 따라서 얼마든지 고밀개발을 통해 토지원가를 줄이는 대신 개발이익을 창출하고 토지가격을 높여 나갈 수 있는 것이다. 그렇다면 고밀도 개발에 의한 땅값 상승과 집값 상승은 어디까지 가능한 것인가? 근본적으로는 수요의 뒷받침 여부이다. 물론, 국민주택규모의 아파트가 30억원을 훌쩍 넘는 현상은 현재까지 서울의 일부 지역에서만 발생하는 일이다. 주택가격의 상승이 앞서 살펴본 고밀개발을 활용한 메커니즘하에서도 일어날 수 있다는 사실은 최고의 주택가격이 자가발전 방식으로도 가능하다는 것을 의미한다. 대기 수요를 충족할 때까지 공급을 늘려도 희소성은 유지되고 주택가격이 상승하는 것이다.

08장

집값의 역사

조선 후기 집값은 어느 정도였을까?

집 한 채당 평균가격은 14.2냥이며, 최저 2냥짜리부터 최고 400냥짜리까지 광범위하게 분포했다. 400냥짜리 집은 바로 24.5칸 규모의 기와집이었다. 기와집을 제외한 초가집만의 평균가격은 12.6냥이며, 가장 비싼 초가집은 한량 홍윤주(洪允舟)의 18칸짜리 가옥으로 122냥이나 되었다. 그런데 전체 가옥 가운데 가장 큰 집은 한량 박대천(朴大天)의 27칸짜리 초가인데, 이보다 9칸이나 작은 홍윤주의 초가가 최고가격을 받았다. 박대천의 초가가격은 18칸짜리 홍윤주 초가의 1/3에 불과한 42냥이었다. 박대천 가옥보다 규모는 작지만 집값이 더 비싼 가옥들이 11호나 있었다. 이는 집의 크기가 집값의 높고 낮음과 반드시 일치하는 것만은 아니었다는 사실을 말해 준다. 따라서 집값의 기준은 집의 구조나 재료, 치장 등이 반영된 결과라 하겠다. 아울러 집주인 신분의 상하, 관리하고 집값을 산정하는 아전과 집주인의 친속 여부 등도 무시되지 않았다고 본다.

출처: 한국고문서학회, 2006, 《조선시대 생활사 3》, 역사비평사, pp.263~266

위 자료를 보면 조선 후기의 집값도 약 200배의 편차를 보이고 있음을 알 수 있다. 집의 크기와 소재지가 구체적으로 알려지지 않아 일률적으로 비교하기에는 한계가 있으나 오늘날의 편차, 예를 들면 2,000만원과 40억 원과 같이 조선의 집값도 양극화가 심했던 것으로 추정된다.

집값은 어느 정도가 적정선인가? 대다수의 국민들 입장에서 풍족하지 않은 소득으로 재산 1번인 집을 구매하기 위해 늘 부딪치는 질문이다. 국가의 입장에서도 국민들에게 저렴하면서도 질 높은 주거환경을 마련하기 위해 맞닥뜨리는 근본적인 질문이다. 근본적이지만 쉽지 않은 답을 구하고자 집값의 적정성을 측정하고 전망하는 많은 연구들이 있어 왔다. 그중에서도 집값의 적정성을 판단하는 가장 기본적인 접근은 소득수준과 집값을 비교하는 것이다.

주택가격의 적정성을 파악하기 위해서는 먼저 주택가격이 어떻게 형성되는지에 대한 이해가 필요하다. 건축비와 토지비라는 물리적 재료의 가격, 집값에 영향을 주는 다양한 요인, 이를테면 생활, 교통, 교육, 치안 등의 주거환경, 소비자의 선호도, 주택브랜드의 인지도 등 직간접적 수요 요인이 대표적이다. 새로운 주택공급량이나 주택금융, 세제 등 제도적 요인도 주택가격에 직접적인 영향을 주는 것은 물론이다. 게다가 경기변동 상태나, 경제(소득)수준 등은 주택가격의 터전이라 할 수 있는 요인이다. 이처럼 다양한 요인으로 인해 주택을 비롯한 부동산의 가격은 시장에서 거래되는 많은 상품이나 서비스와 달리 규격화된 가격산정체계를 갖추기가 어렵다.[43] 본 장과 다음 장에서는 역사적으로 우리의 경제규모에 상응하는 집값의 관계를 살펴봄으로써 경제성장 과정에서 주택가격이 어떻게 변해 왔는지 짚어 볼 것이다. 이는 향후 우리 경제 수준에 따른 주택가격을 전망하는 데에도 유용할 것이다. 먼저 이번 장에서는 1970년 이후 아파트 가격을 살펴본다. 아파트를 중심으로 주택가격 자료를 찾기 위해《서울 도시계획 이야기(손정목)》,《대한주택공사 30년사》,《한국토지공사 35년사》,《강남의 탄생(한종수, 강희용)》과 네이버 옛날신문 등의 자료를 활용하였다.

1960년대 후반부터 간간이 파악되기 시작한 주택가격은 2018년까지 이어져 오면서 비교할 수 없이 상승했다. 결론부터 보면 1970년 서울 시내 아파트가격이 평당 10만원 내외였다. 2018년 현재 강남지역 아파트 평당 단가는 약 5,000~9,000만원이므로 1970년 당시보다 약 500~900배가 상승한 것으로 추정할 수 있다. 이 기간 명목GDP는 619배, 1인당 GDP도 386배 오른 것을 고려하면 강남의 아파트가격이 경제성장규모를 앞질러 올랐음을 알 수 있다. 강남과 비강남과의 격차를 인정한다면 강남 아파트 가격의 상승은 우리나라 전체 부동산자산의 평균과 비교해도 엄청난 상승임을 알 수 있다. 경제규모의 성장과 주택가격의 상승이 어느 정도 관계가 있을 것이라는 것은 짐작이 가는 부분이다. 이제부터 약 1970년 이후 아파

---

43 부동산가격을 평가하는 대표적인 방법으로는 원가법, 수익법, 비교사례법 등이 있다. 원가법은 대상물건의 원가를 중심으로 가격을 매기는데 해당 물건을 다시 건축할 때 드는 비용에서 지금까지의 감가상각액을 차감하여 구한다. 수익법은 해당 물건이 산출할 수 있는 현재와 장래 수익의 합계액을 현재 가치로 환산하여 이를 해당 물건의 가격으로 보는 것이다. 비교사례법은 이용도에 있어 유사한 부동산의 거래가격을 기준으로 놓고 거기에 해당 부동산의 특수성을 가감하여 산정하는 방법이다.

트가격의 역사를 되짚어 보면서 경제성장과 주택가격 사이에 어떤 상관이 있는지 살펴보도록 하자. 1960년대 후반부터 1985년까지의 집값 변동은 이 편의 마지막에 따로 정리해 두었다. 여기서는 1986년 이후부터 최근까지의 변화를 살펴본다.

1986년 아시안게임이 끝나고 1988년 올림픽을 앞둔 1987년은 전국의 아파트값이 한차례 큰 폭으로 들썩거린 해였다. '실제로 서울, 부산, 대구, 인천, 광주 등 전국의 거의 모든 부동산 시세는 임야, 논밭, 아파트, 주택 할 것 없이 최저 강보합세를 보이며 최대 100배 이상 뛴 곳도 있을 정도였다. 일반적으로 부동산가격이 10~30% 오른 곳이 대부분이었다.'[44] 1984~1986년 평당 175만원 미만이었던 반포주공 18평형의 가격이 1987년 말에는 202.8만원으로 뛰었다. 대치동 은마아파트는 1987년 말에 31평, 34평이 각각 4,300만원, 4,900만원을 형성하면서 1983년 시세를 뛰어넘거나 근접했다. 1983년에 평당 105만원과 134만원으로 공급되었던 목동 신시가지 아파트의 1987년 시세도 평당 140~170만원 수준으로 상승해 있었다. 이 무렵 상계동과 과천에 공급된 주공아파트의 시세는 평당 135~150만원 정도였다. 또 압구정 현대아파트는 44평형은 1억 2,000만원 선에 거래되면서 1983년 50~60평대에 이어 40평대 아파트도 1억원을 넘어서는 등 가격 상승이 확산되어 갔다.

'1988년은 지난해 10월 대비 평균 6~7% 하락했는데, 둔촌·고덕지구가 5~15% 떨어져 평당 220만원 선에 거래되었고, 상계·중계 지역도

---

44   기자 미상, '부동산 80년대 들어 최대 호황', 경향신문, 1987.12.30

10~15%가량 떨어졌다. 개포, 대치, 도곡, 잠실, 압구정, 여의도 아파트 밀집지역도 10월에 비해 평당 15~25만원 떨어져 230~280만원 선에서 거래되었다.'[45] 전년에 비해 다소 하락했지만 1987년의 인상폭이 매우 컸던 탓에 이즈음 서울 강남지역의 아파트가격은 80년대 초반에 비해 괄목할 만한 수준으로 올라 있었다. 은마아파트가 이 무렵 각각 7,000만원과 7,650만원에 거래되었다. 또 압구정 현대 48평형은 1억원대 초반을 넘어 거의 2억원대에 육박했다. 반포주공 16평형이 4,900만원 수준이었으니 이는 3년 전에 비해 약 2,000만원 정도 인상된 가격이었다. 한편 1984년에 3,400만원과 4,550만원이던 여의도 시범 18평과 24평형은 1988년 말에 각각 4,050만원과 4,700만원으로 소폭 상승한 데 그쳤다. 1988년 아파트값 인상은 서울과 지방, 서울 내에서도 지역별 차별화가 심해지는 계기였다. 강남·서초 등 이른바 서울 주요 지역의 아파트값이 견고하게 상승해 가면서 서울의 여타 지역과도 차별화가 심해지고 있었다.

1989년은 87년에 이어 또 한 차례 아파트가격이 요동을 치던 해였다. 분당, 일산 등 1기 신도시 5곳에 주택 200만 호 대책이 발표되는 등 서울지역 아파트가격 상승을 잡기 위한 공급 확대 대책이 이어졌고, 분양가 현실화 조치로 1989년 상반기까지 아파트값은 다시 급등했다. '1989년 11월에는 분당 시범단지의 분양가가 윤곽을 드러냈다. 국민주택규모 15층 이하는 땅값 42만 3,000원에 건축비 98만원을 더한 140만 3,000원, 국민주택규모이면서 16층 이상인 아파트는 건축비 110만원으로 총 152만 3,000원, 국민주택규모 이상인 아파트는 땅값 50만 6,000원에 건축비

---

45 기자 미상, '아파트값 6~7% 떨어져', 동아일보, 1988.12.1

110만원을 더한 161만 7,000원, 국민주택규모 이상인 초고층은 174만 9,000원으로 정해진 것이다.'[46]

그러나 1989년 11월 12일 분양가 현실화 조치에 따른 원가연동제 도입으로 한때 조금씩 들먹거렸던 아파트가격이 진정세로 돌아섰다. 또 분당 시범아파트 등 내년부터 쏟아져 나올 물량 때문에 기존 아파트를 찾는 사람을 거의 찾아보기 어려워 팔 사람도, 살 사람도 없었다. '공급 확대가 예정된 상황을 부동산업계와 건설부는 각기 다르게 분석했다. 부동산업계에서는 대량공급에도 불구하고 서울 집값은 떨어지지 않아 분당 시범아파트 공급에 별 영향이 없을 것이라고 하였다. 반면, 건설부는 향후 몇 년간 지속되는 아파트 공급으로 아파트값 안정세가 이어질 것이라 전망했다.'[47] 1989년 말 대치동 은마아파트는 31평과 34평이 각 9,250만원과 1억 1,000만원으로 1억원대 아파트로 진입했고 목동 신시가지 20평도 5,600만원의 시세를 보인다. 압구정동 신현대 35평형은 1억 8,000만원으로 치솟았으며 잠실주공 17평도 7,000만원에 근접했다. 서울 강남, 서초, 잠실 등 주요 지역의 아파트 평당가격이 중대형은 550~850만원, 중소형은 450만원 내외를 보이며 저 높은 곳을 향해 계속해서 진행해 갔다.

'1990년은 지난 1987년부터 3년 동안 오르던 아파트값이 조정기를 맞았던 시기이다. 강남, 서초, 송파 일부 아파트값이 3년 만에 처음으로 내림세를 보였고 개포 우성 3차 56평은 지난달 7억원에서 6.5억원으로, 대치

46　기자 미상, '분당 시범아파트 분양가 174만원', 매일경제, 1989.11.4
47　기자 미상, '아파트값 눈치 보기', 동아일보, 1989.12.25

동 미도 41평은 4.3억원에서 4.2억으로 내림세를 보였다.'[48] 그러나 1990년 하반기에 조사된 실제 서울 주요 지역의 아파트가격은 매우 큰 폭으로 급등했다. 구체적으로 1990년이 되면서 반포주공 22평형이 상반기 1억 9,000만원에서 연말에 2억 3,000만원이 되었다. 1970년대 초반 600만원 내외로부터 시작되어 거의 40배 정도 오른 셈이며 1983년 시세였던 3,000만원과 비교해도 7배 이상 오른 셈이다.

안양, 부천, 성남 등 수도권 신도시나 위성도시의 아파트가격이 평당 300만원 내외를 기록했고, 서울 강남의 주요 지역은 소형이 평당 800만원 내외였고 35평 이상 중대형은 평당 1,000만원을 훌쩍 뛰어넘었다. 은마아파트는 각 평형대가 1억 9,000만원(31평형)과 2억 2,000만원(34평형)으로 한 해 전에 비해 거의 2배에 이르는 가격으로 급등했다. 목동 신시가지 20평형은 1억원에 육박했고 30평형도 2억원을 바라봤다. 상계동 주공단지들의 소형 평형 아파트도 평당 약 400만원 안팎을 보였다. 강남·북의 격차가 확연해지기 시작했던 시기이다.

1991년부터 1992년까지는 아파트가격이 하향안정세를 보이는 기간이다. 대체적으로 서울 강남, 서초, 잠실 등의 주요 지역이 1990년에 비해 시세가 큰 폭으로 하락했는데 서초 우성아파트의 경우 1992년도 가격은 1991년에 비해 33평형은 약 5,000만원, 50평은 1억원 정도 하락해 각각 1억 7,000만원과 3억 7,500만원을 기록했다. 1기 신도시에서 주택공급이 지속되면서 서울 시내 아파트값은 전반적으로 하향안정화되어 갔는데 이

---

48 기자 미상, '소·대형 오름세, 중형 내림세 서울 아파트값', 경향신문, 1990.12.9

흐름은 1997년 IMF 외환위기 직전까지 이어졌다. '이 무렵 광주와 대전의 아파트가격은 평당 약 250만원 내외였고 대구가 300만원, 부산은 400만원 정도로 대도시별로 다소 차이가 있었던 것으로 보인다.'[49]

1993년에는 1기 신도시 입주가 어느 정도 진행되면서 신도시 아파트값 추이를 분석하는 기사가 종종 등장한다. 그중에서 1993년 6월 25일자 동아일보는 "5개 신도시 아파트가격이 서울 중위권 수준에서 형성되었는데 부동산뱅크에 따르면 분당 아파트가격은 평당 평균 약 505만원으로 강동구 496.2원보다 비싸고, 일산은 424.4만원으로 노원구(421.7만원)보다 비싸며, 평촌은 394.1만원으로 구로구 396.7만원, 중랑구 392.9만원과 유사"하다고 보도하고 있다. 덧붙여 이들 신도시 1993년 상반기 아파트값은 분양가 대비 분당은 2.7배, 산본 평촌은 2.3배, 중동은 1.8배 오른 정도였다.[50] 1993년 말의 아파트가격은 1992년에 이어 지속적으로 하락했다. 목동 신시가지 20평형이 1억 2,100만원 수준이었고 분당 시범한신은 32평형이 1억 5,000만원 수준이었다. 상계동 보람아파트는 평당 350만원 내외를 유지했다.

1994~1995년도 전반적인 하향안정화가 지속됐다. 올림픽 선수촌아파트 51평형은 5억 5,000만원으로 1990년 말 가격과 큰 변동이 없었다. 목

---

49 광주 농성 삼익 32평형 7,500만원, 대전 내동코오롱 31평형 8,100만원, 대구 지산 우방 32평형 1만 1,500만원, 부산 남천동 삼익타워 30평형 1만 3,500만원
    출처: 기자 미상, '6대 도시 아파트값', 경향신문, 1992.11.30
50 기자 미상, '신도시 아파트값 분양가의 2.5배', 동아일보, 1993.6.25

동 신시가지 35평형도 1990년 2억 6,000만원에서 1995년 말에는 2억 5,500만원으로 약간 하락했다. 강남 서초 등 주요 지역의 가격이 40평대 이상 중대형이 평당 1,100만원 내외였고 중소형은 800만원 내외를 보였다. 반면에 강북지역은 대체적으로 400만원 미만에서 거래되었다. 1995년 말 가락시영아파트 13평형이 1억 200만원으로 1억원 내외를 유지하고 있었다.

1996년 말은 1995년과 큰 차이가 없는 가운데 약보합세를 유지했다고 할 수 있다. 강남의 중대형은 평당 1,000만원 이상의 가격을 유지했고 중소형은 700~800만원대를 보였다. 은마아파트가 31평형 1억 8,500만원과 34평형이 2억 1,500만원 수준이었다. 그리고 강북지역도 350~500만원 정도의 평당가격을 보였으며 과천, 분당 등 수도권 인근 신도시는 강북에 비해 약 100만원 정도 상회한 가격을 보였다. 부산과 대구가 각 평당 350만원과 300만원 미만 수준을 보이던 때였다.

1996년을 지나 1997년이 되면서 일찍이 우리 경제가 겪어 보지 못했던 불황의 터널로 진입하기 시작한다. '1997년 말에는 급기야 IMF 구제금융을 받게 되면서 주택을 비롯한 전국의 자산가격은 일제히 떨어지기 시작했다. 서울뿐만 아니라 전국의 모든 지역에서 거래가 부진하자 매매가격 상승폭이 둔화되면서 1997년 대선을 앞두고 관망세가 지속되었다.'[51] 그러나 정작 부동산가격은 1997년 말에 약보합세를 유지했던 것으로 보인다. 은마아파트가 평형대별로 각각 2억 1,500만원과 2억 5,500만원을 호가했

---

51 기자 미상, '아파트가격 보합세 지속', 매일경제, 1997.11.3

고 압구정현대 33평형도 2억 3,000만원을 유지했다. 강남의 경우 40평 이상 중대형의 평단가가 약 1,100만원을 상회했으며 30평대 중소형도 800만원 수준을 보여 IMF 구제금융 도입 직후에는 부동산가격이 크게 떨어지지 않았던 것으로 보인다. 이 시기 서울 시내 목동, 상계동 등의 주요 아파트지역이나 과천, 일산, 분당, 평촌 등지도 예년의 가격수준을 유지했던 것으로 보인다.

IMF 외환위기를 겪으면서 자산가격이 급락한 것은 1998년을 맞으면서 본격적으로 나타났다. 1998년 2월이 되자 시세의 반값에 투매되는 아파트가 있는가 하면 20~50% 가격이 급락한 급매물이 시장에 쏟아져 나왔다. '급매물 아파트는 보통시세의 75~85% 수준으로 나왔는데 30평 이상이 약 3,000~7,000만원 정도 싼 가격에 나왔다. 이 무렵 도곡 우성아파트 31평형은 3,500만원 낮은 2억 4,000~2억 1,000만원에 형성되었다.'[52] 전체적으로 가격하락 추세가 확연했다. 은마아파트가 1억 6,000만원과 1억 8,500만원에 거래돼 1994년 이전 시세로 하락했다. 목동 신시가지 1단지 27평도 1억 2,000만원 밑으로 가격이 떨어져 약 4,000만원 이상 하락했다.

1998년 이후의 주택가격 시세는 [그림 2-17]과 같이 국민은행에서 제시하는 주택매매지수를 통해 살펴보기로 하자. [그림 2-17]은 1970년 이후, 상승과 횡보, 일시적 하락 후 재상승을 이어 가던 주택가격을 1986년부터 지수화된 형식으로 나타낸 통계이다.

---

52 기자 미상, '시세 반값 급매물 쏟아진다', 매일경제, 1998.2.6

[그림 2-17. 주택매매지수 추이(1986~2018년, 2015년=100)]

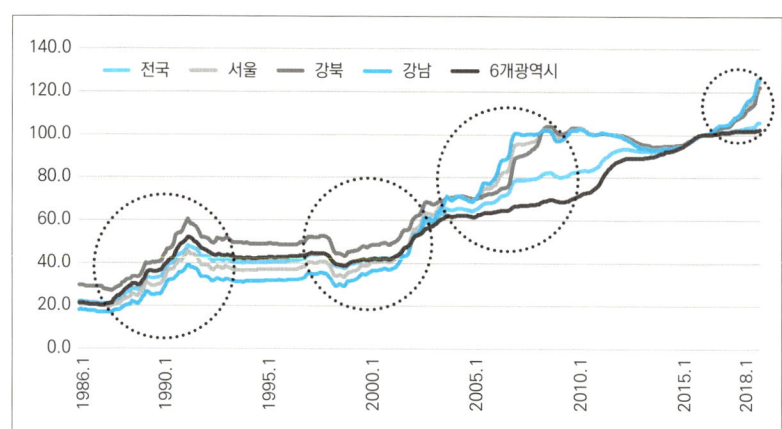

출처: KB국민은행, 주택매매가격 지수

우선 지금까지 살펴본 연도별 명목가격 논의를 마무리해 보자. 대부분의 주택이 외환위기를 거치면서 이전 전고점(1996~1997년)가격과 비교해 약 30~40% 정도 폭락을 경험하고서도 폭락 후(98년 상반기) 불과 3년(2002년) 이내에 거의 전고점가격을 회복해 나갔다. 뿐만 아니라 이때부터는 역사상 찾아보기 힘들 정도의 강력한 상승장을 연출한다. 2002년부터 2008년 상반기까지 서울을 비롯한 전국 대부분 지역의 주택가격은 급등에 급등을 거듭한다. 약 6년의 시간 동안 강남 지역은 약 5배 정도 가격이 상승했다. 이 무렵 은마아파트는 10억원대를 돌파하였고, 서울 강남권 아파트의 평당 시세는 중소형의 경우도 3,000만원을 넘어서고 있었다.

특히 2005년부터 2008년 금융위기 직전까지의 상승기는 강남과 강북, 서울과 지방의 격차가 확연해진 시기이기도 했다. 서울과 지방은 물론이고 서울의 강남지역을 비롯한 특수지역이 2002년 이후 상승으로 발생시킨 가격차이를 더욱 공고히 한 시기가 바로 이때였다. 강남 아파트 한 채가 강북 아파트 세 채 가격 이상과 맞먹었으며 격차는 점점 커져갔다. 지방 내에서도 지역별로 자산가치가 뚜렷하게 명암을 나타내기 시작했다. 대구와 부산의 중심 지역이 그 외 지역과 가격차를 확연하게 벌렸다. 서울 뿐 아니라 지방에서도 강남 대 비강남의 형식과 같은 중심 지역 대 비중심 지역의 가격차가 뚜렷해진 것이다.

서울과 지방권의 상승강도 차이 때문이었는지 2008년 금융위기 이후 서울과 강남권의 집값은 2016년 1분기까지 하향 횡보세를 보였으나 지방권은 상승세를 꾸준히 이어갔다. 이런 흐름은 2016년이 되면서 다시 한번 꿈틀거려 서울과 강남의 집값은 2018년 말까지 재차 폭등세를 연출했다. 강남 아파트 평당 가격 1억원은 더 이상 꿈이 아닌 현실이 되었다. 반포주공 33평이 기어이 30억원을 훌쩍 넘기는가 하면, 1970년대 잠실의 시영과 주공아파트들이 재건축된 파크리오 등 고밀도 아파트가격도 33평을 기준으로 20억원에 육박했다. 서울지역의 전체 아파트가격 평균이 8억원[53]을 넘어서는 등 문재인 정부 출범과 함께 수도권 아파트가격 상승세가 분출되었다.

이제 1986년 이후 2018년까지 집값이 어떻게 변화했는지를 정리해 보자. [그림 2-17]에서 보는 것처럼 1986년 이후 주택가격은 우선 뚜렷한 네 번의 상승과 횡보의 연속으로 정리할 수 있다. [표 2-13]은 [그림 2-17]을 상승기와 침체기로 구분하여 표시한 것이다.

---

53 국민은행 부동산통계, 서울지역 아파트 평균가격 2018년 12월 기준 8억 1,595만원

[표 2-13. 1986년 이후 주택가격 상승 추이 정리]

상승기			침체(횡보, 하락)기		
구분(기간)	시기	종기	구분(기간)	시기	종기
1기(12분기)	1987년 2분기	1991년 2분기	1기(28분기)	1991년 3분기	1998년 3분기
2기(20분기)	1998년 4분기	2003년 4분기	2기(3분기)	2004년 1분기	2004년 3분기
3기(11분기) 서울	2004년 4분기	2008년 3분기	3기(27분기) 서울	2008년 4분기	2015년 3분기
3기(34분기) 지방	2004년 4분기	2015년 3분기	-	-	-
4기(12분기) 서울	2015년 4분기	2018년 4분기	-	-	-

상승기가 3~4년 내외의 짧은 기간으로 반복되는 것과 달리 침체기는 약 5년 이상의 기간으로 이어졌음을 알 수 있다. 2008년 금융위기를 거치면서도 지방의 집값은 그 이전에 상대적으로 폭등한 수도권과는 달리 근근한 상승세를 이어갔다. 이로 인해 지방의 주택가격은 2004년 4분기부터 약 10년 이상 안정적 상승세를 이어간 것으로 분석된다. 주택가격의 장기적 추세를 보면서 확인되는 것은 주택가격이 상승에 비해 하락 반전하는 경우는 많지 않다는 점이다. 1986년 이후 주택가격은 일시적 횡보와 하락은 있었지만 하락기간은 극히 일부이며 대부분 횡보세를 유지했다. 그에 따라 집값은 전형적인 계단식 상승의 형태를 띤 것을 알 수 있다.

매매가격지수 또는 평균가격이 갖는 한계[54]에도 불구하고 1986년 이후 집값은 대체적으로 네 번의 대세 상승이 있어 왔음을 알 수 있다. 이 같은 흐름을 나타내는 구체적인 사례로 [그림 2-18]의 개별주택 명목가격 변동을 동시에 살펴보자. [그림 2-18]은 지난 1970년 이후 서울 강남지역의 대표적인 아파트라 할 수 있는 반포주공(1973년도)과 대치동 은마아파트(1979년도)의 명목가격을 비교한 것이다. 각각 두 아파트 분양 이후의 가격 변동흐름을 살펴보면 약 40년 이상의 서울 강남 아파트의 가격 변동을 확인할 수 있다.

---

54 주택가격을 지수로 표현한 것과 명목금액으로 표현한 것은 사실 일정한 차이를 염두에 두고 파악되어야 한다. 가격지수는 일정한 지역 표본을 통해 이들이 기준시점과 비교하여 얼마만큼의 변동성을 보이는지를 표현한다. 예를 들어 A지역에 있는 2개 주택(아파트)가격이 각각 2억에서 2억 1,000만원, 또 1억에서 1억 1,000만원이 되어 두 주택 모두 1,000만원씩 올랐다면 가격지수는 각각의 상승분 5%와 10%를 평균한 7.5%로 표현된다. 그러나 (평균)명목가격은 종전 1억 5,000만원에서 1억 6,000만원으로 올라 평균 6.6% 상승한 것으로 나타난다. 이후 조사과정 특정시점에 3억원짜리 새 아파트(단지)가 건축되었다면 지수는 신규아파트가격으로부터 영향을 받지 않는 대신 명목가격은 새 아파트가격을 함께 계상하면서 평균 명목가격은 2억 666만원이 된다. 명목가격상 아파트 평균가격은 종전 1억 5,000만원에서 1억 6,000만원으로, 그리고 다시 2억 666만원으로 상승하는 것이다. 좀 비싼 새로운 아파트가 하나 지어지면 이 지역 내 다른 주택은 가격변동이 없음에도 불구하고 명목가격상 약 30%가 인상된 것처럼 보이게 된다. 이 같은 과정을 이해한다면 주택 평균가격은 '특정 시점'에 해당 지역 주택의 평균적 가격수준을 알려 주는 기능 외에 개별 주택자산의 가격변동을 설명하기에는 상당한 한계가 있다는 점을 이해해야 한다. 따라서 자산가격의 장기적 변동흐름은 '개별 주택가격의 장기시계열'로 파악하는 것이 합리적이라 할 수 있다.

[그림 2-18. 반포주공 1단지 및 대치동 은마아파트 시세 추이]

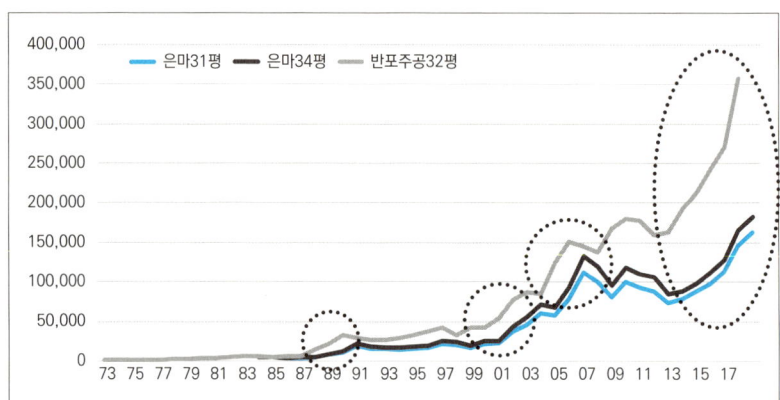

출처: 1988년 이전 각 신문 시세표 조사, 1988~2002년은 부동산뱅크, 2003년부터는 닥터아파트

반포주공 1단지 33평형은 앞에서도 살펴본 것처럼 분양가 590만원을 기준으로 하면 2018년 12월 평균 매매가(34억 5,000만원)는 약 580배 이상 상승한 가격이다. 은마아파트의 경우 1979년 분양가격 대비 2018년 12월 가격은 약 90배 가까이 상승한 가격이다. 비교 조건을 같이 하기 위해 은마아파트 입주년도 1979년을 기준으로 반포주공을 확인하면 1979년 가격 대비 역시 2018년 12월 가격은 125배 정도 상승한 가격이다.

대한민국에서 주택가격이 가장 높은 지역, 서울 강남의 대표 아파트의 개별가격 추이는 [그림 2-17]에서 확인한 가격지수와 비교했을 때 전반적인 상승패턴은 유사할지라도 무시하기 힘든 차이를 보이는 것도 사실이다. 먼저 1979년 이후 두 아파트가격 상승을 살펴볼 때 역사적으로 가장 강력한 상승기간은 1987년과 1988년이었다. 이 한 해 동안 반포주공은 110%, 은마는 86% 상승했다. 1990년까지 이어진 상승세를 포함하면 3년 동안 두 아파트 모두 1986년 가격에 비해 약 5배 정도 상승했다. 앞서 [표 2-13]에서 살펴본 1기 상승이다.

두 번째 강력한 상승은 2000~2001년 걸쳐 확인된다. 이때 은마아파트가 한 해 70% 급등한다. 반포주공도 약 30% 이상 가격이 오른다. IMF 외환위기로부터 전반적으로 침체되었던 거시경제 상황이 반등하면서 서울 강남의 아파트는 경제여건이 회복되는 속도를 앞질렀을 뿐 아니라 다른 어떤 자산보다도 빠르게 올랐다. 2000년 말부터 본격적인 회복 상승세를 보이더니 2006년 말까지 은마는 5배, 반포주공은 4배 가까이 상승해 각각 11억 2,000만원(은마 31평)과, 15억 1,000만원(반포주공)을 기록하며 역대 최고가를 경신한 것이다. 바로 2기와 3기 상승이다. [그림 2-17]의 가격지수상 2기와 3기 상승이 1998년 4분기부터 시작해 2004년 한 해 동안 횡보하다 2008년 3분기까지 이어진 것에 비해 실제 두 아파트의 가격은 2000년과 2001년부터 상승해 2007년 3분기 이후 하락했다. 비교적 빠르게 상승세를 보이다 조기에 상승세가 꺾인 것이다. 주택가격 상승을 주도하는 서울 강남의 아파트답게 시장흐름을 선도했던 특징이 나타난 것이라 볼 수 있다.

가격 액수가 가장 크게 오른 것은 2014년을 전후하여 일어났다. 가격지수 상 2008년 세계 금융위기 이후 꺾인 상승세가 장기간 하향 횡보하면서 이 흐름이 2015년 3분기까지 이어진 것으로 분석되었다. 그러나 서울 강남의 아파트는 이런 흐름을 약 1.5년 이상 앞서 끝내고 가격 상승세를 연출했다. 2013년 말부터 시작된 4기 상승은 2018년 말까지 두 아파트의 가격을 재차 두 배로 올려놓았다. 전기 상승에 비해서 상승률이 미미하다 할 수 있지만 이미 상당한 수준으로 오른 가격(2013년 말, 은마 34평 8억 8,250만원, 반포주공 32평 16억 3,500만원)을 감안하면 이 시기 가격상승분은 역대 가장 높은 것이었다. 2018년 말의 가격은 두 아파트 모두 2013년 말 가격의 두 배 이상이 되어 있었다.

09장

집값 2
– 경제규모와 집값

    1960년대 후반 피폐해진 국민들의 주거여건을 조기에 개선하기 위해 보급된 아파트를 중심으로 문헌에 남겨진 주택가격을 조사해 보았다. 1960년대 말 평당 10만원에 채 미치지 않았던 서울의 주택가격은 이후 경제성장과 함께 줄기차게 상승했다. 강남의 일부이긴 하지만 평당 1억원에 육박하는 현새의 시세를 볼 때 주택가격은 그야말로 상전벽해의 변화를 경험했다고 해도 과언이 아니다.

    2018년 말 서울지역의 아파트 평당가격이 약 2,500만원임을 감안하면 1970년 이후 서울지역 집값이 250배 상승했다고 보는 것은 무리가 없을 것이다. 강남 등 일부 지역은 평균 상승을 훨씬 앞질러 반포주공의 사례에서도 보듯이 500배, 600배 상승을 기록한 곳도 있었다. 이제 앞서 살펴본 주택가격 상승 추이와 우리나라의 경제규모의 성장 양상을 비교해 보도록 하자.

    1973년부터 2017년까지 약 44년간 GDP, 통화량(M2), 가구당 소득, 그리고 강남의 은마아파트와 반포주공아파트 가격 변화를 살펴보면, 각 지표의 2017년도 값은 최초 연도(1973년) 값에 비해 각각 GDP(313배), 본원통화(300배), M2(51배), 가구당 소득(108배), 1인당 국민소득(207배)이 올랐다.[55] 아파트가격은 은마 31평형(81배), 은마 34평형(80배), 반포주공(403배)이다.

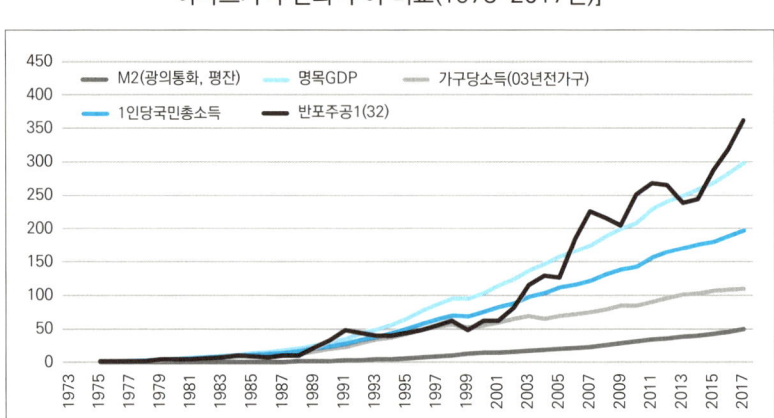

[그림 2-19. 주요 거시경제지표와 반포주공 1단지 아파트가격 변화 추이 비교(1973~2017년)]

출처: 1) 거시지표: 한국은행 경제시스템
     2) 개별아파트 명목가격: [그림 2-18]과 같음, 필자 편집

[그림 2-19]는 이 중 M2, 명목GDP, 가구당 소득, 1인당 국민소득, 그리고 반포주공아파트 가격을 표시한 것이다. 보다시피 반포주공의 가격은 여타의 거시지표보다 결과적으로 높은 상승을 보여 주고 있다. 명목GDP는 조사 전 기간 동안 전반적으로 타 지표들에 비해 현격한 성장세를 보이

---

55 각 지표별로 조사 시작년도인 1973년의 값이 없거나(M2, 은마아파트), 비교년도인 2017년 값(가구당소득)이 없는 경우는 시각지표 값이 개시된 년도를 시작년도로 가정했으며, 가구당소득은 2016년 값과 비교하였다.

고 있다. 그 와중에 반포주공의 가격은 앞서 개별 아파트가격에서 살펴본 4회의 상승기 중 1기(1987~1991년), 3기(2004~2008년)기, 4기(2016~) 상승기에 명목GDP의 성장세를 넘어서는 폭발력을 보였다.

[그림 2-20]에 표시된 은마아파트의 경우 1979년에 분양되었으므로 1980년부터 가격과 경제지표들의 성장세를 비교했다. 역사상 가장 높은 성장을 이루었던 1기 상승기에 연 18% 내외의 명목GDP 성장률보다도 더 높은 성장세를 보이며 명목GDP 선을 상회하고 있다. [그림 2-19]의 반포주공과는 달리 은마아파트는 1기에 이어 2기, 3기, 4기 매 상승기마다 경제성장보다 높은 성장세를 시현했다. 금융위기 이후 부동산 침체가 장기화되고 그 끝 무렵인 2012~2013년을 제외하고는 2기 상승이 시작된 2000년 이후 줄곧 GDP 성장보다 높은 성장을 보였다.

[그림 2-20. 주요 거시경제지표와 은마아파트 가격 변화 추이 비교(1980~2017년)]

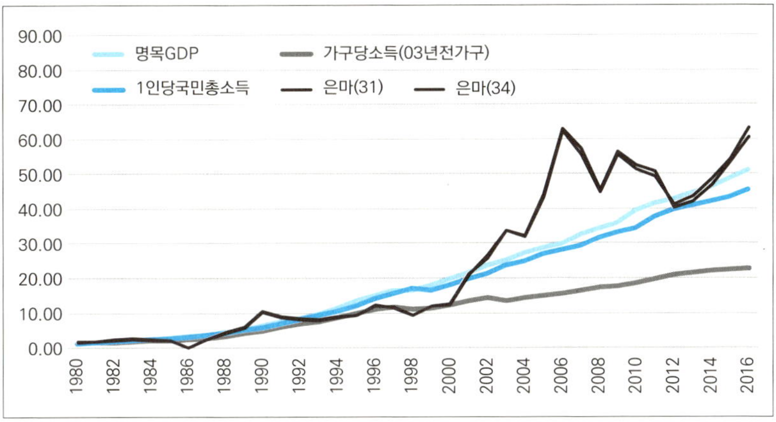

출처: 1) 거시지표: 한국은행 경제시스템
   2) 개별아파트 명목가격: [그림 2-18]과 같음, 필자 편집

[그림 2-19]와 [그림 2-20]은 서울 강남권 아파트가 경제성장의 흐름 속에서 가격이 어떻게 상승했는지를 잘 보여 주고 있다. 단적으로 두 아파트 모두 최초 시작년도에 비해서 현격히 성장한 경제규모보다도 더 높은 가격수준을 형성했다. 우리 사회의 최고가 주거지역으로 인정받는 강남의 아파트가격이 경제규모 성장을 기반으로 상승해 온 것을 확인할 수 있을 것이다. 앞에서 살펴본 부동산가격 평가원칙에 따라 강남의 주택이 그만한 가치를 보유하는가의 여부와는 별개로 고밀도개발과 그로 인한 개발이익의 이전 등 강남이 이루어 낸 주거가치의 총화가 가격에 반영돼 있는 것만은 분명한 사실이다. 문제는 소득수준에 비해 턱없이 높은 가격이며, 여전히 그 적정선을 찾기 어렵다는 것이다.

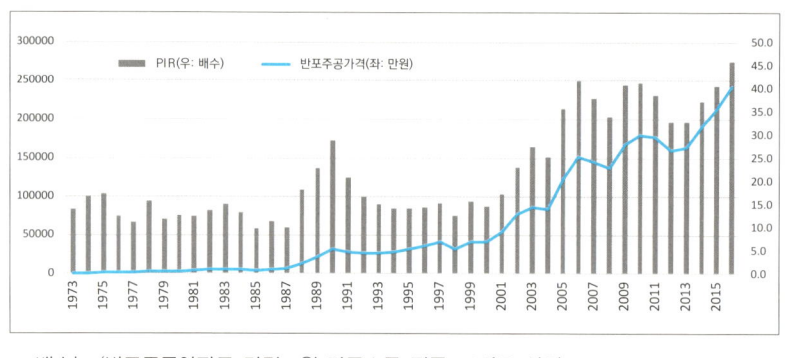

[그림 2-21. 반포주공아파트 소득 대비 가격비율(PIR) 변화 추이]

㈜ 배수는 '반포주공아파트 가격÷월 가구소득 평균×12'로 산정

[그림 2-21]은 반포주공아파트 가격을 가구소득으로 나눠 본 연도별 PIR(소득 대비 가격배수) 변화 추이다. 2016년에 약 46배 정도 된다. PIR 산출에 활용된 2016년 가구당 연소득이 약 5,300만원 정도이니 반포주공아파트 32평형을 사기 위해서는 무려 46년간 소득을 모아야 한다는 뜻이다.

[그림 2-22]에 보인 은마아파트의 경우는 반포주공에 비해서는 정도가 덜하다. 2016년 기준 PIR이 약 36~39배 정도 된다. 정도가 덜하다고는 하나 평균수준의 소득을 가정할 경우 35년 이상의 소득을 모아 구매할 수 있는 재화라면 일생 동안 소유하기는 거의 불가능에 가깝다고 볼 수 있다.

[그림 2-22. 은마아파트 소득 대비 가격비율(PIR) 변화 추이]

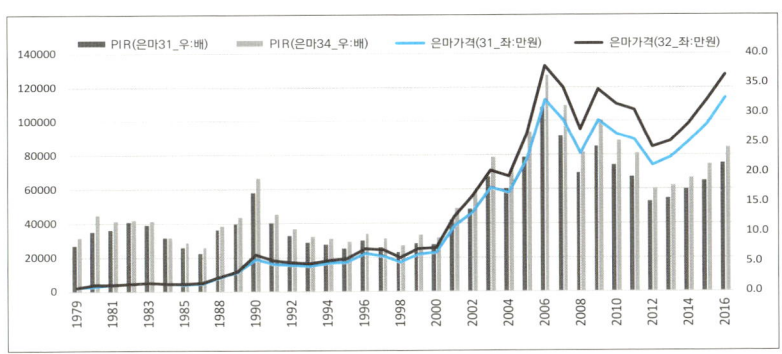

특히 반포주공이나 은마아파트의 소득 대비 가격(PIR)이 1990년대까지 각각 15배와 10배 이내로 유지되고 있었다는 점은 눈여겨봐야 한다. 이는 단순히 최고가 아파트에 대한 얘기가 아니라, 소득증가율과 아파트가격 증가율 차이를 보기 위함이다. 2000년대 이후 이 배율은 급속히 높아졌다. 아파트가격 증가속도가 소득증가를 훨씬 앞질렀기 때문이다. 이 현상은 강남의 일부 최고가 아파트에서만 벌어진 것이 아니다. 정도의 차이는 있겠지만 수도권과 대도시의 웬만한 아파트에서 벌어진 현상이다. 자산가격이 소득을 앞지를 때 사람들은 무엇을 통해 부를 축적하고자 하는가? 또 사람들은 열심히 일하고자 하는가? 급격한 자산가격 상승이 주는 폐해는 이처럼 경제활동의 근본을 흔든다는 데 있다.

2018년 12월 기준 국민은행에서 밝힌 서울지역 주택가격은 평균 6억 7,000만원 선이다. 이 중 아파트는 8억 1,600만원 수준이다. 전국의 평균적인 주택가격은 약 3억 5,000만원 수준이다. 또 한국감정원에서 발표하는 전국 주택의 평균 매매가격은 이보다도 낮은 2억 9,000만원 선이다. 이들의 PIR이 각각 서울주택(국민은행 12.6), 서울아파트(국민은행 15.4배), 전국주택(국민은행 6.6배), 전국주택(감정원 5.4배)인 것을 감안하면 대한민국 1번지 강남 부동산의 가격수준이 어느 정도 높게 형성돼 있는지는 짐작할 수 있을 것이다.

2019년 1월, 2018년 1인당 국민소득이 3만 불을 넘어 3만 1,000불을 상회할 것이라는 소식이 들려왔다.[56] 가구당 소득이 아직 집계되지 않으니 평균 가구원 2.8명, 노동소득분배율 약 65%를 가정하여 가구당 소득을 계산해 보면(환율=1,100원 적용) 약 6,200만원 정도 나온다. 이 금액으로 현재 주택가격에 대한 PIR을 다시 계산해 보자.

[표 2-14. 2018년 12월 각 자산별 PIR 비교]

(단위: 1천만원)

구분	서울주택 (국민은행)	서울 아파트 (국민은행)	전국주택 (국민은행)	전국주택 (감정원)	은마 31평	은마 34평	반포 주공 32평
가격	67	81.6	35	29	163.5	182.5	357.5
PIR(배)	10.8	13.1	5.6	4.7	26.3	29.4	57.6

㈜ 소득=31,000×2.8×0.65(노동소득분배율)×1100=6,200만원

---

56 기자 미상, '1인당 국민소득 3만 달러 시대... 체감 못하는 이유는?', 문화일보, 2019.1.23

서울 강남의 아파트 PIR은 최근의 소득을 기준으로 하더라도 가히 범접하기 어려울 정도의 수준을 보여 주고 있다. 짐작컨대 6,000만원 정도의 가구당 소득과 서울 강남권 아파트 33평 평균가격 약 15억원을 가정하면 PIR은 25배 정도가 나온다. 소득 전액을 저축하기도 어렵거니와 이것을 25년 정도 모아야 집을 한 채 살 수 있다는 것은 개인의 경제활동 주기를 가정할 때 합리적으로 보기는 매우 어렵다. 또 국민 개개인 자산소득의 형평성, 그로 인한 자산효과, 또 그로 인한 경제성장 유인 등 경제 제반 측면을 고려해도 이 같은 자산가격은 부담스러운 것이 사실이다. 그렇다고 정상적 수급원리에 의해 시장에서 매겨진 가격을 인위적으로 조정할 수는 없는 노릇이다. 장기적으로 '강남과 유사한 곳'을 많이 만들어 살기 좋은 주거지를 확보하는 것이 답이다. 공허한 얘기일지 모르나, 개발이익을 빨아들이는 최고가 지역의 집값을 잡는 방법은 꾸준한 공급과 주거환경 개선을 통해 살기 좋은 곳, 살고 싶은 곳을 많이 만들어 가는 길이 정석임을 잊지 말아야 한다.

강남 아파트가격 적정성 논의와 별개로 잠시 PIR에 대해 언급해 둘 것이 있다. 일부에서 우리나라 부동산가격 수준을 평가하면서 선진국의 PIR과 비교해 서울은 높은 수준이 아니라거나 추가 상승 여력이 있다거나 하는 등의 주장을 가끔 본다. PIR은 위의 사례에서도 보듯이 조사시점이나 조사지역에 따라 매우 상이한 결과를 도출할 수 있다. 때문에 국제 간 비교에 활용하기 위해서는 자산 수준이 최대한 동질적인 것을 대상으로 할 때 의미가 있다. 예를 들어 어느 도시지역의 평균적인 주택에 대한 비교라면 양 극단의 자산가격은 계상에 포함시키지 않고 중위가격 수준의 표본을 대상으로 비교하는 것이 적절하다. 조사지역이나 조사대상 자산의 동질성에 대한 근거도 밝히지 않은 채, 무턱대고 PIR 등을 비교하고 서울이 아직 덜 올랐다거나 많이 올랐다거나 하는 식의 분석은 그야말로 장님 코끼리 만지기임을 인식해야 한다. 맨하튼과 코벤트가든 신주쿠와 빅토리아 피크 등의 동일 면적, 동일 유형에 대한 자산을 대상으로 각국의 유의미한 소득 통계를 통한 PIR 비교여야 의미가 있다는 말이다.

우리가 지어야 할 집은?

수도권 집값, 특히 아파트가격의 상승에 늘 따라붙는 쟁점은 이른바 공급부족론과 유동성과잉론의 대립이었다. 집값이 오르는 것은 집이 부족하기 때문이니 집을 더 지으라는 것이 공급부족론의 핵심이다. 특히 공급부족을 강조하는 이들은 '아무 데나 짓는다고 되는 것이 아니라 정주여건 즉, 교육, 환경, 교통 등 양질의 주거 인프라를 갖춘 곳에 주택을 많이 지어야 한다'고 주장한다. 이들의 주장은 도심의 재건축·재개발은 물론 신도시 건설의 근거로 작용돼 온 것이 사실이다.

반면 유동성과잉론을 주장하는 이들은 집이 부족해서 집값이 오르는 것이 아니라 수급을 왜곡하는 투기 등 화폐적 요인에 의해 집값이 오른다고 진단한다. 주택보급률 100% 이상으로 집은 충분한데 시중에 넘쳐나는 유동성 때문에 집값이 오른다는 것이다. 그래서 이들은 가격급등을 막기 위해 유동성 공급경로(은행대출)를 차단하고 세금 부담을 높이는 조치를 강조한다. 주택가격 상한을 설정하는 가격제한 조치도 이같은 주장에 기반한다.

유동성(통화량)과 금리가 주택가격에 영향을 준다는 점은 많은 연구에 의해서 충분히 이론적 근거를 넓혀 가고 있다. 그러나 집값이 어느 한쪽만의 요인으로 변동한다고 보기는 어렵다. 실물의 수급요인도, 유동성이나 금리 등 화폐적 요인도 당연히 집값에 영향을 준다.

이제 제2편에서 살핀 주택에 관한 몇 가지 포인트를 정리함으로서 앞으로 미래 방향에 대해 잠시 구상해보자. 앞에서 본 것처럼 주택보급률은 100%를 넘었지만 집을 필요로 하는 가구가 모두 집을 보유한 것은 아니다. 또 상위 10%의 부자들이 전체 주택의 26.3%를 소유하는 등 집 소유 현황[57]을 살피면 집을 더 지어야 한다는 점을 부인하기 어렵다. 주택보급률을 선진국 수준인 120%정도로 높이려면 연 40만 가구 내외의 주택공급이 수년은 지속되어야 하는 상황이다.

주거지역으로 활용되는 면적을 전체인구로 나눈 1인당 주거가능면적(51.5㎡)은 현재 우리 국민이 실제로 거주하는 평균면적(26.8㎡)보다 넓다는 점을 살펴보았다. 표준적이지만 가격으로 철저히 차별화되고 도시 생태계의 한계를 노출하는 아파트(단지)를 벗어나 국민 다수가 각자의 주거유형을 선택할 수 있도록 다양한 유형의 주택을 공급할 필요를 확인했다. 최근 수도권 지역에서 단독주택형 타운하우스 등이 출현하는 이유에는 아파

---

57   박광온 의원실에서 밝힌 상위 10% 주택소유분 450.1만 채를 전체 주택 수 1,712.2만 채로 나누어 산출

트 일변도의 주거유형에 대한 싫증과 새로운 유형을 요구하는 니즈가 동시에 반영된 것이라 할 수 있다.

주택가격은 늘 현재적 가격을 유지하려는 경향 하에서 주변 주택의 가격 변동 요인을 반영하고, 무엇보다 개발이익을 흡수·전이하면서 상승해 왔다. 1970년 이후 주택가격은 상승과 침체를 반복하면서 경제성장규모와 일정한 비례관계를 유지해 온 것도 확인할 수 있었다. 다만, 소득을 최소 30년 이상 모아야 한 채 살 수 있는 강남 아파트에 매달릴 것이 아니라 다양한 주택, 근린관계, 인프라의 효율적 활용 등을 통해 질 좋은 주거환경을 함께 만들어 가려는 노력이 필요한 점도 살펴보았다.

사람이 행복한 생활을 영위하기 위한 가장 기본적인 물적 토대로서 집, 그리고 그 집을 생산하는 건설경제가 지향해야 할 바는 무엇인가? 지난 50여 년간 주택의 수급과정이 경제 논리뿐만 아니라 때로는 시장질서를 왜곡시키면서까지 인위적으로 이루어진 측면을 배제할 수 없었다. 생산자(공급자)의 역할도 그 같은 과정에서 만들어지는 왜곡을 불가피하게 감당할 때도 있었다. 공급자 입장에서 단기 수익을 무시할 수 없겠지만 향후 산업생태계를 유지하고 성장시킬 수 있는 공급체계를 확보하는 것이 무엇보다 중요하다. 그런 면에서 아파트 중심의 주택공급이 갖는 문제를 제대로 살필 필요가 있다. 아파트 중심의 주택공급은 중소공급자의 성장경로를 제약하고 그 결과 다양한 주택서비스가 창출되지 못하는 원인이 되었다. 또 소비자에게는 다양한 주거선택권을 제약하는 요인이 되었다.

아파트는 대량, 단일상품의 시장을 만들었다. 이를 소화할 수 있는 대기업에게는 수익 창출에 도움이 될지 모른다. 그러나 중소기업이 아파트단지를 건설하기에는 많은 무리가 따른다. 주택시장이 대기업의 브랜드 아니면 중소 집장사의 날림 빌라로 양극화된 것은 바로 이 같은 배경 때문이다. 건강하게 기업을 일구고 자본과 기술을 확대하여 성장해 가는 건설기업을 찾기 힘든 이유도 바로 양극화된 시장구조에 기인한다. 소비자는 어떤가? 아파트가 아니면 다른 곳에 살고 싶어도 쉽게 다른 방법을 찾기 힘든 것이 현실이다. 고급 단독주택을 찾자니 가격부담이 엄청나다. 다가구 다세대 주택을 찾자니 주변 여건이 아파트 단지와는 비교할 수 없이 열악하다. 대출을 받아 무리를 해서라도 아파트에 들어갈 수밖에 없는 이유다. 평수를 늘려가는 것이 일생의 목표가 된다.

아파트로 집을 짓는 사이, 과거의 주택들이 들어섰던 곳 중 재개발이 되지 못하는 지역은 점점 노후화되어 가고 있다. 특히 도시 외곽에 아파트를 지으며 구도심을 방치한 사이 '깨진 유리창'은 점점 늘어가고 있다. 이런 곳을 개량할 주택서비스가 있는가? 아파트 재개발을 제외하고 집단적 주거 재생서비스가 우리나라에 있는가? 개별 집수리 정도로 슬럼화 속도를 늦출 뿐, 아파트가 아닌 집단적 재생서비스를 체계적으로 공급하는 경우를 찾기는 매우 어렵다. 집단화, 대형화된 주택공급에 익숙해진 시장에서 기업은 아파트 이외에 노후화된 곳을 재생하는 서비스에는 눈을 돌리지 않으며 더불어 소비자들은 그 같은 소비경험을 얻지 못했다.

아파트 단지 중심으로 이루어진 인프라 개량은 아파트 단지가 아닌 곳의 노후화 속도를 더욱 빠르게 가속시켰다. 지방정부등 공공영역이 이 같은 인프라 유지개선에 적극적으로 나서지 못한 결과, 최근 거론되는 생활 인프라 문제로 나타난 것이다.

주택공급과 서비스를 다원화하고 이에 대해 사회적 차원의 연대가 형성될 수 있도록 인센티브를 확산하는 역할에 정부가 적극적으로 나서야 할 때다. 아파트와 같은 대규모 공급만으로 향후에 발생하는 도심 슬럼화와 다변화되는 소비욕구를 충족할 수 없기 때문이다.

잠깐만 2

집값의 역사(1969~1985년)

　1960년대 말 서울 시내 아파트가격은 대략 평당 10만원 내외였던 것으로 보인다. 62년에 지어진 마포아파트가 약 5년간 임대되다가 1967년 분양으로 전환하면서 적용된 평당 분양가가 56,300원 선이었다. 또 '주택공사에서 1967년에 지은 문화촌 아파트의 10평형가격이 79만 8,000원(평당 약 8만원 선)이었고 1969년 지은 한강 맨션아파트 가격은 27평형이 340만원, 57평형이 687만원이었다.'[58] 당시 주종을 이루던 소형 아파트와 달리 한강 맨션아파트는 당시로서는 보기 드물게 중산층을 겨냥한 중대형 평수로 지어졌고 가격수준도 그에 부합하여 상당히 센 편이었다고 한다. 평단가가 10만원 미만이던 소형주택[59]과 달리 12만원을 훌쩍 넘기는 고가였던 것이다.

　1970년대 들어 주택공사와 서울시는 경쟁적으로 아파트를 보급했다. 두 관영 공급주체는 모두 공교롭게 서민아파트보다는 중대형의 중산층아파트를 많이 보급했다. 그 이유는 1969년 시행된 광주 대단지 이전 결정

58　《대한주택공사 30년사》, 대한주택공사, p.492
59　유형별로는 대부분이 단독주택으로 그 규모는 주로 15~20평 미만이었다. 아파트로서는 1962년 마포아파트와 이화동, 정동, 창신동, 홍제동, 돈암동 지역의 소형 아파트로 주택가격은 규모에 따라 다르기는 하지만 대개 30~65만원 선이었다.
　　 출처: 위의 책, p.493

과 1970년 4월 8일에 발생한 마포 와우아파트 붕괴 사고로 소형 서민아파트에 대한 시내 수요가 급감했기 때문이었다. 특히 와우아파트 붕괴로 인해 저가의 날림으로 지어지는 시민아파트에 대한 비난여론이 급증하자 서울시에서는 소형아파트 건설에 다소 소극적인 입장을 취했다. 그러던 중 1970년 하반기에 서울시는 여의도에 시범아파트를 공급했는데 평균 평당가격[60]은 14만 2,000원으로 40평 집값이 571만 2,000원이었다.[61] 71년 주공에서 지은 한강 민영아파트는 21평형에 299만원에서 350만원 사이로 분양되었는데 평당 약 15만원 내외 수준이었다. '주공의 한강 민영아파트는 같은 해 서부 이촌동에서 분양된 민간아파트인 제일한강아파트와 비교해도 다소 비싼 편이었다. 두 아파트 모두 중앙난방시스템을 갖춘 아파트였는데 민간건설사에서 지은 제일한강아파트가 21평에 237만원에 분양됐던 것과 비교하면 주공의 한강 민영아파트가 당시로서는 고가 아파트였음을 알 수 있다.'[62] 1970~1971년 아파트 시세는 1960년대 말과 비교해서 약 2~3만원 이상 상승한 평당 약 13~15만원 선이었다.

1970년대 초반은 주택공사에서 AID차관을 들여와 서울을 비롯한 전국의 주요 도시에 아파트를 공급했다. 반포, 잠실 등지에 공급한 주공의 AID아파트는 1973년 11월에 17평형을 320만원, 22평형을 360만원에 공급한 것을 비롯해 1973년 12월에 반포주공 32평형과 42평형을 각각

---

60 사실 아파트 평단가라는 것은 실제 지분율을 고려한 지분단가와는 다른 개념이다. 지분율이 상이하여 '평형의 평단가가 비교의 일관성을 유지할 수 있을까' 하는 의문이 있지만, 자료의 한계상 공급평형을 기준으로 개괄해 보자.
61 한종수, 강희용, 《강남의 탄생》, 미지북스, 2016, p.209
62 기자 미상, '주택행정에 허점, 주공아파트 분양가 비싸', 매일경제, 1971.5.4

670.5만원과 868.6만원에 공급하였다. 30평 이상의 중대형 아파트에서는 주공의 평단가도 이 무렵 20만원을 넘어서고 있었다. 주공은 이 당시 서울시와 달리 중산층 중심의 아파트 공급에 방점을 두었던 것으로 추정된다. 지금의 반포아파트인 남서울 대단지아파트는 주공이 1970년대 초반 이후 본격적으로 아파트 건설에 집중하는 계기를 만든 사업이었다. 좋은 아파트에 대한 시민들의 거주 요구는 아파트보급 초기단계인 1970년대에도 뚜렷했던 모양이다. 여의도 시범아파트(71)와 반포아파트(74)는 그때 이미 분양 후 상당한 액수의 프리미엄이 붙었던 것으로 보도되고 있다.[63]

주공은 이후에도 '1970년대 중반까지 AID차관아파트를 순차적으로 공급하였는데 1974년 아파트가격은 전년에 비해 큰 폭으로 오른 것을 확인할 수 있다. 1974년 4월에 발표된 AID아파트의 평당 분양가는 전년 16만원 수준에서 40%나 인상된 23만원 수준이었다. 그해 15평형이 320~340만원에 분양되었고, 13평형은 300만원에 분양된 것이다.'[64] 1974년 5월에 분양되어 11월에 입주한 반포주공 32평형의 분양가도 전년 670만원에서 무려 135만원이나 오른 805만원에 형성되었다. 민간주택으로 1974년 4월 한강변에 분양된 현대맨션아파트의 45평형 평단가는 1,282.5만원이었다. 당시 대형 아파트로서 1,000만원을 넘어서는 고가 아파트였다. 중소형 아파트의 평당 분양가가 20만원 초반대였던 것과 비교하면 현대맨션은 10만

---

63 1971년 완공된 여의도 시범아파트 40평은 분양 직후 가구당 60~70만원의 프리미엄이 붙었었다(조선일보, 1971.9.30). 또 1972~1974년에 건설된 반포아파트는 분양 당시 100만원이던 프리미엄이 1974년 최고 450만원에 이르러 아파트에 대한 중산층의 인기가 매우 높았음을 알 수 있다(중앙일보, 1973.7.9).
64 《대한주택공사 30년사》, 대한주택공사

원 정도 높은 셈이었다.

　1973년 12월 직후 벌어진 석유파동으로 인해 물가가 급등하는 와중에 1974년 아파트가격 역시 큰 폭의 인상을 기록했다. 물가 인상이 잦아들자 1975년에는 아파트가격이 비교적 진정세를 보였다. 1974년 20만원을 넘어섰던 평단가가 1975년에는 20만원 아래로 떨어졌던 것이다. 한편 주공은 1974년에 AID차관아파트를 지방에도 공급하였는데 지금과 달리 당시 서울과 지방의 아파트가격은 그 차이가 크지 않았다. 울산과 부산에 공급된 13평형 분양가가 각각 235.8만원과 257.6만원이었으니 이는 같은 해 서울 잠실에서 15평형 AID주공아파트가 287.3만원에 분양된 것과 비교하면 평당 18~19만원 정도로 유사한 수준이었다.

　'1975년은 잠실 개발이 본격적으로 시작된 해였다. 1971년부터 한강 물막이 공사를 악전고투하며 진행하여 몽촌토성의 토사는 물론 연탄재와 쓰레기를 매립하여 조성한 대지가 잠실이었다.'[65] 1975년에 주공이 잠실 1~5단지에 주공아파트 건설을 시작했고 서울시에서도 철거민 등 서민들을 대상으로 소형 아파트 입주를 유도하기 위해 지금의 잠실 파크리오 단지에 시영아파트를 조성하였다. '잠실 주공단지나 시영아파트 단지 건설로 오랜 세월 한강 하류의 퇴적층으로 이루어진 섬(河中島)이었던 잠실은 그야말로 상전벽해의 주거지역으로 탈바꿈했다. 1975년 10월에 입주한 잠실 시영아파트 13평형의 분양가가 4층이 243만원 수준이었다.'[66] 시영아

65　손정목, 《서울 도시계획 이야기》 3권, 한울, p.239
66　위의 책, p.239

파트는 사실상 서민을 대상으로 하는 아파트였는데 특히 1970년대 중반 이후 서울시 전역에 공급된 시영아파트는 당시에도 민영아파트에 비해 약 20% 이상 저렴하게 공급되었던 것으로 보인다.

1970년대 중반부터 불기 시작한 맨션 등 중대형 중산층 아파트의 붐을 타고 민간건설사가 공급하는 아파트는 가격이 급등한다. 1974년 3월~1977년 4월까지 여의도 일대에서 공급된 중대형 맨션아파트들은 이 기간 3년 사이 평당가격을 20만원대 후반에서 30만원 후반대로 끌어올려 평당단가 40만원을 바로 목전에 두었다. 1976년 11월 잠실 주공 고밀도 아파트가 30만원에 약간 미치지 못하는 가격으로 분양된 것을 고려하면 민간 중대형 맨션아파트들이 아파트가격을 선도했던 것으로 보인다. 1977년 9월에 분양된 반포의 신반포아파트, 도곡동 개나리아파트, 청량리 미주아파트, 화곡동 우신아파트, 여의도 광장아파트, 압구정 현대아파트 등은 평당 41.5만원의 분양가를 기록하였다. 1977년 하반기 이후 1980년까지는 아파트 공급지역이 강남 등 한강변에서 송파, 가락동, 암사동, 고덕동, 둔촌동 등의 강동 일대로 확산되어 갔다.

이 같은 확산의 배경에는 두 가지 요인이 작용했다. 첫 번째는 아파트 건설을 위한 신속하고도 강력한 택지 공급을 제도화한 '아파트지구 지정'이었다. 아파트지구는 종전 1960~1970년대 초반까지 주요한 택지 확보방법이던 토지구획정리사업이 시가지의 평면확산을 가져와 토지를 효율적으로 활용하지 못한다는 점 때문에 도입되었다. 아파트지구 지정을 통해 지구 내 고밀개발을 촉진하고 신속한 아파트 건설을 도모하려는 목적을 달성하고자 한 것이다. 그러나 실상은 토지구획정리사업을 통한 대단위 아파트부지를 확보하려던 시도가 용이치 않았던 점이 더 컸다.[67] 아파트지구는 1976년 도시계획법령에 반영됨으로써 제도적 근거를 확보했는데 1976년부터 1979년 사이에 서울 시내 일원에 모두 14개 지구를 지정했다.[68] 아파트지구로 지정되면 6개월 이내에 아파트지구 개발기본계획을 수립하고, 계획 승인 후 6개월 이내에 개발을 시작하도록 강제하였다. 만약 정해진 기간 안에 사업을 시행하지 못할 경우, 대한주택공사나 지방자치단체 또는 건설부가 지정한 민간업체들도 토지소유자를 대신해 아파트지구의 개발사업을 할 수 있도록 했던 것이다. 1970년대 중반 이후 서울 시내 아파트가 강남 일대를 벗어나 보다 넓게 확산된 두 번째 배경은 바로 아파트지구에서 아파트건설 개발권을 가질 수 있는 민간건설업체의 지정제도 때문이었다. 민간지정업체에게는 아파트지구 내 개발은 물론 아파트 대상부지를 2/3 이상 구입하면 나머지를 강제 수용할 수 있는 권리가 주어졌다. 말하자면 건설업체가 대지확보 후 소위 자기공사를 할 수 있는 제도적 근거가 확보된 것이다.

아파트지구 지정 등으로 아파트 건설이 더욱 탄력을 받는 가운데 1978년 7월 서울시는 잠실과 면목동에 시영아파트를 대거 공급하였다. 종전

---

67 아파트지구는 토지구획정리사업에서 집단 체비지를 확보함으로써 아파트 단지 건설의 기반을 확보하려는 최초의 정책이 생각보다 잘 진행되지 않던 상황에서 보다 강력한 조치를 통해 집단택지를 확보하기 위한 방안이었다.
출처: 박철수, 《아파트》, 도서출판마티, p.105
68 14개 아파트지구는 이촌, 서빙고, 원효, 잠실, 반포, 여의도, 압구정, 청담, 도곡, 이수, 화곡, 구의, 가락, 암사·명일, 아시아선수촌 등이다.

과 같이 주로 18평 이하 소형이었고 가격 수준은 평당 30만원 내외로 민영 중대형 아파트와 비교하여 약 10만원 이상 저렴하게 책정하였다. 그러나 1979년이 되면서 아파트가격은 다시 한번 오른다. 대치동 은마, 도곡동 진달래, 잠실 장미, 서초동 우성 등이 상반기에 분양되면서 평당 약 60만원을 넘어 70만원 선에 다다른 것이다. 1979년 11월에 공급된 암사동 시영아파트조차 15평형의 분양가가 811만원으로 평당 54만원을 넘었으니 이는 1년 전 공급된 잠실 시영이나 면목 시영에 비해 약 20만원 이상 인상된 가격이었다. 같은 해 주공에서 공급한 잠실 고층 아파트와 반포아파트의 분양가를 63만원 선으로 책정하여 '장삿속 주공아파트'라고 비판을 받았다.[69] 1977년 신반포 주공아파트 분양가가 평당 36만원이었던 것과 비교하면 2년 사이 80% 넘게 오른 셈이었다.

1980년이 되면서 아파트가격은 계속적으로 상승세를 이어간다. 중대형 한강변 아파트의 꽃이라 할 수 있는 압구정 현대가 본격적으로 입주를 시작했다. 주공은 둔촌동에 대단지 아파트를 공급했다. 민간아파트의 가격이 평당 90만원 이상으로 치솟았고 주공 등 공영아파트도 70만원에 육박했다. 압구정 현대 50평형의 평단 분양가는 97.5만원으로 100만원에 근접했다.

1981년 이후 반포지역에 한신시리즈는 줄기차게 분양을 이어갔고, 가락동, 개포 등 등지에 서울시와 주공에서 대단지 아파트를 공급했다. 1981년 8월 공급된 반포 잠원 한신 15차 50평형은 138만원의 평당 분양가를 기록하며 당시 최고 기록을 갱신했다. 서울시는 잠실에 이어 가락동에 시영대

---

69 기자 미상, '장삿속 주공아파트', 경향신문, 1979.6.16

단지를 조성했는데 가락 시영아파트의 분양가도 평당 88만원 내외로 90만원에 육박했다. 이 무렵 아파트보급이 10년 이상 이어지면서 시민들 사이에 아파트에 대한 경험이 회자되었다. 깔끔한 주거지로서는 물론 향후 재산가치가 높은 투자재로서 관심을 끌게 되었다. 그 결과 사람들의 발길이 몰리는 아파트는 분양가와 별도로 프리미엄이 따라붙는 형국이 거의 일상화되어 갔다. 1981년과 1982년 연이어 분양한 개포 주공아파트는 분양되자마자 분양가의 15% 이상에 해당하는 프리미엄이 붙어 11평 기준 863만원의 분양가와 약 150만원 이상의 프리미엄이 붙어 거래되기도 했다.

1983~1984년은 강남과 잠실 등지에서 대단지 아파트 공급이 뜸해진 가운데 아시안게임 선수촌아파트가 1983년 12월에 공급되었고, 서울시가 강남 이외의 지역에 신시가지로 개발한 첫 번째 사례라 할 수 있는 목동아파트가 1984년 8월에 공급되었다. 아시아선수촌아파트는 평당 134만원, 목동아파트는 국민주택규모 이하는 105만원, 국민주택규모 이상의 대형은 134만원에 공급되었다. 목동 신시가지단지는 서울시가 공영개발방식으로 개발하면서 원주민들에게 평당 7~14만원에 토지를 매입하였다. 여기에 택지조성 및 건축 등 공사원가 34만원이 소요되었지만 100만원 이상으로 분양하여 서울시가 폭리를 취한 사업으로 뭇매를 맞기도 하였다.[70]

1981년 5월 주택공급에 관한 규칙이 개정되면서 민간주택건설업자도 분양가격을 지방자치단체의 장에게 승인을 받도록 되었다. 서울시는 아파트 분양가 안정을 위해 '행정지도가격'이라는 분양가 상한선을 설정하여

---

70 기자 미상, '서울시, 장삿속 아파트 건설', 동아일보, 1984.8.8

운용하였다. [표 2-15]에서 보는 바와 같이 1980년대 서울시가 민간아파트에 분양가의 상한선으로 책정한 행정지도가격에 따르면 25.7평 이상 중대형 아파트의 평당가격은 134만원이었다.

[표 2-15. 서울시 민간분양주택 행정지도가격]

(단위: 만원)

구분	81	82.1~85.9	85.10~87.12	88.1~89.10
25.7평 이하	105	105	115	126.8
25.7평 초과		134	134	134

출처: 대한주택공사,《대한주택공사 30년사》, 대한주택공사, p.492

한편 아파트 분양가를 정부와 지자체에서 틀어쥐고 그 상한선을 유지하는 동안 아파트 수요는 지속적으로 증가해 갔다. 수요증가는 아파트시세와 분양가 괴리를 더욱 높이는 원인이 되었다. 그래서 아파트 청약에 당첨되는 것은 저렴한 분양가와 높은 시세차액을 일거에 획득하는 복권처럼 되어갔다. 아파트 프리미엄이 치솟고 있는 사이 아파트분양 현장은 투기꾼들이 판을 치는 현장으로 변질되어 갔다. 정부는 이 같은 투기열풍을 억제하고자 분양가보다 시세가 30% 이상 높은 지역을 투기과열지구로 지정하면서 차액의 70%까지를 국민주택채권을 매입토록 하는 이른바 채권입찰제를 1983년 4월부터 시행하였다. 채권입찰제는 분양가를 시세에 맞추려는 취지에서 도입되었지만 실상은 프리미엄이 폭등하는 등 아파트가격을 더욱 오르게 만들었다. 신규분양 아파트가격과 함께 인근 기존 아파트가격을 상승시키는 촉매로 작용했기 때문이다.

1983년은 상하반기 가격 급등락을 경험했던 해였다. 1982년 이후 꾸준히 오르던 주택가격이 1983년 봄까지 폭등세를 보이다 이후 1983년 하반기에 들어 전체적으로 하향안정세를 유지했던 것으로 보인다. 강남구 대치동 일대의 경우 한때 인근 개포지구의 신규 아파트가 대단한 과열현상을 보이며 프리미엄이 심한 경우는 분양가의 70~80%까지 붙었다. 그러나 그동안 부동산투기의 강력 단속으로 명의변경이 어려운 데다 무거운 세금 때문에 청실, 은마 아파트는 매물이 쏟아져 35평형의 경우 500만원까지 가격이 떨어졌다.[71] 1983년 초 2,900만원 수준이던 은마아파트 31평형은 4월 초에 5,000만원까지 올랐다가 연말에 3,800만원 수준으로 진정되었다. 34평은 5,100만원이었다. 이 밖에 압구정, 반포, 서초 등지의 아파트는 중대형이 평당 200만원 내외였고 중소형은 150~200 정도를 형성했다.

1984년의 경우도 1983년의 흐름이 이어져 아파트가격은 하락해 안정화됐던 시기였다. 아파트 시세가 1년째 바닥으로 부동산 장기침체가 좀처럼 회복되지 않았고 연초 대비 소형은 5~10%, 중대형은 20%까지 가격이 하락[72]했다. 1984년 말에 은마아파트는 31, 34평형 모두 4,300만원 정도로 가격이 하락했고 잠실, 가락, 여의도의 중대형 평수는 대체적으로 평당 200만원대 미만의 시세를 보였다. 1985년에도 아파트값 하락세는 이어졌다.

1985년 봄가을 이사철에 잠시 반등하던 시세는 연말에 소형 100만원,

---

71 기자 미상, '한산한 이사철', 동아일보, 1983.11.3
72 기자 미상, '부동산 경기 침체 장기화로 아파트 시세 하락 거듭', 매일경제, 1984.12.27

대형 300만원까지 하락[73]하는 등 침체기를 이어갔다. 이 시기 은마아파트는 양 평형대가 각각 3,750만원과 4,150만원으로 전년에 비해 각각 550만원과 150만원 정도 하락했다. 1983년 200만원까지 갔던 압구정 현대아파트 35평형 평당가격은 1984년과 1985년에 150만원대로 하락했다. 1986년은 1985년에 비해 강보합 정도의 모습을 보인다. 서초동 우성아파트가 1985년에 비해 약 200~300만원 상승했고, 반포주공도 전년에 비해 100~200만원 정도 집값이 올랐다.

---

73 기자 미상, '아파트값 다시 내림세', 경향신문, 1985.11.9

제3편
건설경제와 노동

10장

건설노동자, 노가다[土工]

하루의 시작을 알리는 새벽, 여명이 밝아 오기 전에 전국의 주요 도시에 산재한 인력시장은 오늘 하루의 일을 찾는 사람들로 분주하다. 일을 찾는 이와 이들을 구하는 사람들이 모이는 인력시장은 말 그대로 노동의 수요와 공급이 만나는 노동시장의 생생한 현장이다. 새벽 인력시장이 열리는 곳은 비교적 그 도시의 교통 요지이거나 시장 인근인 경우가 많다. 아무래도 사람들의 접근이 쉬운 곳이어야 모이기 쉽고 거래가 활성화될 수 있기 때문이다. 대개 지역 내 특정 장소에서 형성되던 인력시장은 1990년대 이후부터는 '○○인력'의 이름을 걸고 사무실과 봉고차를 갖춘 소개업소로 전환되었다. 무작정 일할 사람을 구하거나 일자리를 찾아 현장에 나가기보다, 이를 중개하는 사무실에 약간의 수수료(소개비)를 부담하고 일자리를 구하는 것이 좀 더 안정적이기 때문이다. '○○인력'은 주로 장단기 일용직을 알선한다. 특히 건설현장에서 일할 '노가다'를 소개하는 것은 이들의 주요 업무이다.

'노가다'라는 말은 건설현장에서 일하는 보통인부 또는 그 일을 일컫는 일본어다. '토방(土方, Dokada)', '토공(土工)'을 발음한 것이라고 한다.

토공은 건설현장인력 중 특별한 기능을 갖추지 못하고도 할 수 있는 여러 일과 인부를 뜻한다. 기능공은 그 기능에 따라 각각의 명칭을 가지고 있다. 예를 들어 목재를 활용해 건축물의 틀을 제작하는 형틀공, 철근 배근과 조립을 담당하는 철근공, 내외부 벽면 마감을 담당하는 미장공, 벽돌을 쌓는 조적공 등이다. 이들은 제 분야에서 숙련된 기능을 얻기 위해 통상 수년간 현장 경험을 쌓는다. 이와는 달리 토공으로 불리는 노가다는 전문적인 기능공과 구분되며 대개 공사 초기에 행해지는 터 파기 등 토공사를 담당하는 인부를 일컬었다.

그러나 일상에서 통용되는 '노가다'는 건설현장에서 일하는 기능인력 전체를 뜻하는 경우가 훨씬 많다. 건설현장의 작업환경이 위험하고, 고용관계 또한 불안정하기 때문에 건설노동을 경시하는 뉘앙스가 담긴 것으로 보인다. 그래서인지 '노가다'에는 다른 보통의 직업과 달리 암담한 현실을 모면하기 위한 노동행위 그 자체의 의미나 내일을 위한 디딤돌 같은 의미가 강하게 배어 있다. 노가다는 사람을 가리거나, 높은 진입장벽이 있지는 않다. 기본적인 신체능력만 갖추고 있으면 누구나가 할 수 있는 일로 쉽게 치부된다. 특히 성인(남성)들에게는 일할 의지만 있다면 큰 준비 없이 할 수 있는 돈벌이 수단이기도 하다. 그렇다고 일이 무한정 있거나, 하고 싶다고 언제나 할 수 있는 것은 아니다.

이번 편에서는 현재 우리나라 건설노동이 직면한 문제를 밝히고 이에 대한 개선점을 고민해 보자. 이를 위해 먼저 이번 장에서 건설노동의 실증 데이터를 확인해 보기로 하자.

건설업 종사자

건설공사현장에서 노가다를 하는 건설현장인력을 추산하는 통계를 찾기가 쉽지 않다. 건설현장 근로자들에게 그들의 근로일수에 비례해서 하루 5,000원씩 퇴직금 적립을 담당하는 '건설근로자공제회'[74]에 따르면 2000년부터 한 번이라도 노가다를 해 본 경험이 있는 인원은 약 500만 명으로 추산되고 있다. 한편 통계청에서 발표하는 고용통계를 보면 건설산업 종사자는 약 210만 명 내외로 추산된다. 통계마다 약간의 차이를 보이지만 2018년 7월 기준 건설업 취업자 수는 약 204만 명이다.

[표 3-1]에서 보는 바와 같이 건설업 종사자(204만 명)는 전체 21개 산업분류 중에서 제조업(448.4만 명), 도소매업(374.3만 명), 숙박 및 음식점업(227.6만 명), 보건업 및 사회복지 서비스업(209.3만 명)에 이어 다섯 번째로 많다. 최근 5년간 숙박 및 음식점업(2013년 7.8%→2018년 8월 8.4%)이나 건설업(2013년 7.0%→2018년 8월 7.5%)의 고용 비중이 점진적으로 높아진 것을 보면 저성장 기조가 정착되고, 산업 구조조정이 상시

---

[74] 건설근로자 퇴직금 적립의 대상이 되는 퇴직공제 당연 가입 대상 공사는 2015년 이후 ① 3억 이상 공공건설·민간투자공사 ② 100억 이상 민간건설공사 ③ 200호(실) 이상 공동주택·주상복합·오피스텔공사이다. 1998년 건설근로자 퇴직공제제도가 시행된 이래 당연 가입 대상공사는 ④ (1998.1) 100억 이상 공공공사, 500호 이상 공동주택공사 ⑤ (2001.8) 50억 이상 공공공사, 500호 이상 공동주택공사 ⑥ (2004.1) 10억 이상 공공공사, 300호 이상 공동주택공사 ⑦ (2008.1) 5억 이상 공공공사, 200호(실) 이상 공동주택공사(오피스텔공사) ⑧ (2010.9) 3억 이상 공공공사, 민간 100억 이상로 확대되어 왔다.

화되면서 발생하는 실직자들이 주로 자영업 창업, 건설업-임시직 등으로 전직하는 것으로 볼 수 있다.

[표 3-1. 산업별 취업자 수 추이]

(단위: 천 명)

산업별	2018.7	비중	2013	2014	2015	2016	2017
계	27,083		25,299	25,897	26,178	26,409	26,725
C 제조업	4,484	16.6%	4,307	4,459	4,604	4,584	4,566
F 건설업	2,040	7.5%	1,780	1,829	1,854	1,869	1,988
G 도매 및 소매업	3,743	13.8%	3,694	3,834	3,816	3,754	3,795
H 운수 및 창고업	1,388	5.1%	1,428	1,429	1,429	1,426	1,405
I 숙박 및 음식점업	2,276	8.4%	1,985	2,118	2,195	2,291	2,288
Q 보건업 및 사회복지 서비스업	2,093	7.7%	1,566	1,709	1,781	1,861	1,921

출처: 통계청, 취업자수 통계, (주요산업만) 필자 편집

건설업은 과거 전성기에 비해 취업자 비중이 상대적으로 감소하였다. 그러나 여전히 200만 명 내외의 근로자가 종사하고 있으며 전체 일자리 약 7.5% 내외의 비중을 보이고 있다. 특히 건설업의 취업유발계수 등을 감안하면 건설업 일자리 창출능력은 타 산업에 비해 상대적으로 높은 것으로 평가된다.[75] 건설업 고용은 계절적 영향을 많이 받는다. 겨울에 건설현장

---

75 2014년 기준 건설업 생산유발계수(명/10억원): 2.22(全산업 평균 1.89)

을 돌리기 어려우니 아무래도 취업자 수가 줄어든다. 그래서 우리나라 건설업에 종사하는 인력을 어느 특정 시점을 기준으로 구하다 보면 전체적인 양상에서 다소 벗어나는 경우가 생긴다. 고용조사나 건설업계 등의 누적된 통계 추이를 종합했을 때 2018년 하반기를 기준으로 건설업에 종사하는 인력은 [그림 3-1]과 같이 정리할 수 있다. 대략 220만 명 내외 정도로 보면 무리가 없다. 이 220만 명 중에서 건설현장에서 시공노무를 담당하는 건설기능인력은 약 130만~150만 명 정도로 추산된다.

[그림 3-1. 건설산업 종사자 개요]

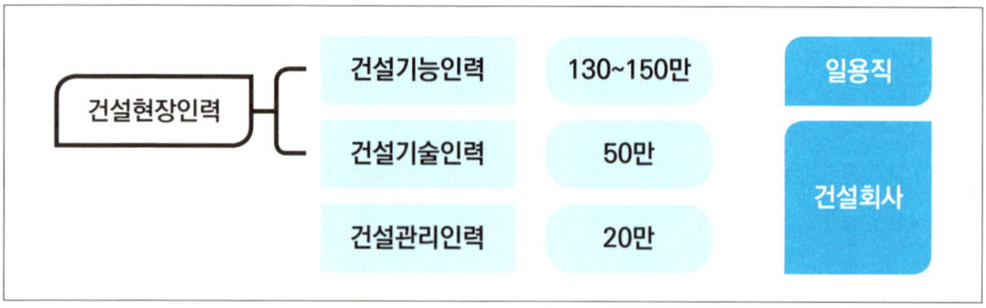

건설현장인력		
건설기능인력	130~150만	일용직
건설기술인력	50만	건설회사
건설관리인력	20만	

또 건설기술자 자격을 가지고 설계, 시공, 감리 등에 종사하는 건설기술인력은 약 40만~50만 명 정도로 추산된다. 이들은 대개 건설회사에서 정규직 형태로 일한다. 건설기술인력을 제외하고 건설회사 여타의 임직원을 건설관리인력으로 분류하였다. 이들도 대개의 경우 정규직 형태로 종사한다. 인력규모는 약 20만 명 내외로 추산된다.

건설경제활동에 종사하는 사람 중 건설현장인력은 그 기능이 시공이든, 감리든, 유지보수든 불문하고 현장에서 직접 근무하는 인력을 말한다. 건설관리인력 중에서도 시공현장의 필요에 따라 현장에 근무하는 사람이 있겠지만 이들의 비중은 미미하다. 따라서 건설현장인력은 주로 건설회사에 소속된 기술직들과 주로 일용직 형태로 고용된 기능공들이다. 건설현장인력은 200만 명에 조금 미치지 못한다고 보면 무리가 없다.

건설현장인력 – 건설기술자

건설현장인력은 관리인력을 제외하고 건설기술자와 기능인력으로 양분된다. 먼저 건설기술인력에 대해 살펴보자. '건설기술자'란 「국가기술자격법」 등 관계 법률에 따른 건설공사 또는 건설기술용역에 관한 자격, 학력 또는 경력을 가진 사람으로 정의한다.[76] 좀 더 자세하게 보면, 건설기술자는 다음 세 가지 중 하나인 경우를 말한다. ① 건설공사나 건설기술용역 분야에서 국가자격을 보유하거나, ② 관련 학과를 전공하거나 일정 기간 교육받은 사람, ③ 건설공사의 품질관리를 위한 품질시험 또는 검사업무를 수행한 사람이다.[77]

건설기술자가 수행하는 직무분야는 기계, 전기전자, 토목, 건축, 광업, 도시 교통, 조경, 안전관리, 환경, 건설지원 등 10개로 구분되며 각 직무분야에서 다시 세분화된 전문분야가 모두 47개이다. 건설기술자의 범위에 광산기술자도 포함되는 점이나 기술이 아닌 사무능력으로 여겨지는 건설 금융, 재무 등 건설 지원분야도 건설기술자로 인정되는 점은 다소 특이한

---

76 건설기술진흥법 제2조의 8호
77 〈1. 건설기술자의 인정범위(건설기술진흥법 시행령 별표 1)〉에서 발췌

사항이다. 한편 건설기술진흥법에서는 건설기술자의 기술수준을 학력, 경력, 자격 등을 종합한 역량지수에 의해 4단계 등급(초급, 중급, 고급, 특급)으로 구분해 놓았다. 건설기술자들은 자신의 기술등급을 높이려면 경력을 쌓거나 법정교육을 받아야 한다.

[표 3-2]은 최근 5개년 우리나라 건설기술자의 등급별 인원을 보여 주고 있다. 2017년을 기준으로 건설기술자로 등록된 사람은 총 80만 명이 넘는다. 이들 전체 기술자의 50% 이상이 초급기술자이고 그 비중은 최근 5년간 크게 변화하지 않았다.

[표 3-2. 건설기술자 등급별 인원 추이]

(단위: 만 명)

구분	2013	2014	2015	2016	2017
기술자 총계	67.3	72.4	75.1	77.7	80.2
특급	14.7	16.4	16.9	17.5	18.1
고급	8.7	9.8	9.8	9.8	9.9
중급	6.4	7.4	7.8	8.0	8.5
초급	37.2	38.6	40.4	42.2	43.5

㈜ 건설기술자 현황, 건설기술인협회 건설기술인현황 통계를 기초로 작성. 기술자 총계는 기술인협회를 비롯한 건축사협회, 공간정보산업협회, 지적협회, 엔지니어링협회에 등록된 기술자의 총 숫자(단, 2013년은 건설기술인협회 등록 기술자들만 대상으로 함)

한편 지난 5년간 전체 이들 건설기술자의 취업 및 실업상태를 살펴보면 [그림 3-2]에서 보는 바와 같이 취업과 실업의 비율이 약 7대 3 정도임을 알 수 있다. 전체 80만 명 정도 건설기술자 중 취업상태인 사람은 약 56만 명 정도인 셈이다.

[그림 3-2. 연도별 건설기술자 취업 및 실직 추이 현황]

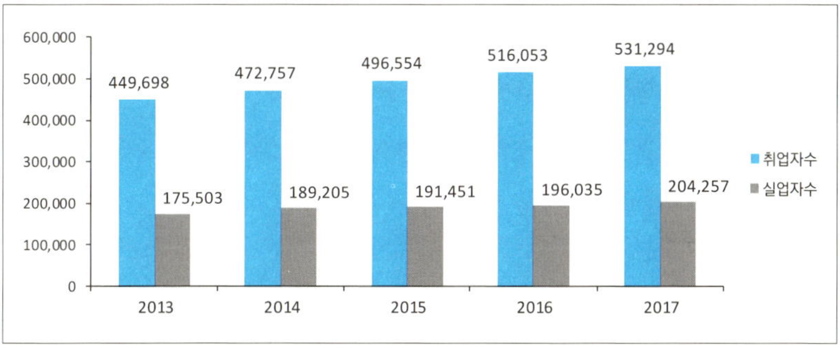

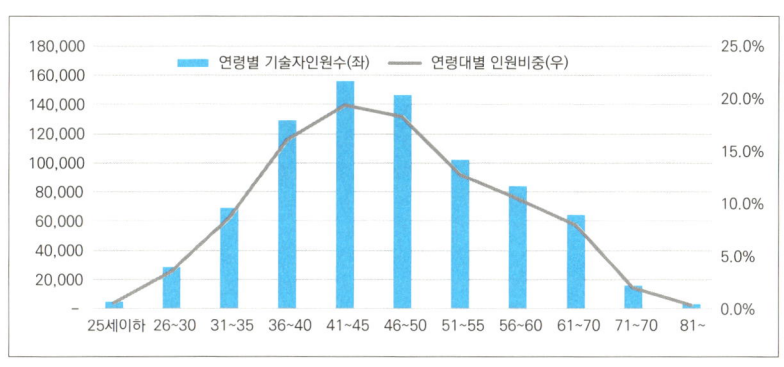

㈜ 각 연도 인원은 건설기술인협회에 등록된 기술자수를 바탕으로 작성

[그림 3-3. 건설기술자 연령대별 분포 현황]

출처: 건설기술인협회 통계연보, 필자 편집

건설기술자들의 연령대별 분포를 보면 [그림 3-3]과 같이 전반적인 고령화가 심화되어 감을 알 수 있다. 뒤에서 살펴보겠지만 건설기능공의 고령화에 못지않게 기술자들의 고령화도 건설현장이 당면한 문제가 아닐 수 없다.

건설현장인력 – 건설기능공

건설현장인력 중 대부분을 차지하는 건설기능인력(기능공)은 실제 건설현장에서 제반 건설시공행위를 직접 수행하는 인력으로 앞서 본 건설기술자의 지휘·감독을 받는다. [그림 3-1]에서 언급한 대로 이들의 인원은 약 130~150만 명 정도로 추정된다. 이는 [표 3-3]에서 보는 바와 같이 2016년을 기준으로 건설근로자공제회에 등록된 기능인력이 약 152만 명으로 집계되고 있는 점에서도 확인할 수 있다.

그런데 이 수치는 다음 11장 [그림 3-4]로 나타낸 '건설사 고용인원구성 변화' 통계상 건설기능인력으로 분류할 수 있는 '생산종업원-임시직'과 '생산종업원-상용직-기능공'을 합산한 숫자인 약 97.9만 명(2016년)과 많은 차이를 보인다. 근로자공제회에서 집계한 기능인력이 약 40만 명 이상 더 많다. 특히 '상용직-기능공'이 회사에 소속된 근로자라면 이들은 건설근로자공제회 퇴직공제 적용대상도 아닐 것이다. 따라서 이 숫자를 뺄 경우 근로자공제회에서 추계한 건설기능인력과 통계청에서 집계한 '생산종업원-임시직'의 차이는 더 크게 벌어진다.

이런 차이가 발생하는 이유는 무엇인가? 우선 통계청에서 집계하는 임시직 종사자는 '연간 건설회사에 일용으로 고용되는 규모(수준)'라는 점을 이해할 필요가 있다. 통계청이 이 숫자를 산출하는 방식은 건설회사 별로 연중 고용한 임시직 인원을 합산한 후 연간 근무일수 244일로 나누는 것이다. 따라서 2016년 건설업조사 임시직 종사자 84만 명이 가리키는 것은 건설회사에서 연간 활용하는 일용직 규모 정도로 이해할 수 있다. 반면 근로자공제회의 데이터는 연중 퇴직공제 적용대상 공사현장에서 건설기능공으로 하루라도 일을 하고 퇴직공제 적용을 받은 사람들을 합산한 숫자를 말한다. 연중 건설사에서 일하는 인력규모와 소속을 불문하고 한 번이라도 일해 본 사람들 숫자의 차이인 것이다.

[표 3-3. 연도별 건설기능인력 인원 추이 현황]

(단위: 1천 명)

구분	2012년 인원	2012년 비중	2013년 인원	2013년 비중	2014년 인원	2014년 비중	2015년 인원	2015년 비중	2016년 인원	2016년 비중
계	1,332	1	1,444	1	1,422	1	1,394	1	1,527	1
보통인부	432	32%	457	32%	429	30%	418	30%	461	30%
형틀목공	106	8%	118	8%	117	8%	119	9%	135	9%
철근공	75	6%	81	6%	78	6%	79	6%	87	6%
배관공	61	5%	70	5%	73	5%	70	5%	79	5%
목공	58	4%	59	4%	55	4%	51	4%	51	3%
전공	28	2%	33	2%	36	3%	36	3%	42	3%
기타	571	43%	627	43%	635	45%	620	45%	672	44%

출처: 건설근로자공제회, 2016년 건설근로자 고용복지 사업연보

[표 3-3]에서 보는 것처럼 2011년 이후 매년 건설현장에서 일용직으로 일하고 퇴직공제 적용을 받는 인원은 2012년 133만 명 수준에서 2016년 152만 명 정도로 늘어났다. 물론 이 기간 동안 지속적으로 일용직으로 일한 사람도 있고 현장을 떠난 사람도 있을 것이다. 이들을 직종별로 나누

어 보면 [표 3-3]에서 보듯이 보통인부가 압도적으로 많다. 전체 기능공의 약 30% 내외가 보통인부이다. 보통인부는 기능공 중에서도 특별한 기술을 갖지 못한 '노가다'임을 이미 언급한 바 있다. 보통인부를 제외하고 나면 '형틀목공'이 약 8% 내외로 여타의 주요 공종 중에서 비교적 높은 비중을 차지한다.

그렇다면 매년 150만 명 정도가 일하는 건설기능인력들이 현재까지 어느 정도 누적되어 있는지 [표 3-4]에서 확인해 보자. 2015년 말 현재 건설근로자공제회에 퇴직공제에 가입된 기능공은 약 454만 명이다. 2015년 한 해에만 약 32.7만 명이 신규로 건설기능공으로 편입되었고 7.3만 명은 건설현장에서 떠났음을 알 수 있다. 종합하면 2015년 말까지 건설현장에 일해 본 적 있는 총인원은 454만 명이고, 약 39.5만 명은 건설현장에서 더 이상 일하지 않겠다고 퇴직한 것이다.

[표 3-4. 건설기능인력 인원 추이 누계]

(단위: 만 명)

구분	2011	2012	2013	2014	2015
피공제자수 누계	337.5	368.1	400.6	428.6	454
신 규	31.3	35	38.3	34.8	32.7
외국인 누계	20.4	23.9	28.3	33.7	39.2
외국인 신규	2.8	3.4	4.4	5.3	5.5
퇴 직	2.5	4.5	5.7	6.8	7.3
퇴직자 누계	15	19.5	25.3	32.1	39.5

출저: 건설근로자공제회, 필자 편집

[표 3-4]를 조금 더 살펴보면 최근 5년간 매년 약 30만 명 이상의 신규 기능공 중 약 5만 명은 외국인근로자라는 점을 알 수 있다. 누적된 외국인근로자가 이미 40만 명에 육박하고 있는 점을 보면 건설현장 어디서든 쉽게 외국인근로자가 발견되는 현상이 더 이상 낯설지만은 않다.

11장

건설노동자는 일자리를 어떻게 구하나?

건설기능인력은 공사를 직접 수행하는 노동력으로 건설공사 주요 공정마다 이들의 수요는 필수적이다. 그러나 건설회사에서 건설기능인력을 직접 고용하여 정규직 형태로 보유하는 것은 매우 드문 현상이다.

[그림 3-4. 건설사 고용인원구성 변화 추이]

(단위: 만 명)

구분	2009	2010	2011	2012	2013	2014	2015	2016	2017
피고용자	165	162	156	150	154	152	152	156	166

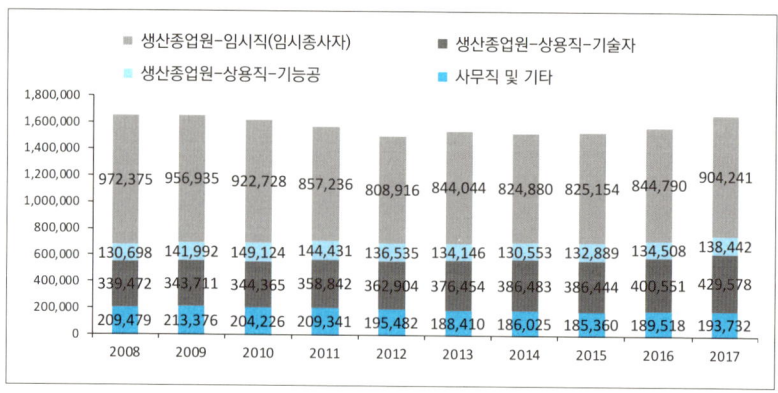

출처: 통계청, 건설업조사, 필자 편집

[그림 3-4]에서 보는 것처럼 정작 건설회사에 고용된 기능인력(생산종업원-상용직-기능공)은 기능공 전체 104만 명 중 13만 명을 조금 넘는다. 19만 여 명인 관리인력보다도 적은 숫자이다. 전체 기능공 중 약 86% 이상의 인력은 고정된 소속 없이 일하고 있다고 봐야 한다. 앙꼬 없는 찐빵처럼 건설회사가 건설노동자를 고용하지 않고 있는 현실을 어떻게 설명해야 하는가?

이 같은 실태를 보면서 제기되는 문제는 두 가지이다. 하나는 '이들이 어떻게 임시 일자리를 구하느냐?'이다. 다른 하나는 건설회사에서 '이들을 정규 고용하는 비중이 왜 이리 낮은가?'이다. 먼저 기능인력은 어떻게 일자리를 얻는지 즉, 노동력을 공급하는지에 대해서 알아보자. 우선 기능 인력들이 일자리를 구하는 방법으로 서두에 언급한 '새벽인력시장', 'OO인력'과 같은 매개가 하나의 답이 될 수 있다. 그러나 이런 방식으로 일자리를 구하는 비중은 극히 미미하다는 것이 업계종사자들의 반응이다.

기능인력은 공사가 개시되면서부터 거의 모든 공정마다 필요하다. [그림 3-5]에서 보는 바와 같이 건설공사 수행에 일반적으로 만연한 원하도급의 수직적 생산체계를 감안하면 원수급인은 하도급계약을 맺으면서 건설기능인력 조달의 책임과 권한을 하수급인에게 전가한다. 하수급인은 다시 재하도급과정에서 평소 자신과 거래관계가 있는 반장(오야지, 십장)들에게 이를 전가한다. 결과적으로 건설기능인력을 원활하게 조달하는 능력은 하수급인이 갖추어야 할 필수 역량이다. 그래서 일 잘하는 인력을 적시에 공급해 줄 수 있는 '십장'은 유능한 하청업자로 인정받는다. 이런 점은 수년간의 거래를 통해 확인되고 검증되면서 추후 계약에도 매우 중요한 경험칙으로 작용한다.

[그림 3-5. 건설생산 인력 및 장비의 활용 구조]

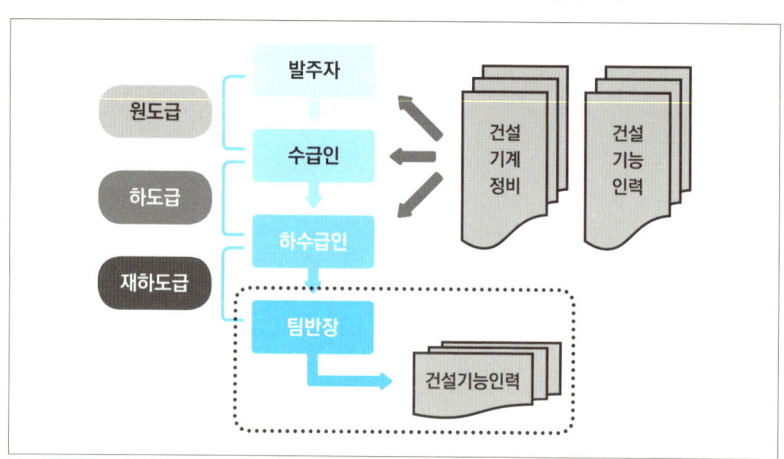

기능인력 조달은 하도급자와 팀·반장들의 인적관계에 절대적으로 의존한다는 것이 건설현장 전문가들의 중론이다.[78] 기능인력 조달이 인적관계에 의존하는 이유는 오랜 거래관계라는 관행에도 있지만 보다 넓게는 사실상 인력을 조달하는 공식적인 체계가 갖추어지지 않았기 때문이다. 이러다 보니 하도급계약이 체결되면 하수급인은 자신과 거래관계에 있는 팀·반장 단위와 재하도급을 맺으면서 팀·반장이 보유하고 있는 기능공들을 자연스럽게 현장으로 참여시킨다.

두 번째 문제는 건설기업이 기능공을 고용하지 않는 이유에 관한 것이다. 이 문제에 대해서는 당연히 정규고용으로 인한 비용이 기업경영에 부담을 주기 때문이라고 예상할 것이다. 그러나 건설기업이 기능인력의 노동은 쓰되, 고용하지 않음으로서 발생하는 문제는 이처럼 개별 기업 차원의 문제로 국한되지 않는다. 시장참여자가 대부분이 이 같은 행태를 이루다 보니 산업 생산성이나 경쟁력을 저해하는 수준에 이르게 된 것이다.

다음의 표는 국토교통부에서 건설산업 혁신을 위해 2018년 6월 내놓은 방안에 언급된 다단계 하도급의 모습이다. 건설사가 하도급을 통해 어떻게 고용 없이 기능인력을 쓰는지 확인해 준다.

---

78 2015년 고용노동부에서 주관한 연구 용역 '건설현장 노동력 현황조사 및 그에 따른 정책시사점 도출(2015, 건설산업연구원)'에 따르면 건설현장기능인력의 구인·구직 경로와 관련해 설문조사를 통해 다음과 같은 결과가 확인됨
- ○ 구식·구인 경로: 건설기능인력
  - 근로자 응답: '팀·반장의 인맥을 통해' 57.5%, '민간 무료직업소개소를 통해' 30.6%, '공공 무료직업소개소를 통해' 4.6%, '유료직업소개소(용역)를 통해' 3.2%, '새벽인력시장을 통해' 0.8% 등의 순
  - 건설업체 응답: 숙련 인력의 경우 '팀·반장의 인맥을 통해'가 91.0%로 대부분을 차지함. 그에 비해 비숙련 인력의 경우 팀·반장에 대한 의존도가 낮음
- ○ 일감 확보 경로: 기계종사자 응답
  - '인맥을 통해 확보' 52.3%, '배차사무실' 23.6%, '업체로부터 받음' 17.1% 순
- ○ 일감 확보과정의 어려움: 기계종사자 응답
  - '적정 수준의 임대료를 주는 일감을 구하기 어렵다' 38.2%, '일감에 대한 정보가 부족해 적당한 일자리를 구하기 어렵다' 21.4%, '수수료를 떼이지 않는 믿을 만한 일감 확보 경로가 부족하다' 18.9% 순

설문조사는 건설현장 내 인력, 기술수준, 임금실태, 근무여건 등에 대해 다음과 같이 진행됨
- 조사 기간: 2015.7.1.~2015.7.31
- 분석에 활용된 설문지 부수: 근로자용 919부, 사업주용 420부, 총 1,339부
- 조사 방법: 노사단체에 의한 직접면접을 통한 자계식조사

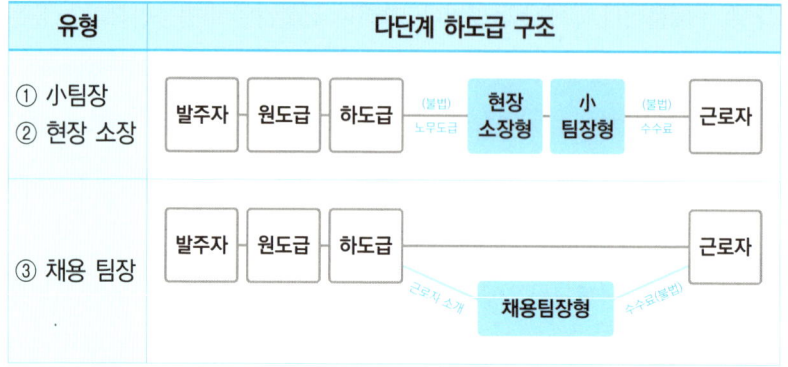

① 小팀장형: 5명 내외의 소규모 시공팀을 이끌며 실제시공 담당
② 현장소장형: 대규모팀(20~30명)을 이끌면서 여러 小팀장에게 공사분배
③ 채용팀장형: 시공에는 참여하지 않고 근로자 모집, 소개수수료만 수취
출처: 국토교통부, 건설산업 혁신방안 2018

혁신방안에서는 기능인력을 통해 건설공사를 수행해야 할 전문업체(하도급업체)에서조차 고용된 기능인력이 아니라 시장에 만연한 십·반장 등 무등록 시공조직에게 재하도급하는 실정을 지적한다. 또 이 같은 다단계 하도급으로 인해 산업의 생산효율성과 품질이 모두 떨어지는 문제를 적시한다. 이에 대해 무등록 시공조직인 십·반장을 제도권 내로 진입시켜 이들을 투명하게 관리함으로써 다단계 하도급을 근절하겠다는 것이 정부의 방침이다.

시장은 생물이다. 수요가 있는 곳에 공급이 생겨나듯 상위단계의 노무수요에 대해 건설노동은 어느새 소조직 형태의 시공팀으로 변모해 가고 있다. 소조직 형태를 갖추어 유동적으로 노무서비스를 제공하는 팀들이 최근 몇 년 사이 눈에 띄게 늘어났다. 이들의 전략은 일감 불안에 맞서 좀 더 적극적이면서도 시장친화적인 형태로 대응한다는 것이다. 어찌 보면 어차피 고정된 일자리를 구하지 못할 바에 그 입장에서 최적의 위치를 찾아간 것이라고 할 수도 있다. 소조직 형태의 시공팀이 늘어난 데에는 이처럼 '고용 없는 노무활용 수요'가 고착화되었기 때문이다. 결과적으로 건설사의 고용 없는 노무활용은 더 생명력을 연장하게 되었다.

현재의 법령에 의하면 건설하도급은 크게 공사범위와 공사수행자격을 기준으로 예외적으로 허용되고 있다. 공사범위에 의해서는 도급받은 공사의 주요 부분을 하도급할 수 없는 것이 원칙이다. 그러나 예외적으로 원도급업자가 공사현장에서 시공관리, 품질관리, 안전관리 등을 수행하는 것을 조건으로 전문업자나 지역업자에게 하도급할 수 있도록 했다. 또 수행자격 기준으로는 발주자가 서면으로 승인한 경우를 제외하고 동일업종 건설업자에게 하도급하지 못하도록 했다. 하도급 공사를 한 번 더 하도급하는 재하도급도 원칙적으로 금지한다. 다만 하도급받은 종합건설사가 공사 중 전문공사를 전문업종 회사에게 재하도급할 수 있다. 또 하도급받은 건설사가 전문업종 회사라면 공사품질이나 시공능률을 높이기 위해 국토부령으로 정한 경우에 한해 재하도급이 가능토록 했다.[79]

현재의 하도급규정을 종합하면 규정에서 부가한 제약조건을 모두 충족한다는 전제하에 종합건설사에서 종합이나 전문건설사로 하도급이 가능하다. 이렇게 하도급된 공사는 전문이나 또 다른 전문업자에게 다시 한번 재하도급이 가능할 뿐이다. 따라서 법령상으로 허용된 하도급은 최대 '발

---

79 「건설산업기본법」제29조

주자-원도급-하도급-재하도급'인 것이다. 문제는 이렇게 허용된 재하도급까지의 단계를 거치더라도 생산에 필요한 노동력이 모두 충족되지 않는 경우가 일상적이라는 점이다. 실상 원도급업자나 상위단계 도급업자는 (재)하도급자가 그 이하 단계에서 얼마나 더 재하도급 계약을 체결하는지 계약을 모두 공개하지 않는 한 알기가 어렵다. 이들이 실제 오랜 거래관계에 기반해 구두상으로 계약을 체결하는 경우 실질은 불법 재하도급이지만 외견상 고용의 형식을 취한 가계약 등으로 얼마든지 대체 가능하기 때문이다.

한때 이 같은 불법 하도급 관행을 개선하고 팀장, 십장 등의 형태로 시공에 관여하는 불법 재하도급 관계자들을 시공참여자라는 이름으로 양성화한 적이 있었다. 지난 1997년부터 2008년까지 시행된 시공참여자 약정제도였다. 시공참여자 약정제도는 공사수행에 실질적으로 관여하나 제대로 된 계약절차 없이 일하는 건설기능공들을 생산주체로 인정하려는 취지에서 시행되었다. 그러나 실상은 불법 재하도급을 더욱 공고히 하는 제도로 변질되면서 2008년 폐지되었다. 말하자면 원하도급업자가 시공참여자라는 제도를 이용하여 사실상 고용상태인 기능인력 고용을 회피하는 수단으로 악용했기 때문이었다.

불법 재하도급, 특히 기능인력을 투입하는 가장 말단의 노무공급은 그 주체를 양성화하면 원(하)도급업자에게 고용하지 않는 길을 터 주게 되고, 불법화하면 진짜 고용이 아닌 가짜 고용을 양산하는 딜레마에 빠지게 된다. 따라서 이 문제를 해결하기 위해서는 시공형조직 등 노무제공 조직과 이들을 활용하는 원하도급자 모두에게 고용과 도급계약사이의 선택권을 주는 것이 필요하다. 이를 위해 먼저 노동소조직의 건설참여를 양성화해야 한다. 또 원(하)도급업자에게는 자신의 기술력과 생산성에 따라 한시적으로 노동을 고용할 수 있는 유연성을 높여줘야 한다. 예를 들어 특정 공사에 투입된 기능인력을 한시적으로 고용할 경우 이에 상응하는 세제 등 고용편익을 제공하고 고용하지 않을 것이라면 공사개시 이전에 협력관계를 공시하여 공사기간 내내 일관된 노무공급을 유지토록 하는 조치가 필요하다.

한편 시장에 만연한 노동소조직을 등록제 형식으로 관리할 필요가 있다. 결과적으로 개인 기능공을 고용하는 주체가 이들이 되도록 하는 것만으로도 현재보다는 진일보한 것이다. 추후 하도급 단위의 전문업자에게 보유공종의 시공팀을 의무적으로 보유하도록 할 때 건설노동의 질이 관리될 수 있다.

12장

건설노동자 먹고살 만한가?

건설현장에서 30년 가까이 기능공으로 일한 김 씨는 요즘 싱글벙글이다. 자신의 노가다경력 중 최근(2018년) 일한 '올림픽대로 램프보수공사'에서 지금까지와는 좀 다른 새로운 노임체계를 적용받았기 때문이다. 김 씨가 일한 현장은 올림픽대로 여의도구간에 진입램프를 설치하는 공사인데, 서울시가 발주한 공사이다. 서울시는 이번 공사를 발주하면서 건설노임에 대해 적용해 오던 이른바 '포괄임금제'를 '적정임금제'로 시범적으로 바꾸어 시행했다. 김 씨가 적용받는 적정임금제는 주 5일을 만근하면 휴일하루는 일하지 않아도 수당(주휴수당)을 지급한다. 또 불가피하게 휴일에 근무할 경우 평일근무에 비해 1.5배 할증된 수당(연장근로, 시간외근무)을 지급한다. 사실 기능인력 임금체계의 대안으로 논의되는 적정임금제는 건설현장을 제외한 기존 제조업 등 일반 직장인에게는 진작부터 적용돼 왔던 제도이다. 그리고 이는 현행 노동법령 등의 취지를 감안하면 지극히 상식적인 것이기도 하다. 지극히 상식적인 임금체계가 적용되는데 이렇게 힘든 이유는 무엇일까?

□ 건설공사현장에서 근로자 임금이 삭감되지 않고 **발주자가 정한 금액 이상을 의무적으로 지급**하도록 하는 '**적정임금제 시범사업**'이 본격 추진된다.

□ **적정임금제**(Prevailing Wage)는 입찰과정에서의 **가격덤핑**, 원도급사-하도급사를 거치는 **다단계 도급과정**에서 발생하는 건설근로자 임금삭감을 방지하기 위한 제도로 다음 두가지 방식을 고려.

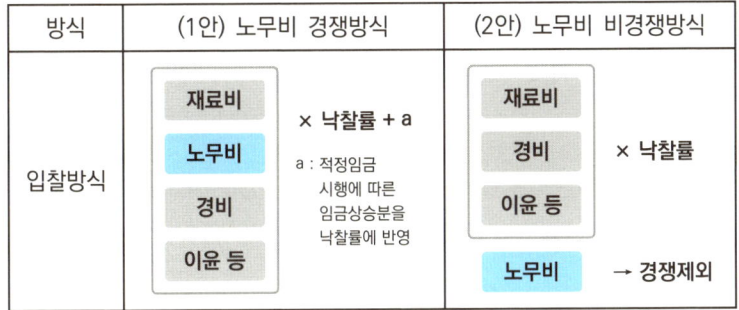

출처: 국토교통부, 적정임금제 2가지 방식(노무비 경쟁방식, 비경쟁방식) 비교

① (**노무비 경쟁방식**) 노무비(노무단가×노무량) 중 **노무단가 삭감을 제한**하고, 기술경쟁을 통한 노무량 절감은 가능한 방식에 따라서 공사비 절감이 가능한 반면 노동강도도 증가될 수 있음

② (**노무비 비경쟁방식**) 노무비를 입찰경쟁 항목에서 **제외**하고 발주자가 책정한 **노무비를 100% 투찰**하도록 하는 방식으로 근로자 처우개선효과는 커지나 공사비 증가 우려도 있음

출처: 국토교통부 보도자료(2018.4.3) 편집

그간 기능인력에 대한 임금은 노동량과 합리적으로 비례하거나 노동의 질 등을 상향시킬 효과나 유인이 너무나도 적었다. 일정량의 일을 주고 일

이 완성되는 대로 대가를 지급하는 이른바 도급제의 부작용이 실제 건설현장에서는 여전히 지배적이다. 도급제의 영향으로 자리 잡은 관행이 '일당'이다. 이는 일의 질이나 양에 관계없이 즉, 일을 잘하든 못하든 주어지고 심지어 일의 양이 일시적으로 늘거나 줄어도 그에 맞게 탄력적으로 조정되지 않는 경우가 많았다. 일반적으로 기능공은 자신의 일에 대한 임금을 현장에서 통용되는 단가에다 일한 일수를 곱하여 지급받는다. 여러 날의 노동에 대해 그 양과 질을 따지지 않고, 노동법상 일정 기간 근로 후에 의무적으로 주어지는 휴식 등에 대해서도 적용받지 않는다. 건설 기능공에게 주어지는 임금은 일당이지만, 일당이 단순히 일당만을 의미하지 않는다. 일당으로 주어지는 임금 안에 노무제공을 위해 부수적으로 수반되는 각종 비용, 이를테면 교통비, 식대 등의 비용이 모두 포함되어 있다. 그간의 노임지급체계를 흔히들 포괄임금제라고 부른 이유가 바로 이 때문이다.

30년 건설현장에서 일하면서 주휴수당이나 시간외근무수당을 처음 받아본다는 김씨가 적정임금제를 반기는 것은 어쩌면 자신이 하는 일을 어엿한 직업으로 인정받은 자존감 때문일지도 모른다. 그는 만약 이 같은 제도를 '10년 아니, 몇 년 전부터라도 시행했다면 건설현장의 기능인력이 노령화되고, 외국인노동자들이 증가하지는 않았을 것'이라고 했다. '적정임금제가 처음에는 사업비를 증가시키는 부담일지 모르지만 궁극적으로 생산물 품질을 높여 향후 유지관리비용의 절감으로 이어질 것'이라고 주장했다.

김 씨와 같은 분들이 건설현장에서 하루 일당으로 받는 노임은 누가, 어떻게 정하는가? 건설기능인력의 임금 기준으로 시중노임단가[80], 표준품셈[81] 등이 작성되고 있으나 이는 일차적으로 건설생산 물량을 산출(적산)하고 비용을 추정하기 위한 기준일 뿐 실제 건설현장에서 적용되는 실효적 임금이라 보기 어렵다. 현장에서는 수급인과 일을 수행하는 십·반장들 사이의 협상을 통해 임금이 정해지는 경우가 대부분이다. 따라서 기능공별로 일치된 임금수준이 적용되기 어려운 것이 현실에 가깝다.

80 대한건설협회가 전국의 2000개 건설공사현장을 조사, 발표하는 기준임금으로 1일 8시간 기준으로, 식사 및 숙박비용은 별도로 지급하고 근로자세금은 포함한다. 건설근로자 임금실태조사를 통해 우편조사와 현장실사를 병행하여 실시되며, 건설근로자 91개 직종별 노무비에 대하여 작성된다. 시중노임단가는 국가계약법이나 지방계약법에서는 원가계산을 할 때 '단위당가격의 기준'으로 적용되며 계약예규인 예정가격작성기준에서는 시중노임단가 적용범위 등을 규정하고 있다.

81 정부, 지자체, 공공기관이 발주하는 공사의 공사비를 작성하는 기준으로 특정 종류의 작업, 공사 등에 대한 노무비, 자재비를 담고 있으며 정부에서 매년 고시한다.

[그림 3-6. 주요 기능공별 노임단가 현황 추이(1990~2018년)]

(단위: 원)

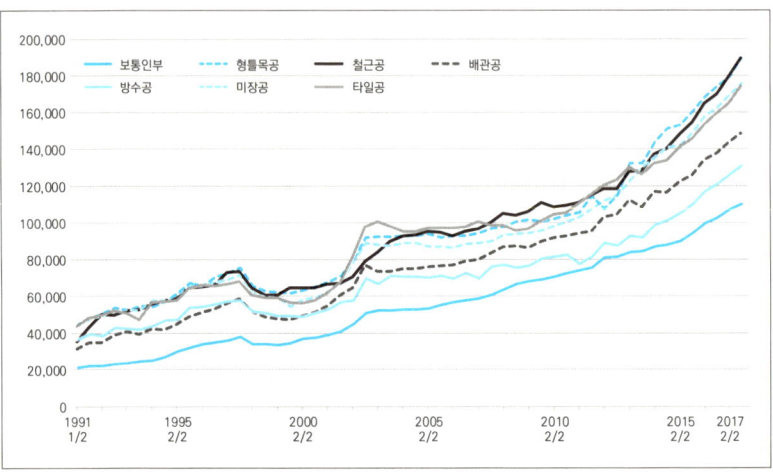

출처: 통계청, 개별 직종 노임단가, 필자 편집

[그림 3-6]은 보통인부를 비롯한 7개 기능공들의 지난 1991년 이후 27년간의 지급노임(일당)의 변화를 보인 것이다. 이 기간 동안 철근공과 보통인부가 약 4.3배 이상의 임금 상승이 이루어졌다. 반면 방수공은 7개 기능공 중 가장 적은 2.5배 상승에 그쳤다. 27년 동안 7개 기능공의 평균임금 상승은 약 3.3배로 금액으로는 1991년 36,765원에서 2018년 159,736원으로 나타났다.

[그림 3-6]에서 보듯이 지난 27년간 기능공들의 임금수준은 평균적으로 약 3배 조금 넘게 상승했다. 그렇다면 이들의 임금 상승은 적정한 것인가? 어느 특정 산업에서 임금의 적정성을 판단하는 것은 단순하지 않다. 무엇보다 임금은 노동생산성을 반영하는 것이고 노동생산성은 결국 노동력으

로 인한 이윤창출(기여)분을 측정해야 얻을 수 있다. 본질적 접근이기는 하나 이 방법은 결코 측정이 쉽지 않다는 한계가 있다. 기술이나 자본에 의한 생산성 증가로부터 순수한 노동기여분을 구분해 내기가 쉽지 않기 때문이다. 제도적 지원, 일시적 경기요인 등으로 인한 이윤 증대도 순전한 노동기여분을 구분하는 데 어려움을 주는 요인들이다.

임금수준의 적정성을 판단하는 다른 방법은 임금과 여타 경제적 요인들을 비교하여 임금의 상대적인 상태를 가늠해 보는 것이다. 이 방법은 비록 임금을 해당 노동의 가치라는 직접적 근거에서 구하지는 못할지라도, 임금도 경제시스템 내에서 존재하며 시스템의 영향으로부터 분리될 수 없다는 점을 중시한다. 건설기능공 임금의 적정성을 보기 위해 이하에서 경제변수들과 비교해 보도록 한다. 먼저 [그림 3-6]에서 보았듯이 건설기능공 임금이 27년간 약 3.3배 정도 올랐다는 점과 그 일당이 약 16만원 수준이라는 사실을 다시 기억해 두자.

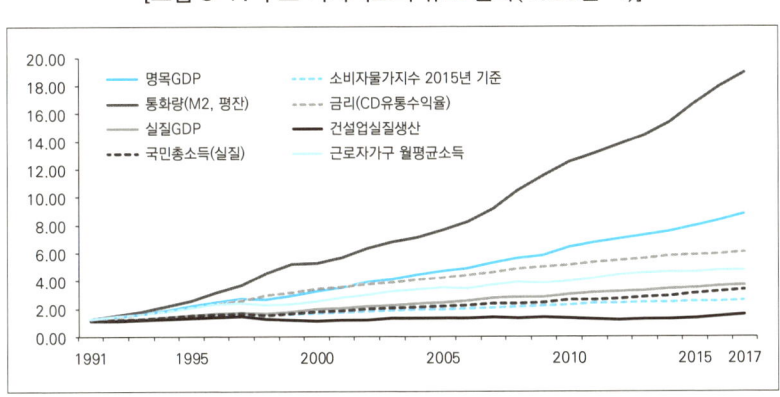

[그림 3-7. 주요 거시지표의 규모 변화(1990년=1)]

출처: 한국은행, 통계청 데이터, 필자 편집

[그림 3-7]은 1990년부터 2017년까지 27년 동안 명목GDP, 소비자물가지수, 통화량(M2), 누적금리(CD)의 변화를 보인 것이다. 각 변수별로 1990년을 1로 두었을 때 이 기간 동안 명목GDP(8.75배), 소비자물가지수(2.54배), 통화량(M2)(18.92배), 누적금리(6.04배)가 올랐다. 또 실질GDP, 건설업실질생산, 실질국민총소득 등 실질변수는 각각 3.7배, 1.5배, 3.3배 증가했다.

명목GDP와 통화량규모가 괄목할 만한 상승을 보이는 데 비해 소비자물가지수는 2.5배 상승에 그쳐 전 기간 비교적 안정적으로 관리되고 있음을 알 수 있다. 1990년 1원을 CD 수통수익률로 예금하였을 경우 2017년 말 그 돈은 6.04원으로 이 기간 명목화폐가치는 6배 조금 넘게 올랐다. 한편 실질건설생산이 이 기간 동안 1.5배 증가에 그쳤다는 점은 건설산업이 이전 30년에 비해 상대적으로 성장 속도가 상당히 둔화되었음을 뜻한다. 국민소득 증가나 경제규모 증가에 비해 건설생산이 떨어지는 선진국의 실증적 경험을 우리도 답습하고 있는 것으로 추정할 수 있다.

이제 건설기능공 임금과 여타 경제변수를 비교해 보자. 명목변수인 기능공 임금을 위에 나타난 명목변수와 비교해 보면 건설기능공 임금인상(3.3배)보다 낮은 것은 하나도 없다. 같은 임금으로서 직접 비교가 가능한 '근로자가구 월평균 근로소득'이 같은 기간 809,329원에서 3,843,939원으로 약 4.75배 증가한 것과 비교해도 3.3배 증가한 건설기능공의 임금은 상당히 낮은 수준이라 할 수 있을 것이다. 실질국민소득이 3.3배 올랐으므로 이를 소비자물가지수로 명목화하면 약 8배 정도 된다. 기능공임금은 늘어난 국민소득의 절반에도 미치지 못하는 수준인 것이다.

그렇다면 건설기능공들은 실제 1년에 얼마나 버는가? 기능공의 연봉수준은 기능공별로 해당 시기에 적용된 노임단가와 근로자공제회에 등록된 근로일수를 통해 추정해 볼 수 있다. 물론 근로자공제회에 등록된 퇴직공제 산정일수는 일정 규모 이상의 공사를 대상으로 하기 때문에 그 규모에 미치지 못하는 공사에서 받은 임금은 포함되지 않는다. 그래서 이렇게 추정하면 건설기능공의 임금을 과소 추정할 가능성이 높아진다. 그러나 과소 추정의 가능성을 인정하더라도 근로자공제회의 근로일수에 의한 임금추정은 기능공의 실제 데이터에 기반하므로 실상을 파악하는데 매우 적절하다. 또 건설기능공이 퇴직공제대상 이외의 소규모 공사에도 참여할 수 있다는 점을 감안하면 이렇게 추정된 임금수준은 건설기능공이 연간 벌어들인 임금평균의 하한선으로도 해석할 수 있다.

기능공별 수령임금 추정은 [표 3-5]와 같이 2015년과 2016년에 대해서 산출해 보았다.

[표 3-5. 주요기능공 근로일수 대비 수령임금 추정]

구분	2015			2016		
	평균 근로일수	노임단가 (만원)	추정임금 (만원)	평균 근로일수	노임단가 (만원)	추정임금 (만원)
보통인부	56	8.8	496.6	55.6	9.7	539.9
형틀목공	92.7	15.1	1408.5	94.3	16.4	1550.6
철근공	107.6	14.4	1550.5	108.2	15.9	1727.3
배관공	109.8	11.9	1311.8	112.6	13	1465.6

출처 : 근로자공제회 평균근로일수를 바탕으로 필자 편집

근로일수가 기능공별로 상당한 차이를 보이는데 보통인부의 근로일수가 여타 3개 기능공 근로일수에 비해 현저히 떨어지는 것은 그야말로 일시적으로 건설현장에서 일하는 인력들이 대개 보통인부이기 때문일 것이다. [표 3-5]에서 추정되는 보통인부를 제외한 주요 기능공들의 연간 임금은 약 1,600만원에 약간 미치지 못하고 있다. 이들은 연중 104일을 조금 넘게 일하며 하루에 약 15만원 정도를 벌었다. 다시 말하지만 건설근로자공제회의 퇴직공제 의무가입 대상공사가 전체 공사에서 차지하는 비중이 80% 정도임을 고려하면 이 추정임금은 전체 임금보다 다소 적게 추정된다.

[그림 3-8. 건설업 주요 직종별 임금 추이(1994~2016년)]

(단위: 백만원)

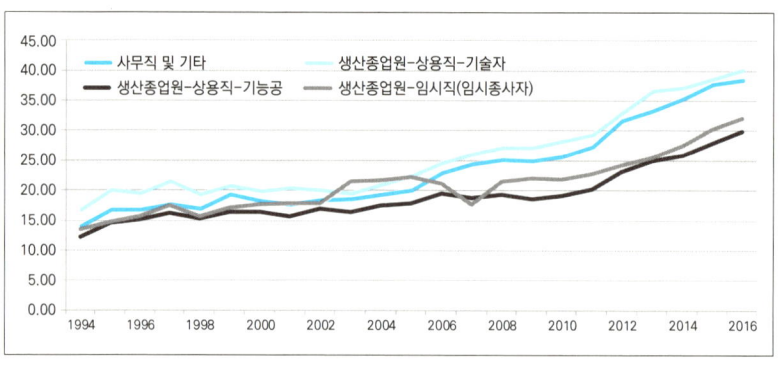

출처: 통계청, 건설업조사 직종별 급여액 데이터, 필자 편집

[그림 3-8]은 통계청에서 공표한 건설업 주요 직종별 임금 추이이다. 이 중 건설기능인력은 '생산종업원-상용직-기능공'과 '생산종업원-임시직'이다. 앞서 언급했지만 이들은 건설현장인력으로 상용직이든 임시직이든 고정적으로 건설회사에 '고용됐을 규모'를 나타내는 통계였다. 이들의 연

봉은 2016년을 기준으로 상용직-기능공이 약 3,000만원, 임시직이 3,200만원 수준으로 조사됐다. 이들의 연봉은 1년 고용을 전제로 산출된 것이므로 [표 3-5]의 근로자공제회의 평균 근로일수를 기반한 임금과는 차이를 보인다.

[그림 3-8]에서 나타난 임시직 연봉 3,200만원은 연간 약 244일을 근로한 것을 가정으로 산출된 것이니 역으로 계산한 이들의 일당은 약 13만 1,000원으로 추정될 수 있다. 이는 주요 4개 기능공에 대해서 살펴본 근로자공제회의 기능공 평균일당과 유사하다. 근로자공제회 데이터를 통한 추정이나 통계청에서 공표한 임금을 통해 확인할 수 있는 사항은 건설기능공의 임금수준이 일당으로는 약 13~14만원, 연봉으로는 약 3,000만원을 약간 상회하는 수준이라는 점이다.

2016년 우리나라 근로자의 월평균 근로소득은 약 378만원 정도이다. 이를 연봉으로 환산하면 약 4,536만원 정도인데, 앞에서 확인한 그해 건설기능공의 연봉 약 3,200만원은 이들의 70% 수준에 머물고 있음을 알 수 있다. 실제 건설기능공 중 1년(244일) 일하는 사람보다 그렇지 못한 사람이 훨씬 많은 점을 인식한다면 건설기능공의 실제 임금수준은 근로자가구의 평균 근로소득과 비교했을 때 턱없이 낮다는 점을 짐작할 수 있다.

13장

건설노동, 생태계 재편이 절실하다

근로자공제회는 2018년 건설기능인력의 전체 직종 평균 노임단가가 일당 16만 5,000원이며 한 달 평균 약 20.3일을 일한다고 조사했다.[82] 이를 연봉으로 환산하면 3,429만원 정도이다. 전년에 비해 일당이 1만원 이상 오른 액수임에도 건설기능인력의 임금은 근로자가구 평균 근로소득인 연 4,980만원(2018년 하반기 기준)으로 약 68% 수준에 불과하다. 또 국세청이 2017년 연말정산을 신고한 1,801만 명의 직장인 평균 연봉으로 밝힌 3,519만원[83]과 비교해도 건설기능공의 임금수준은 이에 미치지 못한다.

---

82 건설현장 평균 진입연령은 36.6세이며 퇴근시간과 귀가시간은 지난 2016년보다 10~20분 정도 빨라진 것으로 조사됐다. 건설근로자공제회는 최근 1년 이내 근로기록이 있는 퇴직공제가입 건설근로자 1,018명을 대상으로 한 '2018 건설근로자 종합생활 실태조사 결과'를 발표하고 이같이 밝혔다 이번 조사는 지난 7월부터 두 달간 방문조사로 진행됐다.

83 국세청은 2017년 연말정산을 신고한 1,801만 명의 평균 연봉이 3,519만원이라고 밝혔다. 전체 근로자 중 일용근로자는 817만 2,000명으로, 평균 소득금액은 793만원이었다. 일용근로소득 중 건설업종이 전체 일용소득금액에서 62.4%를 차지했다.
출처: 중앙일보, '작년 직장인 평균 연봉3,519만원…억대 연봉은 72만 명', 2018.12.27

단적으로 말해 건설기능공을 직업으로 삼아서는 가계 살림을 꾸려 나가기 어렵다는 뜻이다.

건설업계 기능인력의 임금수준이 타 산업의 평균 수준에도 미치지 못하는 이유는 하도급을 통해 수직적으로 생산위임이 반복된 건설생산 행태에서 연유한다. 쉽게 말해 원가절감을 달성할 수 있는 혁신적 기술이나 공법이 없는 바에 몇 단계를 거쳐 내려오면서 단계마다 이윤을 만들 수 있는 방법은 재료비, 노무비 등 원가삭감 외에 찾기 어렵기 때문이다. 공사원가, 그중에서도 노무비 삭감이 누적된 하도급공사에서 당초 산정된 원가보다 축소된 인건비를 충당하기 위해서 상대적으로 임금이 싼 고령의 노무자나 외국인근로자 등을 찾는 것도 이 같은 맥락의 현상이다.

[그림 3-9. 건설기능인력의 고령화 추이 현황(2000~2016년)]

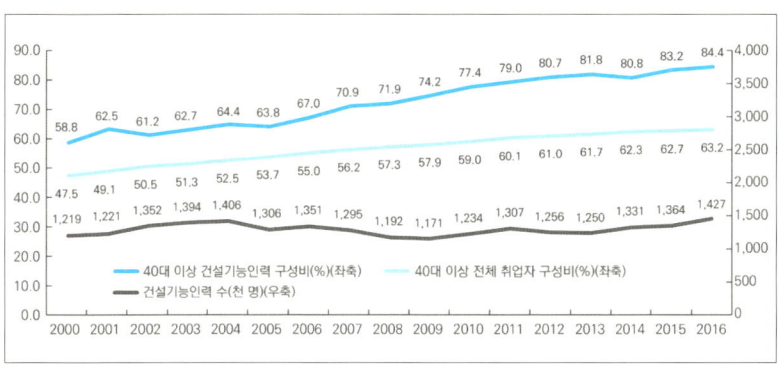

㈜ 건설기능인력은 건설업 취업자 중 기능원 및 관련기능종사자, 장치기계조작 및 조립종사자, 단순노무종사자 등 3개 직종을 합한 개념임
출처: 건설근로자공제회, 2016년 사업연보, p.89

[그림 3-9]는 지난 2000년 이후 건설기능인력의 고령화 추이를 보여 주

고 있다. 40대 이상 비중이 지난 2000년 58.5%에서 2016년 84.4%로 지난 16년간 무려 25.6% P나 증가했다. 전 산업 취업자의 40대 비중이 이 기간 47.5%에서 63.2%로 15.7% 증가한 것과 비교하면 건설산업이 약 10% P 이상 고령화를 앞질러 간다는 뜻이다.

실로 엄청난 고령화 속도가 아닐 수 없다. 덧붙여 최근 건설산업연구원에서 수행한 조사에 따르면 건설현장 내 30세 미만 근로자가 7%에 불과하다.[84] 임금경쟁력을 상실한 건설산업, 경력성장 경로가 없는 건설산업에 새로운 노동력이 유입되지 못하는 것이다. 남아 있는 노동력은 지속적으로 고령화되어 가고 있다. 신규 유입인력이라고는 외국에서 들어온 비숙련공이 대다수를 차지하고 이 같은 현실은 임금수준을 올리지 못하는 원인으로 재차 작용한다. 한마디로 임금 후려치기가 만성화된 수직적 다단계 하도급으로부터 '시중노임단가' 정도의 임금수준조차도 현실에서는 정착되기 어려운 실정이다. 결과적으로 비숙련, 고령인력에 의한 건설노동으로 생산성은 저하되고 생산물의 품질도 떨어지는 악순환으로 이어지고 있는 것이다.

---

84 한국건설산업연구원이 최근 내놓은 정책동향 보고서에 따르면 건설현장에서 30세 미만 근로자는 16만 4,000명에 불과하다. 전체 건설업 근로자의 7% 수준이다. 30~39세 근로자는 35만 6,000명으로 17% 차지한다. (중략) 최은정 건산연 부연구위원은 "건설업에서 30세 미만 청년층 일자리 비중은 제조업의 1/5 수준에 불과하며, 특히 지속 일자리는 그보다 훨씬 적은 것으로 나타났다"며 "건설업이 다른 산업에 비해 일자리 창출 비율이 높지만, 지속성 측면에서는 부정적인 것으로 조사됐다"고 말했다.
출처: 박일한 기자, '잠깐 일자리는 싫다 … 건설현장 외면하는 청년들', 헤럴드경제, 2018.8.9

[그림 3-10]은 건설업과 제조업 서비스업의 지난 10년간 노동생산성(부가가치)을 비교한 것이다. 제조업과 서비스업의 생산성이 전반적으로 상승하는 추세를 보이는 가운데 건설업의 경우 2009년 이후 2011년까지 큰 폭으로 하락한 후 하락 추세가 지속되고 있음을 보여 주고 있다. 임금수준 하락에 따른 노동력의 질적 저하를 여실히 반영하고 있다.

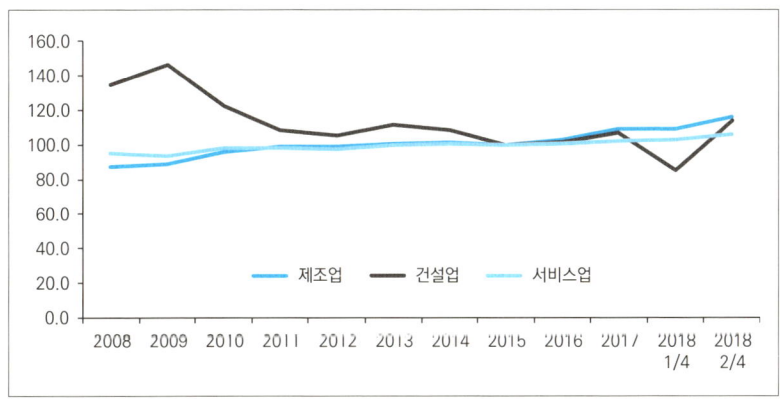

[그림 3-10. 주요 산업노동생산성 추이 비교(2008~2018년 2Q)]

출처: 통계청, 노동생산성지수(부가가치)
㈜ 부가가치 노동생산성지수=실질 GVA 부가가치지수÷노동투입량지수×100, 실질 GVA 부가가치지수는 국민계정의 2010년 불변가격 기준, 노동투입량지수는 총 근로시간(피용자, 자영업자, 무급가족종사자를 포함)

저임금, 고령화, 비숙련화가 드리워진 건설노동을 살리기 위해서는 임금, 노동공급 역량, 노동성장 역량을 높이려는 방안이 마련되어야 한다. 이하에서 건설노동이 건설산업 생태계 내에서 산업성장을 촉진하는 기반이 되는 데 필요한 세 가지 시스템에 대해서 제언한다.

[그림 3-11. 건설노동 기능 강화 3대 시스템 구축 로드맵]

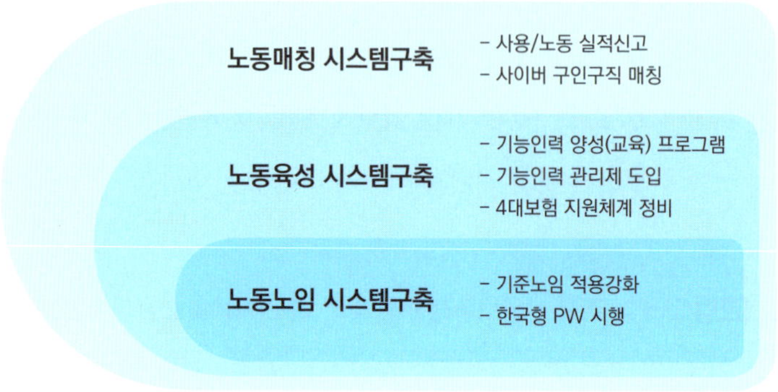

노동매칭 시스템구축
- 사용/노동 실적신고
- 사이버 구인구직 매칭

노동육성 시스템구축
- 기능인력 양성(교육) 프로그램
- 기능인력 관리제 도입
- 4대보험 지원체계 정비

노동노임 시스템구축
- 기준노임 적용강화
- 한국형 PW 시행

건설기능인력 노임시스템 구축

건설노동의 건강성을 회복하기 위해 다각적이고 체계적인 개선 대안이 필요하다. 하지만 그중에서도 가장 시급한 것은 건설기능인력의 임금을 정상화하는 것이다. 임금정상화라고 하니 마치 이들에 대한 임금이 비정상적 저임금처럼 왜곡되는 뉘앙스를 풍긴다고 거부반응을 일으킬 수도 있다. 기능인력에 대한 임금정상화는 기존에 정해 놓은 임금기준만이라도 보장하자는 뜻을 의미한다. 발주자가 공사를 발주할 때 공사예정가격의 기준이 되는 시중노임단가는 건설협회에서 매년 2회에 걸쳐 공사현장을 조사하여 발표한다. 2018년 1월에 발표된 직종별 노임단가는 [표 3-6]에서 보는 바와 같다. 2018년 1월 건설근로자 시중노임단가의 평균은 193,770원이었다. 반면 2018년 하반기에 건설근로자공제회가 발표한 기능인력 평균노임은 165,300원이었다. 퇴직공제대상 공사가 전체 공사의 80% 수준임을 감안하면 이는 개별현장의 임금수준이 시중노임단가에 미치지 못하는 점을 암시한다.

실제 개별현장 임금이 노임단가보다 낮은가를 입증하는 통계가 있다. [표 3-6]은 2017년 한 해 동안 '공공 건축공사'와 '공공 토목공사'에서 일한 보통인부들의 노임이 2017년 1월에 조사된 보통인부의 시중노임단가 106,628원보다 낮았던 비율을 조사해 본 것이다. [표 3-6]에서 보는 것과 같이 시중노임단가보다 낮은 일당을 지급받은 보통인부가 건축공사에서 61.1%, 토목공사에서는 71.3%로 압도적으로 많았다. 전 직종에 대한 조사가 아니라 단언할 수는 없지만 이 조사는 실제 현장에서 통용되는 임금수준과 시장노임단가가 상당한 괴리가 있음을 실증적으로 확인해 주는 사례라 할 수 있다.

[표 3-6. 보통인부 실수령노임과 시중노임단가 비교]

구분	공공건축	공공토목
2017년 상반기	41.8%	68.7%
2017년 하반기	80.5%	73.8%
평균	61.1%	71.3%

출처: 김민철, '적정임금제 시범사업 추진방안 및 성과평가 연구', 2018, 국토연구원

[표 3-7. 시중노임단가 지급 시 요구되는 노무비 증가율]

구분	공공건축	공공토목
2017년 상반기	6.2%	10.6%
2017년 하반기	15.4%	13.7%
평균	10.8%	12.1%

출처: 김민철, '적정임금제 시범사업 추진방안 및 성과평가 연구', 2018, 국토연구원

[표 3-7]은 이 같은 괴리를 보정하여 해당 기능공에게 시중노임단가 수준의 일당을 지급했을 경우 추정되는 노무비 증가분을 나타낸 것이다. 평균적으로 공공건축공사는 약 10.8%, 토목공사는 12.1%의 노무비 증가를 가져오는 것으로 추정됐다. 시중노임단가 수준의 임금이라도 지켜지면 기능공의 임금이 10% 이상 상승할 수 있음을 시사한다.

이 상황을 정리하면 시중노임단가를 정하여 이를 하나의 기준임금으로 제시하였지만, 실제 개별 현장에서는 노임단가가 아니라 편의적으로 조정된 임금이 많다는 점을 알 수 있다. 이 같은 현상은 개별 기업에게는 노무비 절감을 통해 이윤을 높일지 모르나 경제 전체적으로는 소비능력을 축소시키는 결과를 낳게 된다. 개별근로자 소득 감소가 총수요 감소로 이어지면 추후 기업의 이윤도 축소되는 오류를 내재하고 있는 것이다.

2018년 들어 건설 생산체계와 건설업역을 재편하자는 논의가 활발하다. 그 가운데 건설근로자, 특히 기능인력에 대한 임금제도에 대한 논의도 이어지고 있다. [표 3-8]에서 보듯이 미국, 호주 등에서 이미 활발하게 적용되고 있는 건설인력의 임금체계인 정적임금제(Prevailing wage)를 몇 개의 공사현장에서 시범적으로 실시하는 등 그 추이를 지켜보고 있다. 중요한 것은 건설기능인력 등 노동자들이 생계를 유지하고 타 산업과 비교하여 도태되지 않을 정도의 임금수준을 확보하는 것이다.

[표 3-8. 미국과 호주의 건설노동자에 대한 임금제도 비교]

구분		Prevailing wage(미국)	Award system(호주)
도입 시기		• 1931년 (연방 차원 Davis-BaconAct)	• 1920년대(건설 분야에 대한 연방 차원)
적용 범위		• 건설공사 및 부대 업종(청소 등) • 2,000달러 초과 공공공사 • 건설근로자, 트럭기사 등 포함	• 모든 업종 • 모든 규모의 건설공사 (공공/민간 포함) • 자영업자를 제외한 모든 근로자
당사자 별 역할	노동부	Prevailing wage 조사, 공표, 무작위 추출에 의한 조사, 감독, 제재	임금 및 근로조건제도 운영
	발주자	공사원가에 Prevailing wage 반영, 원수급자로부터 매주 주급명세서를 제출받아 감독, 위반 시 노동부에 신고	공사원가에 Award wage 반영, 일상적 감독, 위반 시 Fair Work Australia에 신고
	원수 급자	입찰금액에 Prevailing wage 이상을 반영, 하수급자에 전달, 현장에 임금과 의무사항 게시, 근로자에게 지급, 하수급자로부터 매주 주급명세서 취합하여 발주자에게 제출	입찰금액에 Award wage 이상을 반영, 하수급자에 전달, 근로자에게 지급, 임금 자료 보관 및 요구 시 제출
	하수 급자	입찰금액에 Prevailing wage 이상을 반영, 근로자들에게 지급, 원수급자에게 매주 주급명세서 제출	입찰금액에 Award wage 이상을 반영, 근로자들에게 지급, 임금 자료 보관 및 요구 시 제출
	근로자	Prevailing wage 이상 수취, 위반 사례 신고	Award wage 이상 수취, 위반 사례 신고
위반 시 제재		• 공사대금 지불 중단 • 다른 공공공사의 공사대금 지불 유보 • 3년간 공공공사 입찰 제한	• 벌금(Penalty)을 부과 • 공공공사 참여업체 명단에서 당해업체 배제

출처: 심규범 외, '건설근로자 적정임금 확보 지원 등 임금보호 강화방안', 건설산업연구원, 2011, p.124

건설노동 육성시스템 구축

건설기능인력에 대한 '노동 육성시스템'은 건설노동인력을 어떻게 육성하고 관리할 것인가에 관한 문제이다. 앞서 살펴본 것처럼 150만 명 내외의 기능인력이 건설생산에 관여한다. 법적, 제도적 근거가 미약한 상태에서 단기 임시 고용에 의해 이루어지는 노동이라고 하더라도 건설생산에 없어서는 안 될 중요한 역할을 하고 있다.

'건설노동 육성시스템'은 크게 신규인력을 노동시장에 진입토록 유도하는 '기능인력 양성시스템'과 이미 진입하여 활동하고 있는 '기능인력의 관리시스템'으로 구성된다. 먼저 기능인력 양성시스템은 기능공을 양성하기 위한 제도적 장치로 교육 방안을 정착하는 것이다. 현재도 지역별, 공종별로 기능인력 양성교육이 없는 것은 아니다. 지방자치단체 또는 여타의 공공단체 등에서 기능학교를 운영하고 있으며 이들에 대한 지원이 이루어지고 있다. 그러나 건설노동시장 진입을 위한 교육은 기술을 배우는 초기단계에 일회적으로 운영되는 데 그쳐 지속성을 확보하지 못하는 한계가 있다. 또 교육수료와 건설노동시장 진입을 연계하지 않아 교육의 실효성도 떨어뜨리고 있다. 학교규모는 현재의 수준을 유지하더라도 이 학교에서 교육을 수료하는 것을 노동시장에 진출하기 위한 전제조건으로 삼는 실효적 조치가 마련되어야 한다. 한편 기능학교는 기능인력에 대한 재교육을 주기적으로 실시하여 교육이 경력 단계별로 기능수준을 제고하는 조건이 되도록 해야 한다.

기능인력 관리시스템은 기능인력 등록과 이력관리를 주 내용으로 한다.

기능인력 등록제도는 각 기능공별로 최소한의 시장 진입조건을 설정하여 이를 충족한 자에게 기능인력 참여를 허용토록 하는 것이다. 진입조건으로는 앞서 제시한 기능학교 교육이수가 하나의 대안이 될 수 있다. 기능인력 관리시스템의 또다른 목표는 기능인력의 이력관리이다. 이력제도는 기능인력을 공종, 경력, 숙련도에 따라 등급을 설정하여 관리하는 것이다. 기능별 등급을 설정하고 중간교육과 경력을 연계하여 등급을 높일 수 있도록 숙련도 관리가 이루어져야 한다. 기능인력 관리시스템을 통하여 기능공이 스스로 포기하지 않는 한 지속적으로 기능수준을 관리·성장시킬 수 있도록 하는 제도적 기반을 만들어야 한다.

'건설노동 육성시스템'은 건설기능인력의 시장진입-경력관리-숙련도관리 등 해당 직업의 생애주기 관리를 주요 목적으로 한다. 개별 건설기능공에 대해 이미 시행 중인 건설근로자 퇴직공제와 이 노동 육성시스템을 연계한다면 보다 효율적인 기능인력 관리체계를 구축할 수 있을 것이다. 2018년 12월에는 기능인력의 근퇴현황을 확보하고자 건설근로자 전자카드제를 부산시에서 처음으로 운영하기도 했다. 전자적 수단을 이용하여 공사현장과 인력관리를 연계했다는 점은 향후 체계적인 인력관리를 향한 긍정적인 청신호라고 할 것이다.[85] 다만 이 같은 접근을 확대하여 건설노동을 보다 포

---

85 부산시는 건설근로자공제회와 공동으로 부산시(산하기관 포함) 50억원 이상 공사현장에 대해서 건설근로자 전자카드제를 도입키로 하였다. 2018년 12월 8일 부산시 상수도사업본부에서 시행하는 '양산수관교 정비공사' 현장에 처음으로 도입했다. 건설근로자 전자카드제는 건설현장 간 이동근무가 빈번한 건설근로자의 근퇴현황, 4대 보험, 안전관리 등을 위해 근로자가 현장의 단말기를 통하여 전자카드나 지문으로 남긴 기록을 활용하는 '전자인력 관리시스템'이다.

괄적인 범위에서 그 건강성을 증진시키기 위한 시도로 이어지길 기대한다.

[표 3-9. 건설노동 육성시스템 안]

구분	주요 내용
양성제도	(최초 교육) - 건설기능인력 양성학교에서 기능공 양성교육(계속 교육) - 노동시장 재진입 시 - 현재 등급에서 차상위 등급 승급
등록제도	- 최초 교육이수자를 건설근로자공제회에서 등록 건설노동자로 제도화(건설기능인력번호 부여) - 기능인력 유지요건 규정화(연 근로일수, 계속 교육 이수)
경력관리	(참여공사 경력관리) - 일별, 월별, 연도별 노동일수 현황 - 투입현장별 업무현황 ※ 건설근로자 퇴직공제제도와 연계
숙련도관리	기능공종별(보통인부 제외, 각 기능공보조자는 보통인부로 출발) 5등급 기능숙련도 도입 - 경력 요건: 실노동일수 시간기준(10등급 분류) - 교육 요건: 경력단계별 필요 교육 이수 여부 (필수 이수)

노동매칭시스템 정비

　건설기능인력이 노동의 질을 개선하고 건강한 건설생산의 한 주체로서 육성되는 데 필요한 조치들을 살펴보았다. 건설생산성의 기초라 할 수 있는 건설노동의 기능을 강화하기 위한 마지막 과제로 공적 신뢰도와 중앙집중식 건설노동 매칭시스템의 구축을 제안한다.

노동시장의 첫 번째 기능은 노동공급자와 수요자에게 상대방에 대한 정보를 투명하게 알려 주고 조건에 맞는 거래가 원활하게 성사되도록 하는 것이다. 무엇보다 거래당사자 간 정보 비대칭을 최소화하고 투명한 거래가 최소한의 거래비용으로 이루어지도록 하는 것이 중요하다. 건설노동시장은 앞서 살펴본 것처럼 전국의 새벽인력시장과 같이 가장 기초적인 형태로부터 다단계 하도급에 의한 인적 네트워크까지 이상적인 시장시스템과 거리가 먼 것이 현실이다. 특히 인적 네트워크에 의한 일자리 구하기가 강화된 것은 일회적, 일시적 고용에 내재한 위험을 배제할 수 있는 가장 안전한 방법이기 때문이었다.

사실 지금까지도 건설노동 매칭시스템이 없었던 것은 아니다. 고용노동부, 건설근로자공제회, 관련협회 등 공공기관에서는 건설회사와 건설노동자 간 일자리 정보를 제공하고 있다.[86] 그러나 '워크넷'은 기능인력에 대한 포털이라기보다 건설기술자에 집중돼 있었고 근로자공제회와 LH공사가 주관하는 '일드림넷'은 전체 건설기능인력 중 약 4% 정도만 이용한다는 비판에 직면했다.[87]

종전까지 운영된 노동 매칭시스템의 한계를 극복하기 위해서 몇 가지 개

---

86 고용노동부(국토교통부)에서 운영하는 (건설)워크넷, 근로자공제회에서 운영하는 일드림넷 등이 대표적이다.
87 건설경제신문, '건설일드림넷 접속자, 전체 건설근로자의 4%에 불과', 2018.10.16

선사항이 필요하다. 먼저 노동 매칭시스템을 종합할 필요가 있다. 이용대상을 건설기능인력으로 특화하고 공사현장 지역, 기능공종, 실제 지급노임단가, 근무 가능 일수 등 단기고용(도급)계약에 필요한 정보를 공시하고 선택할 수 있는 경쟁방식의 매칭시스템이 필요하다. 또한 이 시스템의 활용도와 인지도를 제고하기 위해 관공서의 적극적인 홍보나 활용이 필요하다. 착공신고를 할 때 현장 개설에 필요한 현장별 전자태그를 발급하여 이를 해당 현장의 노동수요 정보 수단으로 활용하는 것이다. 궁극적으로 이 전자관리시스템은 앞서 제시한 건설노동 육성시스템이나 4대 보험 지원 강화, 근로자퇴직공제 시스템 등과 연계하여 실제 근로 유무의 기초 정보를 제공하는 수단으로도 활용되어야 한다.

건설노동 매칭시스템을 포함해서 건설노동을 되살리기 위해 제시한 세 가지 시스템의 구축을 위해서는 건설근로자공제회를 비롯해서 LH공사 등 국토부 산하 공사, 건설 관련 유관단체들의 협력이 필수적이다. 건설경제 내 노동의 건강성을 회복하는 일은 산업 생산성을 제고하고 산업 생태계를 발전시키기 위해 더 이상 미룰 일이 아니다. 건설경제의 생명력과 경쟁력을 강화할 수 있는 매우 중요한 실천 과제임을 국토교통부를 비롯한 정부 당국에서 인식하고 우선적으로 개선해 주기를 기대한다.

제4편
건설경제의 생산물 2
– 도시와 인프라

14장

도시와 인프라

도시란 인간의 삶에서 얼마나 포괄적인 주제인가? 도시는 현대인의 삶 대부분의 영역에 영향을 미친다. 물리적 측면에서 도시는 건설경제의 생산물인 인프라와 주택의 집합체이다. 그러나 건설생산물의 집합체로서만 도시를 보는 것은 충분하지 못하다. 주택이 개개인의 삶을 규정하는 정서·문화적 공간이었던 것처럼 도시도 공동체의 삶을 구현하는 정치적, 사회적, 문화적 공간이라는 의미를 갖는다.

2017년을 기준으로 한국인의 90%는 도시에 거주한다. 20세기 초반까지만 해도 집성촌이나 부락에 머물던 생활공간이 광복과, 6·25, 산업화와 민주화를 거쳐 오면서 도시로 확대되었다.

[그림 4-1]은 우리나라를 비롯한 10개 나라의 인구와 도시화율(=도시거주인구÷총인구) 변화를 1960년과 2017년을 기준으로 비교하여 본 것이다. 우리나라의 도시화율은 1960년 27.7%에서 2017년 82.7%로 10개 국가 중 가장 큰 폭으로 높아졌다. 1960년 도시 인구가 690만 명 정도였는데 2017년에 4,250만 명으로 늘어났다. 서구 선진국들의 도시화가 오랜

시간에 걸쳐 점진적으로 진행된 것에 반해 우리의 도시화는 1970년대부터 1990년대까지 약 20여 년간 매우 압축적으로 진행됐다. 결과적으로 20세기 후반, 세계에서 우리나라만큼 도시화가 빠르게 진행된 나라는 찾기 어렵다.

[그림 4-1. 주요국 인구와 도시화율 변화 추이(1960~2017년)]

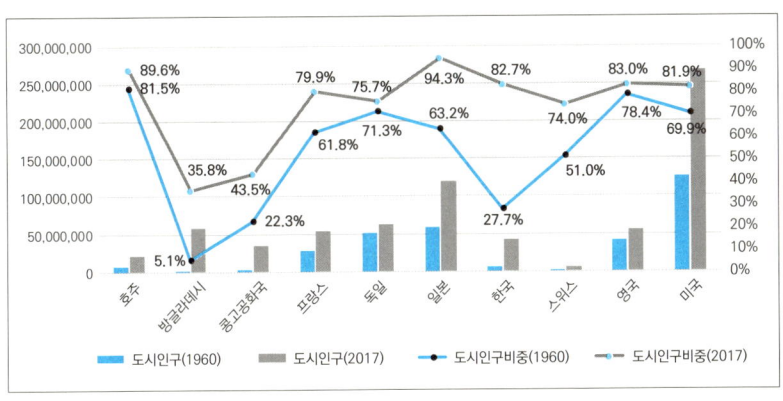

출처: 세계은행

도시화가 이처럼 빠르게 진행된 이유는 무엇보다 '먹고사는 문제' 때문이었다. 팍팍한 살림살이를 개선해 보고자 사람들은 돈벌이가 되는 곳으로 떠났다. 그곳이 서울이든 어디든 상관없었다. 그래서 우리나라의 급속한 도시화는 먹고 살길을 찾는 여정이었고 경제성장의 다른 이름이기도 한 것이다. 6·25전쟁 이후부터 본격화된 이촌향도(移村向都)는 물론 작은 도시를 버리고 큰 도시로 향하는 이도향도(移都向都) 역시 이 기간 한국사회의 거대한 흐름이었다.

[그림 4-2]는 2017년 기준 우리나라 도시화율을 용도지역과 행정구역

을 기준으로 보여 주는 통계이다. 도시에 사는 인구가 용도지역 기준으로 91.8%이고, 행정구역 기준으로도 90.7%나 된다. 행정구역상 도시지역은 면을 제외한 읍, 동을 말한다. 국민 90% 이상은 이제 어떤 기준이든 도시에 살고 있다. 이 그림을 보면 국민들이 도시로 이동한 것 못지않게 국토의 많은 지역이 도시로 탈바꿈했다는 점도 유추할 수 있다.

[그림 4-2. 우리나라의 도시화율 추이]

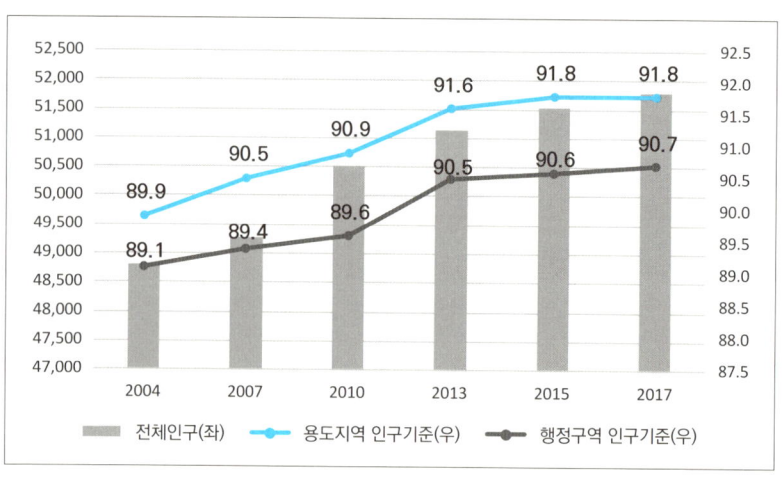

출처: LH공사, 도시계획현황

세계은행과 국내 통계에서 본 것처럼 우리나라 도시화율은 90% 전후의 높은 수치이다. 그렇다면 도시화는 실제 도시가 아닌 상태와 어떤 차이가 있는가? 단적으로 자연상태와 도시상태의 물리적 차이는 무엇인가? 누군가는 도시에는 자연상태에서 찾기 어려운 도로, 건물 등 토목·건축물들이 많다고 할 것이다. 또 누군가는 도시에 사람들이 많다고 할 것이다. 그러나 건축물과 구조물이 많다고 도시가 되는 것은 아니다. 또 사람이 모여 있다고 도시가 되는 것도 아니다. 중요한 것은 도시에 모여든 사람과 구조물들이 존속하기 위해 필요한 기능이다. 사람이 생활을 영위하고 구조물이 존속하는 데 필요한 근본적인 인프라야말로 사람과 구조물로 구성된 도시를 살아 있는 공간으로 만들기 때문이다.

아래에 도시와 자연상태의 차이를 보여주는 글을 소개한다. 광주 대단지 이전 당시 서울시 지역개발 담당관을 맡고 있던 고건 전 총리가 지난 2013년 4월 1일자 중앙일보에 기고한 글의 일부이다.

> 60년대 후반 서울에 개발 광풍이 불었다. 계기판 없는 불도저식 개발이었다. 무허가 판잣집에 살던 주민들은 최소한의 생계 지원책도 보장받지 못하고 시 외곽으로 쫓겨나듯 이전해야 했다. 철거민들을 거여·상계동과 시흥 등지에 강제 이주시켰지만 땅이 부족했다. 68년 5월 서울시는 경기도 광주군 중부면 일대에 이주민을 위한 주택·산업단지를 조성한다는 계획을 세웠다. 1년 만인 69년 5월 바로 철거민 등을 이주시키기 시작했다. 선입주, 후투자란 명목 아래 '실어다가 들이붓는' 비인간적 이주 대책이 시행됐다. (중략)
>
> 71년 8월 10일 오전 양택식 서울시장이 광주 대단지 현장을 찾아 주민과 직접 대화할 예정이었다. 약속한 시간에 양시장은 나타나지 않았고 갑자기 비까지 쏟아졌다. 야외에서 기다리고 있던 주민들은 격분했고 결국 대규모 시위로 번졌다. 60~70년대 수도권 철거 이주사에서 대표적 비극으로 꼽히는 광주 대단지 사건은 그렇게 발생했다. (중략)

> 단지 내 광주군 중부면 출장소를 먼저 찾았다. 현장은 참혹했다. 도로나 상하수도 시설도 없는 곳에 천막과 판잣집만 빼곡했다. 당시 도시개발관이었던 전석홍 여의도 연구소 이사장은 현장을 목격했을 때의 기억이 아직도 생생하다고 했다.
>
> "도시생활시설이라고는 아무것도 없었습니다. 공장지대를 만들고 있긴 했지만 대부분 완공되기 전이어서 일거리가 거의 없었어요. 서울과의 거리는 12km 정도로 멀지 않았지만 교통이 워낙 불편했습니다. 그래도 먹고 살 길이 없으니 대부분의 사람들은 서울에 일하러 가고 낮에 판잣집이나 천막 안에는 노인이나 아이들뿐이었죠." (중략)
>
> 출처: 중앙일보 2013.4.1, 71년 광주대단지 이전 1

사람이 모이고, 건축물과 구조물 등 산업설비들이 건설되면서 도시화가 진행되지만 이들이 존속하기 위해 필요한 하부기능, 바로 기반인프라의 존재 유무야말로 도시와 자연상태를 구분하는 핵심 기준인 것이다.

기반인프라는 도시가 되기 위해서는 반드시 갖추어져야 하는 시설들이다. 그래서 「국토의계획및이용에관한법률」에서는 도시 계획을 수립할 때 '도시·군관리시설' 설치를 의무화하고 있다. '도시·군관리시설'로 지정될 수 있는 기반시설의 종류는 다음과 같다.

가. 도로·철도·항만·공항·주차장 등 교통시설
나. 광장·공원·녹지 등 공간시설
다. 유통업무설비, 수도·전기·가스 공급설비, 방송·통신시설, 공동구
라. 학교·운동장·공공청사·문화시설 및 공공 필요성이 인정되는 체육시설
마. 하천·유수지(遊水池)·방화설비 등 방재시설
바. 화장시설·공동묘지·봉안시설 등 보건위생시설
사. 하수도·폐기물처리시설 등 환경기초시설

인프라의 바로미터, 도시의 지하

우리나라 국토 대부분의 공간에서 전기, 상하수도, 냉난방열, 냉온수, 인터넷(통신) 등을 사용할 수 있다. 그러나 생활에 없어서는 안 될 이 같은 편의가 그냥 주어지는 것은 당연히 아니다. 눈에 보이지 않지만 이를 가능하도록 하는 시설들이 도시 내 어딘가에 갖춰져 있다. 대개의 경우 이 시설들은 도시의 지하에 매설돼 있다.

간단한 예를 들어보자. 전기와 물은 어떻게 우리가 사는 도시까지 전달되는가? 전기의 경우 도시 내외부 어딘가에 건설된 발전소에서 생산된다. 이 전기는 국토의 곳곳에 설치된 대형 전신주에 의해 도시 인근에까지 배전된다. 배전된 전기는 변전소를 거쳐 가정이나 공장으로 공급된다. 거리에 즐비하게 늘어선 전봇대를 통해 집으로 전기가 들어오는 것이다. 물은 상수원 보호구역으로부터 취수하여 정수처리장으로 모은다. 정수과정을

거친 물이 지하상수도관을 통해 도심으로 전달되면 도심에서는 효율적인 급수를 위해 가압장이나 펌프시설을 이용하여 각 가정에 공급한다.

[그림 4-3. 도시와 기반시설(지하공동구)]

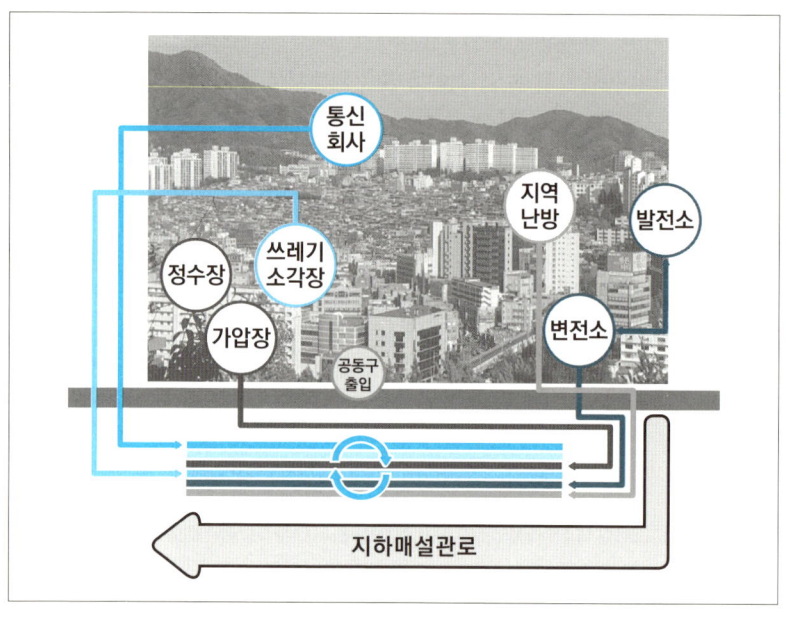

요사이 대도시의 도심 도로에서는 전봇대가 하나둘 자취를 감추고 있다. 전선을 땅속에 묻어서 전기를 공급하기 때문이다. 전봇대에 매달린 전선이 속속 지중화(地中化)되는 사이 2000년 이후 급속히 확장된 인터넷 광케이블이나 지역냉난방 배관들도 모두 지하에 관로를 따라 이어지고 있다.

이처럼 지하에 설치된 배전, 배수, 배열 등의 시설을 관리하기 위한 시설로 '공동구'라는 것이 있다. 법에 따르면 공동구는 면적이 200만㎡ 이상인

도시개발구역, 택지개발지구, 경제자유구역, 도시정비구역, 공공주택지구 등에 설치하도록 돼 있다. 또 공동구에 설치해야 하는 시설은 전선로, 통신선로, 상수도관, 냉난방열수송관, 중수도관, 쓰레기수송관, 가스관, 하수도관 등 도시생활에 필요한 거의 대부분의 서비스이다.

사실 도시의 지하에 생활편의를 위한 기반설비만 있는 것은 아니다. 2011년과 2012년 여름, 서울 광화문과 강남역이 집중호우에 침수된 적이 있다. 도심이 폭우로 침수될 때마다 언론은 서울 도심의 배수용량을 문제 삼았다. 당시 서울의 배수용량은 70년에 한 번 발생하는 시간당 75mm 수준이었다. 그러나 서울시의 어느 공무원이 침수 당시 강우량은 이 70년 빈도를 뛰어 넘는 양으로 침수가 불가피했다는 말을 하자 논란은 일파만파 커져 갔다.

시간당 75mm 가 실제로 내렸는지, 70mm가 정말 70년에 한 번 오는 비인지는 중요치 않다. 비 좀 왔다싶은 여름마다 도심이 침수되어 시민들과 언론의 비판이 몰아치자 서울시는 지난 2011년에 지하에 거대한 배수터널을 만들겠다는 계획을 발표했다. 지하 30~40m 깊이에 지름 5~7.5m(광화문 배수관은 3.5m) 크기의 터널을 설치해 시간당 105mm 강수에도 대비한다는 대심도 배수관 계획이었다. 영화 〈괴물〉에서 박해일과 송강호가 괴물을 쫓아 한강변 부근의 지하터널을 달리던 장면을 떠올리면 배수관의 크기가 짐작 갈 것이다. 그 같은 배수관도 도시의 지하에 설치돼 있다.

[그림 4-4. 서울시 대심도 배수계획 일부]

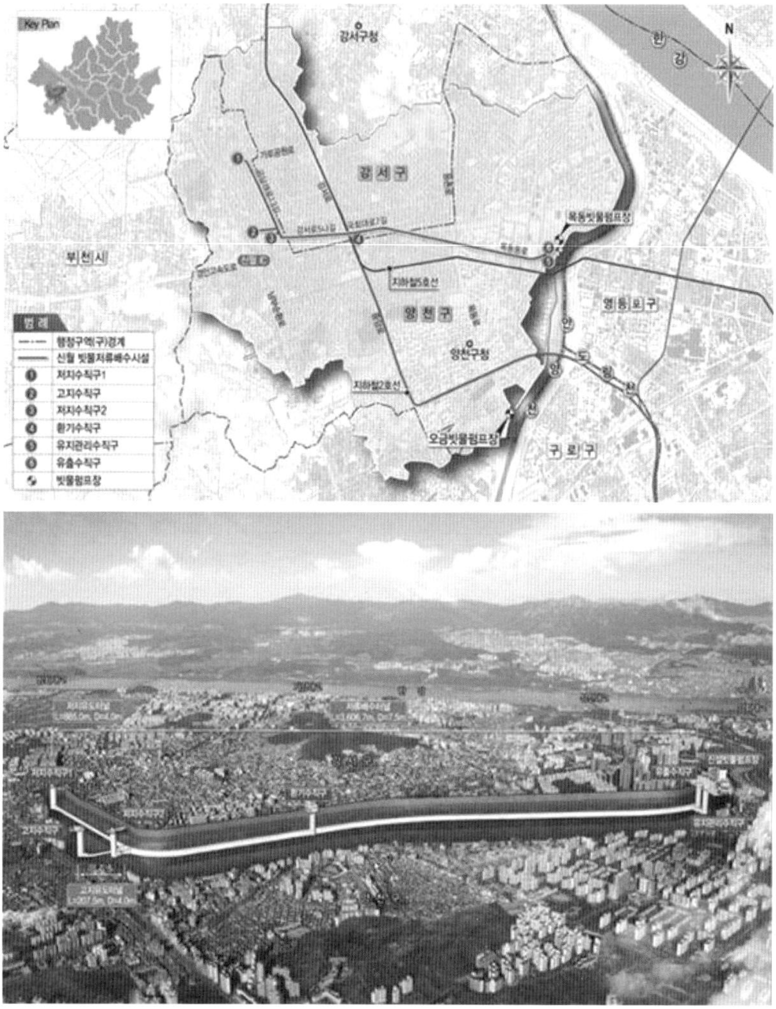

출처 : 서울시 홈페이지

 도시의 지하는 도시가 도시로서 존속하기 위해 필요한 가장 기본적인 기능들이 모여드는 공간이다. 지하철이나 광역철도, 간선도로 등 지하에 건설되는 교통시설까지 더하면 도시의 지하는 향후에도 도시를 도시로서 존속하게 하는 핵심 기능을 담당할 것이다. 사람들 일상을 편리하게 하는 '도시화'는 도시의 지하에 설치된 갖가지 기반시설 때문에 가능한 것이다. 눈에 보이지 않는 이 시설을 유지·관리하는 일은 도시를 존속하게 하는 전제임을 잊어서는 안 된다.

우리나라 인프라의 실상

도시화 80~90% 수준의 우리나라다. 웬만해서는 기반인프라가 전 국토에 걸쳐 모두 깔려 있다. 지방의 중소도시든 면단위의 농촌지역이든 실상 인터넷이 들어가지 않는 곳이 거의 없다. 전기가 들어가지 않는 곳은 더 드물다. 일부러 전기 없는 곳에 움막을 짓고 사는 '자연인'이 아니고서야 우리나라의 기반인프라는 도농을 불문하고 공급된다.

국토면적이 좁다고 하지만 오히려 좁은 면적은 기반인프라를 안정적으로 공급할 수 있는 장점이 되기도 했다. 실제 바람이 많이 불거나 눈이 많이 오는 날 미국같은 선진국조차 주거지 정전이 자주 발생한다. 발전설비가 부족한 유럽의 선진국들은 전기를 이웃 나라에서 수입하여 비싼 전기료를 부담한다. 그나마 취약한 송배전 인프라로 인해 전기공급이 중단되는 사례가 심심찮게 발생하고는 한다. 이쯤 되면 우리나라의 기반인프라 수준이 세계 최고라 할 만하지 않겠는가. 과연 그런가?

인프라 수준을 평가하는 방법은 크게 세 가지 정도이다. 가장 먼저 인프라의 양을 살피는 것이다. 도로연장, 철도연장, 발전소의 개수, 발전량 등 인프라의 양을 비교하는 것이다. 여기서 조금 나아가면 국가예산에서 인프라에 투자하는 금액을 비교한다. 인프라의 절대량을 가지고 국민 1인당 할당량 등으로 인프라 상태를 비교하는 것이다. 이는 인프라 수준의 상대적 상태는 얻을 수 있지만 인프라의 질적 수준을 파악하는 데에는 한계가 있다.

두 번째는 인프라의 질을 평가하는 것이다. 구축된 인프라가 어떻게 국민생활, 산업생산에 활용되는가 하는 질적 수준을 비교하는 것이다. 예를 들어 도로의 부하지수, 통근시간 등 국민생활과 관련된 지표를 설정하고 이를 비교한다. 양적 비교에 비해서는 한 단계 나아간 방법이라 하겠으나 여전히 부족한 감이 있다.

세 번째 방법은 경제성장의 관점에서 인프라를 보는 것이다. 최적 성장을 위해 인프라별 경제성장기여도(탄력도) 등을 산출하여 필요한 인프라 수준을 역으로 도출하는 방법이다. 이 방법은 국가 경제성장 차원의 최적 투자량을 도출하면서 새로운 인프라 투자 등을 선별하는 기준을 제공한다는 점에서 첫 번째나 두 번째 방법에 비해 진일보한 것이다. 그러나 인프라의 현재 수준을 바탕으로 대체량을 파악하는 데에는 제약요인이 많다. 안타깝게도 인프라 자체에 대한 실상을 바탕으로 투자량을 산출한 것이 아니기 때문이다.

어쨌든 인프라의 수준을 평가하는 위 세 가지를 종합한 우리나라 인프라 수준은 세계에서 어느 정도일까? 전기가 공급되지 않는 지역이 없고, 국토 어디에서든 웬만한 기반서비스를 이용할 수 있지만 우리나라의 인프라 수준은 세계에서 약 20위권 내외에 머물고 있다.

[그림 4-5. 기초 WEF 인프라 및 교통 경쟁력지수]

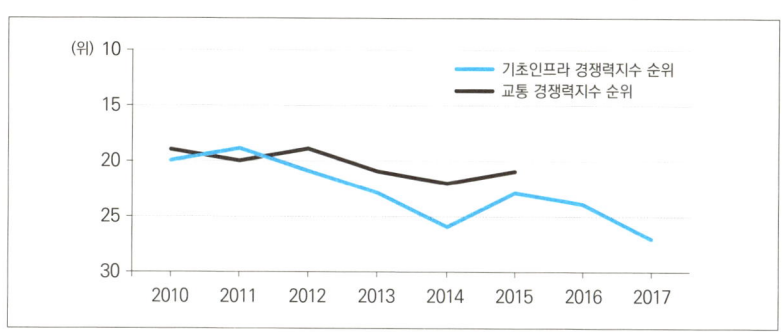

자료: IMD, 국토교통부. 김천구 외, 'SOC 투자의 양적·질적 수준 판단과 시사점', 2017, 현대경제연구원에서 재인용

[표 4-1. WEF 인프라의 질 순위]

	2015년	2016년
전체 인프라의 질	20위	14위
도로 인프라의 질	17위	14위
철도 인프라의 질	10위	9위
항만운송 인프라의 질	27위	27위
항공운송 인프라의 질	28위	21위
전력공급의 질	39위	29위

자료: WEF, 김천구 외, 'SOC 투자의 양적·질적 수준 판단과 시사점', 2017, 현대경제연구원에서 재인용

[그림 4-5]와 [표 4-1]을 보면, 생각보다 우리나라 인프라 수준이 썩 좋은 상태가 아닌 것을 알 수 있다. 전체 인프라의 질이 2016년 기준 세계 14위 수준이다. 특히 [그림 4-5]에서 보는 바와 같이 기초 인프라 경쟁력지수는 해가 갈수록 하락하고 있는 추세이다. 또 교통 경쟁력도 점차 하락하는 추세로 세계 20위권을 벗어나 있다. 그림에는 나와 있지 않지만 물류 경쟁력 지수도 줄곧 20위권 밖에서 등락하고 있다. 2010년도 조사이지만 서울을 비롯한 우리나라의 평균 출퇴근 시간이 OECD(29분)보다 30분이 더 걸린다는 결과는 우리나라 인프라 수준을 단적으로 나타낸다.[88] 결코 우리나라의 인프라가 양적, 질적 측면에서 세계적으로 우수하지 않을 뿐만 아니라 그나마 갈수록 인프라 수준이 저하되고 있다는 사실을 인식해야 한다.

지난 50년간 경제성장과 함께 우리나라도 지속적으로 도로나 철도, 항만, 공항, 발전소, 지하설비 등의 인프라를 확충해 왔다. 이렇게 확충해 온 우리나라의 인프라 수준을 [그림 4-6]에서 확인해 보면 단순히 세계에서 20위권을 넘어서는 인프라 순위가 문제가 아니라는 것을 알게 된다.

학교, 시장, 교량, 지하철, 하수관로, 우수 배출구 등 생활 인프라와 기반인프라 상당 부분이 노후화되어 있을 뿐만 아니라 계속 진행되어 가고 있음을 볼 수 있다. 1948년 대한민국정부 수립 후 70여 년을 지나면서, 빠른 경제성장을 이루어 왔다. 그러나 성장의 기반인 인프라 상태는 실로 상당한 개선여지를 남겨 둔 상태이다.

---

88 WEF, 김천구 외, 'SOC 투자의 양적·질적 수준 판단과 시사점, 2017, 현대경제연구원

[그림 4-6. 우리나라의 인프라 현황 개괄]

- 총 2215개교, 3451동 중 설립연수가 30년 이상 된 시설은 840동(24.3%)
- 시설물 안전평가 D등급(재난위험시설) 판정 31동(0.9%)
- 노후 학교시설 연평균 72동씩 증가 예상

- 전체 상인의 64.8%가 화재 위험성을 느낌
- 서울시에 전통시장은 333개이며, 설립된 지 20년 이상 된 전통시장은 278개(83.2%)
- 안전평가 결과 D등급 이하로 판정된 시장은 13개(4%), 그중 사후조치를 하는 시장은 8개

- 총 교량 356개 중 30년 이상 경과된 교량은 122개(34%)
- 노후화된 교량은 연평균 9개씩 증가
- 2014년 서울시 교량의 안전점검 결과, B등급 이하인 교량이 84% 이상

- 총 연장 327.1km 중 20년 이상 경과된 지하철 연장은 116.5km (35.6%)
- 총 연장 327.1km 중 내진성능 보강이 필요한 구간은 53.2km (16%)

- 총 연장 10,293km 중 30년 이상 경과된 관로가 5,023km(48.3%)
- 노후 하수관로는 연평균 260km씩 증가 추세
- 도로함몰 연평균이 연평균 29%씩 증가하며 원인의 85%가 하수관로 노후화

- 불투수율이 50년 사이에 약 40% 증가함에 따라 수해 위험성 증가
- 빗물펌프장 총 114개소 중 20년 이상 된 시설은 58개소(50.8%)
- 수자원 관련 예산 중 수해방지 시설 관련 투자는 연평균 8% 내외

출처: 서울대학교 건설환경종합연구소, '세계 건설 동향 및 이슈', 기타간행물, 2016.6.30

공교롭게 2018년 연말에 서울과 수도권 도심에서는 기반인프라와 관련된 사고가 연이어 터졌다. 서대문구 아현동에서 통신구 화재가 발생해 인터넷과 통신망이 마비되는가 하면, 고양시 백석역 인근에서 온수 수송관이 터져 일대 온수 공급이 중단되기도 했다. 아현동 통신구 화재나 백석역

온수관 파열 사고는 모두 지하로 매설된 인프라에 문제가 발생한 경우다. 전기, 통신, 난방, 온수, 상하수도 등 지하에 매설된 인프라가 뭔가 심상치 않은 신호를 계속 보내고 있는 것이다. 사고 처리에 나선 사람들은 한결같이 인프라 노후화를 지적했다.

[그림 4-7. 지하시설 안전관리]

출처: 서울시 홈페이지

다행히 정부와 국회는 이 같은 문제점을 인식하고 노후 인프라 등 도시기반시설에 대한 관리체계를 제도화하기 위해 2018년 12월 31일을 기해 「지속가능한기반시설관리기본법」을 제정하여 2020년부터 시행하기로 했다. 지금이라도 인프라 유지·관리에 관한 제도적 장치를 체계화했다는 점은 평가할 만한 일이 아닐 수 없다. 「지속가능한기반시설관리기본법」 제정의 배경이 된 '제안 이유'를 보면 '도시의 생명선'이라 불리는 지하 기반시설 관리의 필요성과 향후 관리 방향을 읽을 수 있다.

1970년대를 전후하여 우리 경제가 압축 성장기에 진입하면서 본격적으로 건설하기 시작한 국가 주요 기반시설의 노후화가 진전되면서 본래 기능을 발휘하는 데 한계를 드러내고 있을 뿐만 아니라 안전사고의 우려도 커지고 있으므로 이에 대한 체계적인 유지·관리의 필요성이 증대되고 있음.

(중략)

이에 우리나라보다 먼저 시설물 유지관리에 대한 문제를 경험한 미국과 일본 등 선진국의 사례를 살펴보면, 이들은 기반시설 노후화에 적절하게 대응하지 못할 경우 안전문제뿐만 아니라 관리비용의 급격한 증가라는 더 큰 사회적 문제를 야기함을 깨닫고 기반시설 유지관리의 방식을 사후적 대응에서 선제적 투자로 전환함과 아울러 센서, 로봇검사 등 유지관리 기법의 효율화를 위한 기술개발을 적극적으로 추진한 것을 알 수 있음.

이와 같은 선진국의 사례를 토대로 노후화되어 가고 있는 공공기반시설에 대해 전략적 투자와 관리 방식을 도입함으로써 안전사고를 미연에 방지하고 기존 시설의 수명연상과 성능개선을 통해 새성투사의 효율성을 제고하면서, 낙후된 유지·관리 관련 산업을 고부가가치화하고 새로운 일자리를 창출하기 위한 노력을 기울일 시기가 도래하였다고 봄.

이를 위해 국토교통부장관이 기반시설의 체계적인 유지관리를 위해 5년 주기로 기본계획을 수립·시행하도록 하고, 기본 계획에 따라 관리·감독기관이 5년 주기의 관리계획을 수립·시행하도록 하면서, 국무총리를 위원장으로 하는 '기반시설관리위원회'를 두어 최소 유지관리 기준과 성능개선 기준을 설정하고 이와 함께 정부의 지원원칙을 정하고 관리 주체의 성능개선 충당금 적립을 의무화함으로써 국민이 보다 안전하고 편리하게 기반시설을 활용하도록 하고, 나아가 국가경제발전에 기여하려는 것임.

출처: 의안정보시스템,「지속가능한기반시설관리기본법」제안 이유

15장

우리가 살고 있는 도시, 어떻게 만들어졌나?

20세기 후반 우리가 경험한 생활공간의 변화, 압축적 도시화는 도시로 몰려간 사람이 많았다는 점과 새로운 도시를 많이 건설했다는 두 요인에 의해서 가능한 것이었다. 이번 장에서는 우리가 산업화와 민주화를 거치면서 어떻게 도시화를 이루어 왔는지 도시화의 과정과 그로부터 읽히는 특징들에 대해서 짚어 보자.

도시의 생명

우리 도시의 역사를 살피기에 앞서 도시를 하나의 생명으로 바라보는 대표적 이론을 소개한다. 이를 먼저 살피는 이유는 도시의 성장주기 관점에서 우리 도시의 현 상태를 진단하기 위한 기초 정보가 되기 때문이다.

궁극적으로 도시가 사람의 삶을 담아내는 그릇이자 그것이 확장된 개념임을 감안하면 도시는 인간의 삶, 사회, 문화로부터 독립된 객체가 아니라 함께 어우러지는 또 다른 생명이라 할 수 있다. 시간이 지나 인간의 생명이 생로병사 과정을 거치듯 도시도 흥망성쇠의 사이클을 겪는다.

도시를 하나의 생명처럼 파악한 논의들 중에서 클라센(Klaassen)과 페일렉(Paelinck)은 도시화 과정을 도시화(Urbanization), 교외화(Suburbanization), 역도시화(Desurbanization), 재도시화(Reurbanization)의 네 단계로 규정하였다.[89] 이 네 단계는 주로 도시 내 인구증감을 기준으로 한 것이다. 도시화 단계 중 도시화와 교외화는 인구가 증가하는 도시성장기이고 역도시화와 재도시화는 인구가 감소하는 도시쇠퇴기이다. 도시는 공간적으로 중심지역과 교외지역으로 나누어진다. 클라센과 페일락은 도시화 네 단계를 각각 전·후반기로 나누어 총 8개 단계에 대해서 중심지역과 교외지역의 인구증감 양상이 다르게 나타나는 점을 강조한다.

[표 4-2]에서 보는 바와 같이 도시가 형성되어 인구가 집중되는 도시화 단계에서는 먼저 도시 중심지역에 인구가 집중된다. 이 인구는 인접 교외지역이나 타 지역으로부터 흡수된 것이다. 따라서 도시화 전반기에는 중심지역 인구가 급증하는 반면 교외지역 인구가 감소하면서 도시 전체적으로는 인구가 증가한다. 도시화의 후기단계에는 타 지역으로부터 인구 유입이 계속되면서 중심지역이나 교외지역 모두 인구가 증가한다. 이 단계에서는 특히 중심지역에서 여러 가지 도시문제가 나타난다.

---

89 Klaassen과 Paelinck의 도시화 과정 모형에서 참조

[표 4-2. 도시의 성장과 쇠퇴(반덴베르그)]

구분	성장기				쇠퇴기			
	도시화		교외화		역도시화		재도시화	
	전기 절대 집중	후기 상대 집중	전기 상대 분산	후기 절대 분산	전기 역도시화	후기 역도시화	전기 재도시화	후기 재도시화
중심지 인구	++	++	+	-	--	--	-	+
교외지 인구	-	+	++	++	+	-	--	--
도시 전인구	+	+++	+++	+	-	---	---	-

출처: 임재현, '우리나라의 도시별 도시화 단계', 주택연구 제7권 제2호, 1999, pp.141~142

중심지역의 과밀로 인해 교통체증, 환경오염 등의 불편함이 나타나면 교외화 단계 전반기에는 중심지역 인구증가가 다소 둔화되기 시작한다. 대신 좀 더 여유 있는 공간을 확보할 수 있는 교외지역으로 인구가 몰린다. 도시 전체로는 도시화 후기단계와 더불어 가장 많은 인구증가를 경험한다. 교외화 후기단계에서는 더 이상 중심지역의 인구가 증가하지 않는다. 이 단계에 교외지역으로 인구유입은 지속되지만 그 정도가 약화되어 도시 전체의 인구증가는 둔화되기 시작한다. 그러나 여전히 인구는 순증가 양상을 보여 도시화와 교외화 두 단계 동안을 도시의 성장기로 분류한다.

교외화가 진행되고 난 후 도시는 중심지 과밀로 인한 본격적인 도시문제에 직면한다. 그 여파로 도시 전체 인구가 감소하기 시작하는데 중심지역 인구가 급감하고 이들 중 일부는 해당 도시의 교외지역으로, 또 다른 일부는 아예 도시를 떠나게 된다. 역도시화, 탈도시화의 시작인 것이다. 역도시화 후기단계에는 사람들이 더 이상 도시에 머물려 하지 않는다. 도시가 성장하다가 인구감소라는 쇠퇴흐름이 절정에 이르면서 사람들이 도시에 머무를 유인은 급격히 약화된다. 역도시화 후기단계에는 전반적인 인구감소 흐름이 지속되는 와중에 도시문제가 대두되면서 도시의 전 성장주기 중에서 가장 큰 인구감소를 경험한다.

재도시화는 인구감소가 활발하게 진행된 역도시화 단계를 거쳐 도시를 떠난 인구가 다시 서서히 도시로 모이는 단계이다. 역도시화 단계 동안 도시 이탈 인구가 많아 도시의 기반시설이 방치되고 공동화(空洞化)·슬럼화 되면서 도시재생에 대한 논의가 부각된다. 도시 재생을 통해 활기가 살아나면 사람들이 다시 모인다. 재도시화 후반기가 되면 도시 인구의 감소폭이 둔화되고 도시가 다시 일어서려는 움직임을 보인다.

물론 인구가 도시의 성장과 쇠퇴에 영향을 미치는 유일한 요인은 아니다. 인구 외에도 도시의 발전과 쇠퇴에 영향을 주는 요인은 많을 것이다. 생각해보면 도시의 성장에는 사람이 살기 편리한 지형도 필요하고 물질적 기반이 되는 산업적 요인도 필요하다. 이 밖에 도시를 육성하거나 억제하려는 정부의 정책도 도시성장과 쇠퇴에 영향을 주는 요인이다. 이 세 가지는 상호 영향을 주고받으며 도시의 성장과 쇠퇴에 관여한다. 사실 인구는 이들 영향요소의 상호작용 속에서 증가 또는 감소하는 것이다. 결과적으로 인구의 증감이 도시 성쇠의 원인이자 결과로 나타난다.

그렇다면 우리나라 지난 50년간 인구 변화를 살펴보자. 우리나라의 인구는 2018년 12월 현재 약 5,100만 명을 넘었다. 앞서 주택 편에서 본 것처럼 우리나라의 인구가 현재 증가세인 것은 맞지만 과거에 비해 증가세가 둔화 될 가능성은 독자들도 인정하실 것이다. 지금의 증가 속도로는 2035년을 전후하여 감소세로 전환할 것이라는 전망이 이미 오래전에 제기된 바 있다. 1970~1980년대 '아들딸 구별 말고 둘만 낳아 잘 키우자', '잘 키운 딸 하나 열 아들 안 부럽다' 등 정부 차원의 산아제한 정책은 생활 곳곳에 걸쳐 있었다. 이 같은 표어들은 동네 길거리 담벼락은 물론이고 전봇대에서도 심심찮게 발견할 수 있었다. 심지어 초등학교 교실에도 걸려 있었다.

[그림 4-8. 1960년 이후 각 행정단위별 인구증가 추이 및 인구증가율]

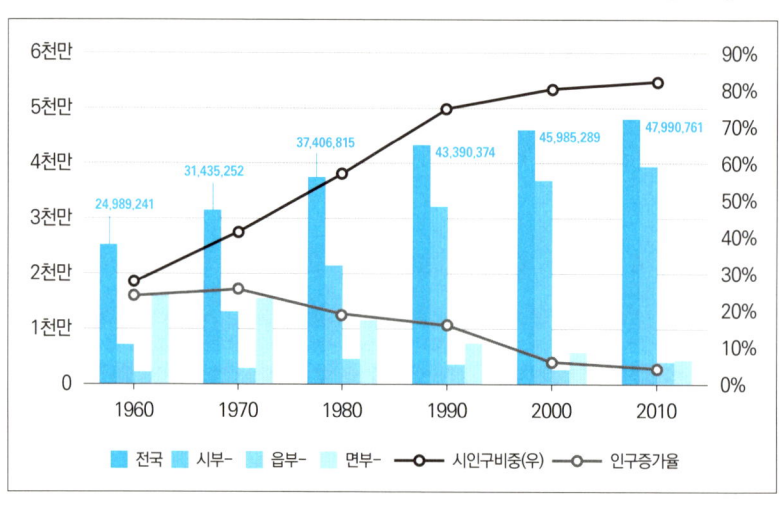

출처: 통계청, 인구조사

[그림 4-8]에서 보는 바와 같이 1960년대 베이비붐 이후 인구증가는 가히 폭발적이었다. 1990년 인구는 1960년에 비해 약 2,000만 명이 가까이 늘

었다. 30년 만에 나라인구가 거의 두 배 가까이 된 것이다. 증가율로 환산하면 그 30년 동안 매년 2.5%씩 인구가 늘어난 셈이다. 시단위에 거주하는 인구 비중은 1990년이 되면서 전체 인구의 80%에 육박했다. 도시 인구의 급속한 증가와 달리 면단위 인구의 감소 양상이 뚜렷함을 볼 수 있다.

행정단위별 인구 추이만 가지고 클라센과 페일렉의 도시화 단계를 추정해 보기는 쉽지 않다. 그러나 우리나라 전역을 하나의 도시로 설정하고 서울을 비롯한 광역시 이상 대도시를 도시의 중심부로 본다면 1990년대와 2000년대를 맞아 서울, 부산, 대구, 인천의 인구가 감소하기 시작한 것은 의미 있게 지켜볼 대목이다. 우리나라 중 가장 번성한 곳의 인구가 감소하는 것은 우리 도시화가 쇠퇴기에 접어들었다는 점을 암시하기 때문이다. 특히 서울과 부산은 1990년대 이후 인근 신도시개발 여파로 교외 도시로 인구를 유출시켰다가 이제는 이마저도 정체 상태이니 '교외화 후반기'나 '역도시화 전반기' 정도로 인식해도 무방할 것으로 보인다. 우리나라 전역을 하나의 도시라고 가정한 것에 다소 무리가 없는 것은 아니나 현재 우리 상태를 단적으로 상징하는 상태라 생각된다. 이제 이 같은 개략적인 상태를 염두에 두고 도시화의 역사를 살펴보도록 하자.

우리나라 도시화의 과정

1960년대 이후 농촌 인구가 도시로 집중되는 현상은 2000년대 이후 인구증가 속도가 둔화되면서 잦아들었다. 농촌에서 태어나서 특정한 시기,

이를테면 상급학교 진학이나, 취업을 위해서 도시로 이동하는 것은 이제 의문의 여지없이 자연스러운 현상이 되었다. 그 결과 도시인구는 폭증했고 농촌인구는 더 줄어들 수 있는 인구조차 남지 않은 것이 현실에 가깝다. 인구문제는 뒤에서 더 자세하게 살필 것이다. 우선은 이 같은 배경을 염두에 두고 1960년대 이후 각 시기별로 인구와 도시형성관계를 살펴보자.

먼저 1960년대는 인구증가율이 25%에 이를 만큼 절대 인구 자체가 폭증했던 시기였다. 경제개발계획을 필두로 정부 주도의 경제 정책이 집행되면서 경부고속도로를 비롯한 기간 인프라가 구축되었다. 또한 석탄을 비롯한 지하자원 개발이 활발했던 시기이기도 했다. 서울의 인구집중 현상이 뚜렷하게 나타났으며 전통적인 지역거점 행정도시들의 성장도 이어졌다. 삼척, 정선, 태백, 문경, 화순, 장흥에 석탄을 비롯한 자원개발의 붐을 타고 소규모 자원도시들이 조성되던 시기였다.

3차, 4차 경제개발5개년 계획(1972~1981년)이 추진되던 1970년대는 서울과 부산을 비롯한 대도시 성장세가 본격화되었다. 대구, 대전, 광주, 인천 등이 지역도시를 넘어 향후 광역대도시로서 성장할 수 있는 기틀이 갖춰졌던 시기였다. 이 무렵 서울 인근의 위성도시들 중 수원, 성남, 의정부, 안양, 부천 등 제조업 기반을 갖춘 도시들도 활개를 편다. 나아가 중화학공업육성, 수출장려 등 정부의 경제 정책에 따른 도시육성도 뒤따랐다. 포항, 울산, 창원, 진해 등의 해안 공업도시들과 구미 전자공단은 인근 농촌지역 인구를 흡수하는 블랙홀 같은 곳이었다. 1970년대 중반까지는 연평균 경제성장률이 10%에 육박하면서 하루가 다르게 경제가 성장했던 시기였다. 이에 따라 인구의 도시 집중, 특히 공업도시로 집중은 이 시기 가장 눈에 띄는 현상이었다. 1970년대는 2020년을 바라보는 현재까지도 유효한 우리나라 도시 지형의 기초를 놓았던 시기라고 할 수 있다.

고도성장이 지속되던 1980년대는 서울과 부산의 인구가 계속 늘어나면서 대도시 주변지역의 성장이 본격화되던 시기였다. 인천, 대구, 광주, 대전이 인구 100만 이상의 직할시(광역시)로 지정되었고 창원, 안산 등 공업도시가 새롭게 시로 승격되었다. 1980년대는 전국적으로 22개 지역이 새롭게 시로 지정되면서 도시화가 급격히 진전되던 시기이기도 했다. 서울 내부에 목동, 상계 등을 끝으로 대규모 택지공급이 더 이상 이루어지지 못하자 수도권 주택공급을 위한 서울 외곽 신도시개발이 대두되었다. 부산권의 경우 김해와 양산 등지에 공업시설이 증가하면서 울산, 창원과 함께 경남 공업벨트의 기틀이 만들어져 가고 있었다. 그러나 1980년대는 대도시 광역화와 동시에 대도시의 인구증가율이 전국 평균 이하로 떨어진 최초의 시기이기도 하였다. 서울, 부산, 대구의 인구증가 속도가 둔화되면서 대도시가 '교외화' 조짐을 보인 시기였다.

1990년대는 수도권과 부산권의 광역화가 본격화된 시기였다. 자동차와 조선산업의 메카인 울산이 광역시 대열에 합류하여 부산, 울산, 창원 등으로 이어지는 경남 해안벨트가 완성되었다. 이 지역은 수도권을 제외하고 전국에서 인구가 가장 많은 권역이 되었다. 1990년대에는 평택, 파주, 김포 등 서울 외곽의 경기권 도시들과 양산, 통영, 거제 등 부산 외곽의 공업도시들이 시로 승격했다. 서울과 부산권 광역화가 더욱 확장되었음을 짐작케 하는 대목이다.

[표 4-3. 인구규모별 시승격 연도(1950~2015년)]

구분	100만 이상	50~100만	20~50만	10~20만	10만 이하	도시 수
1950년대 전	서울, 수원	포항, 청주, 전주	춘천, 순천, 마산, 진주, 목포	김천		11
1950년대			충주, 경주, 원주, 제주, 강릉	진해		6
1960년대	부산	천안	의정부	안동	속초	5
1970년대		성남, 안양, 부천	구미			4
1980년대	인천, 대구, 광주, 대전	창원, 안산	김해, 광명, 시흥, 군포, 경산	동해, 영주, 나주, 영천, 구리, 공주, 상주, 오산, 의왕, 하남, 서산	동두천, 서귀포, 태백, 과천	26
1990년대	울산	고양, 용인	군산, 아산, 남양주, 익산, 평택, 파주, 양산, 여수, 김포	밀양, 거제, 통영, 광양, 정읍, 김제, 보령, 제천, 사천, 이천, 논산, 안성	남원, 삼척	26
2000년대			화성, 광주	양주, 포천	계룡	5
2010년대			세종	당진, 여주		3
계	8	11	29	30	8	86

출처: 최재헌, '한국 도시 성장의 변동성 분석', 한국도시지리학회지 제13권 2호, 2010, 인용 후 보강

[표 4-4. 1960년대 이후 우리나라 신도시개발 현황]

건설 목적		1960~	1970~	1980~	1990~	2000~
국토, 지역 개발	산업도시 /산업기지, 배후도시	울산 '62, 포항 '68	구미 '73, 창원, 여천 '77	광양 '82		국가산단 추진 중
	낙후지역 거점개발		동해 '78			국제과학 비지니스 벨트 추진 중
	연구학원 도시		대덕 '74			
대도시 문제 해결	서울 불법주택 이전	성남 '68				
	서울 공해공장 이전		반월 '77			
	서울 행정기능 분산, 국토 균형 발전		과천 '79	둔산 '88, 계룡 '89		행정도시 '07, 혁신도시 (10) '08
	서울 도심기능 분산, 주택 대량공급	영동, 여의도 '67	잠실 '71	목동 '83, 상계 '86		
	수도권 주택공급 /서울 인구 분산			분당 '89	일산, 평촌, 산본, 중동 '90	동탄 '01, 김포 '02, 판교, 파주 '03, 광교 '05, 위례 '08
행정구역에 따른 청사 이전 등			창원 (경남)		남악 (전남)	충남, 경북 추진 중

출처: 필자 편집

수도권과 부산권의 광역화는 베드타운 중심의 위성 신도시를 건설하는 정책으로 이어졌다. [표 4-4]에서 보는 것처럼 그 이전에 정책적으로 육성된 공업도시를 제외하면 우리나라에 최대 규모의 신도시가 건설된 것이 1990년대이다. 분당을 비롯한 1기 신도시 개발정책은 이후 부산, 광주, 대구 등 광역도시는 물론 전국의 웬만한 중소도시마다 외곽에 주거지를 개발하는 모델로 작용했다. 수도권과 부산권의 광역화 결과 그간 줄곧 증가하던 서울시와 부산시의 인구는 감소세로 돌아섰다. 그러나 대구, 광주, 대전, 울산 등 여타 대도시의 인구는 증가율(속도)은 둔화되었지만 근근이 증가했다.

2000년대 이후는 1990년대까지 이룩한 급격한 도시화의 형세가 공고해지면서 전국적으로는 도시화가 둔화되어 갔다. 산업지형도 고착화되면서 전국적으로 새롭게 시로 승격되는 지역이 현저히 줄어들었다. 당진과 계룡 정도를 제외하면 지방에서 시 승격을 맞은 지역은 없다. 1990년대 후반부터 나타난 서울의 교외화 흐름에 따라 경기도 인구가 지속적으로 증가하며 외곽에 몇 개 지역이 시로 승격되는 정도였다. 2000년대는 수도권 집중을 분산하고 국토의 균형 발전을 추구하려는 분산정책이 도입되는 시기였다. 세종특별시를 행정중심도시로 육성하는가 하면 기업도시, 혁신도시 지정을 통해 공공기관 이전 등 분산정책을 펼쳐 갔다.

혁신도시는 수도권에 위치한 공공기관을 분산하여 수도권 과밀을 해소하고자 2006년부터 추진되었다. 공공기관 지방 이전을 계기로 지역의 대학, 연구소, 산업체 및 지자체가 협력하여 새로운 성장동력을 창출하는 구상이었다. 혁신도시 정책에 따라 2019년 2월을 기준으로 수도권에 위치한 152개 공공기관과 약 5만 여 명이 이전하였다. 혁신도시는 도시별로 차별적 혁신테마를 표방했다. 예를 들어 대구는 교육, 학술 산업, 동남권 산업 클러스터를 중심으로 지식창조도시로 개발하는 것이었다.

[그림 4-9. 혁신도시별 공공기관 이전 현황]

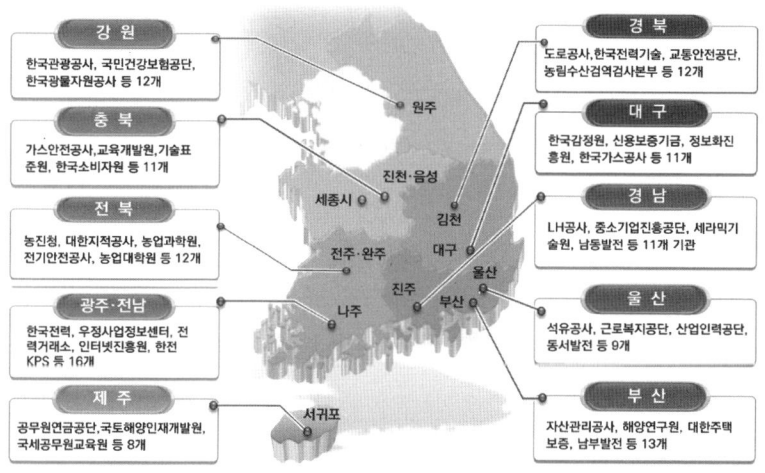

출처: 국토교통부(http://innocity.molit.go.kr,) 공공기관 지방이전, 필자 편집

혁신도시가 공공 중심의 지역 균형 발전전략이라면 기업도시는 기업 이전이나 유치를 통해 지역발전을 도모한 기업 중심의 균형전략이었다. 기업도시는 기업의 자율, 창의성을 활용한 '자급자족형 도시'를 육성하여 투자를 촉진하는 등 국가경쟁력을 제고한다는 취지를 담고 있었다.

기업도시는 [표 4-5]에서 보는 것처럼 무안을 비롯한 6개 지역을 지정하여 산업교역, 지식기반, 관광레저형 도시를 육성하고자 했다. 현재까지 다소 지연된 면이 있지만 지역별로 입지 조성을 마치고 기업 입주가 어느 정도 진척되고 있다.

[표 4-5. 기업도시 현황]

유형	주된 기능	최소 면적	주된 용지(직접)	시범사업지역
산업교역형	제조업, 교역	550만 ㎡	40% ↑(30%)	무안
지식기반형	연구, 개발	330만 ㎡	30% ↑(20%)	충주, 원주
관광레저형	관광, 레저, 문화	660만 ㎡	50% ↑(50%)	태안, 무주, 영암/해남

출처: 필자 편집

2010년대를 전후한 도시화는 수도권 과밀로 인한 불편을 해소하기 위한 실행단계였다고 볼 수 있다. 비록 자발적 분산은 아니더라도 혁신도시나 기업도시 정책을 통해 수도권 과밀을 다소나마 해소하여 균형 발전을 이루려는 시도였다. 수도권에 몰린 인구와 시설을 분산하는 노력이 지속되고 있지만 수도권 대(對) 지방으로 고착된 대한민국 거주 지형, 공간 지형이 쉽게 재편되기는 여전히 쉽지 않다.

우리나라 도시화의 특징

1960년대 이후 약 60년 가까운 시간 동안 도시화가 진행되면서 한국의 도시화는 몇 가지 뚜렷한 특징을 보여 주고 있다. 무엇보다 눈에 띄는 점은 인구의 절반(49.8%)이 수도권(서울·인천·경기)에 집중한 것이다.

1975년 수도권 인구가 전체 인구의 31.5% 수준이었음을 감안하면 한국의 도시화는 한마디로 수도권 집중화라고 해도 과언이 아니다. 여기에 부산·울산·경남권의 약 735만 명을 보태면 우리나라 인구의 65% 정도가 수도권과 부산권에 집중되어 있다.

수도권은 [표 4-6]에서 보는 것처럼 2010년까지 평균적으로 매년 20만 명 이상 증가하며 세계적으로 드문 사례를 남겼다.

[표 4-6. 수도권 순이동 인구(1971~2013년)]

(단위: 천 명)

시기	수도권	서울	인천	경기
1971~1980년	360.9	233.4	0.0	127.5
1981~1990년	324.5	87.1	46.8	190.6
1991~2000년	110.4	-153.4	31.0	232.8
2001~2010년	107.3	-70.2	4.2	173.3
2011년	-8.5	-113.1	28.8	75.8
2013년	-4.4	-100.6	22.0	74.1

출처: 이희연, '국내 인구 이동의 특성과 유형', 한국사회동향, 2014

수도권과 부산권으로 인구가 집중된 결과, 이들을 제외한 전국 대부분 지역의 인구는 급감했다. 극단적으로 말해 전국의 인구가 징발되다시피 수도권과 몇몇 광역도시권으로 집중한 것이다. [표 4-7]은 1975년보다 인구가 감소한 지역의 2010년 인구를 1975년과 대비하여 표시한 것이다. 인구가 감소한 지역이 전국 164개 지역(광역시+기초자치단체) 중 무려 106개에 달하고 있다.

[표 4-7. 1975년 인구 대비 2010년 인구 비중 감소지역
(총 106개 지역=시단위 27개+군 단위 79개)]

지역	비율	지역	비율	지역	비율	지역	비율
신안군	0.21	강진군	0.32	태백시	0.44	보령시	0.62
진안군	0.21	부안군	0.33	정읍시	0.44	안동시	0.62
임실군	0.23	구례군	0.33	울진군	0.45	영주시	0.63
영양군	0.24	완도군	0.33	남원시	0.45	김천시	0.66
정선군	0.26	해남군	0.33	고성군	0.46	철원군	0.66
함평군	0.26	장성군	0.33	거창군	0.46	공주시	0.67
보성군	0.26	산청군	0.33	화순군	0.48	가평군	0.73
울릉군	0.26	영덕군	0.33	화천군	0.48	사천시	0.75
장수군	0.27	영광군	0.34	삼척시	0.48	음성군	0.76
봉화군	0.27	하동군	0.35	고성군	0.48	양평군	0.77
순창군	0.28	청양군	0.35	옥천군	0.48	연기군	0.77
합천군	0.28	함양군	0.36	예산군	0.49	청원군	0.79
진도군	0.28	남해군	0.36	영암군	0.50	제천시	0.79
의성군	0.29	청도군	0.37	양구군	0.50	당진군	0.82
괴산군	0.29	성주군	0.37	고령군	0.50	서귀포시	0.82
장흥군	0.29	나주시	0.37	인제군	0.51	진천군	0.82
고흥군	0.29	김제시	0.38	태안군	0.51	충주시	0.87
곡성군	0.29	담양군	0.38	영천시	0.52	경주시	0.89
청송군	0.29	서천군	0.38	홍천군	0.52	통영시	0.90
군위군	0.30	부여군	0.39	무안군	0.53	여수시	0.96
예천군	0.30	창녕군	0.40	밀양시	0.55	군산시	0.96
의령군	0.30	평창군	0.40	논산시	0.55	여주시	0.97
고창군	0.30	횡성군	0.42	완주군	0.56	서산시	0.97
무주군	0.31	영동군	0.42	양양군	0.57	동해시	0.98
영월군	0.31	문경시	0.43	홍성군	0.57	증평군	0.99
보은군	0.31	금산군	0.43	연천군	0.60		
단양군	0.31	상주시	0.43	함안군	0.61		

출처: 통계청, 필자 편집

이 106개 지역의 인구는 1975년 1,370만 명에서 2010년 698만으로 반토막이 났다. 이 기간 중 우리나라 전체 인구가 약 40% 정도 증가해 약 1,390만(3,470만→4,860만) 명이 늘어났으므로 이 106개 지역의 인구는 실제로 1/3 토막으로 축소된 것이나 다름없다. 1975년 이후 2010년까지 수도권 인구는 약 1,450만 명 정도 증가했는데, 이는 106개 인구감소 지역에서 줄어든 670만 명과 1975년 이후 2010년까지 늘어난 1,390만 명 중 약 780만 정도가 수도권으로 집중됐음을 뜻한다.

1960년 이후 진행된 도시화는 한마디로 전국의 농촌, 소도시 등지에서 수도권 등 대도시나, 산업기반을 갖춰 온 공업도시로 인구가 몰린 것에 다름 아니다. 1990년대 말까지 도시화율 80% 이상이 진행된 급속한 도시화 과정은 산업화의 물결 속에서 전국의 농촌과 소도시의 인구감소라는 희생을 바탕으로 이루어 온 것이다. 반덴베르그 도시성장이론에 의하면 [표 4-7]에 보인 것같이, 1975년 이후 인구가 감소한 106개 지역은 도시쇠퇴기(역도시화, 재도시화)를 경험하고 있는 것이다. 106개 인구감소지역 중 절반이 넘는 69개 지역은 1975년에 비해 인구가 절반 이하로 줄었다. 심각한 '역도시화'가 아닐 수 없다.

대도시로 인구가 집중하는 과정에서 발생한 문제는 어떤가? 인구가 집중된 대도시의 문제는 많은 사람의 관심 아래 해결을 위한 여러 시도가 진행된다. 그러나 급격히 인구가 감소한 지방은 문제가 눈덩이처럼 불거져 가는데도 쉽사리 공론화되거나 관심과 조명을 받지 못했다.

인구감소가 초래한 문제는 단연 해당 지역의 경제 쇠퇴였다. 사람이 없는 곳에 소비가 줄어 돈이 돌지 않으니 경제 활력이 떨어지는 것은 당연한 것이다. 인구는 감소했지만 상업유통망은 혁신했다. 1990년부터 들어서기 시작한 편의점과 마트, 그리고 2000년대 이후 거의 전방위적으로 늘어난 프랜차이즈 영업구조는 지역경제를 더욱 수렁으로 몰고 가는 데 일조했다. 지역에서 쓰인 돈이 지역에서 돌지 않고 대부분 유통망 본사가 있는 대도시(서울)로 몰리기 때문이다. 기업 입장에서는 지역을 불문하고 매출을 집중하게 되지만 지방경제의 거점이 되었던 지역자본은 성장경로를 잃게 되었다.

인구감소의 두 번째 문제는 기반인프라의 투자효율을 저하시킨다는 점이다. 사람이 많은 곳에 수도관을 설치하여 여러 가구가 혜택을 보는 것과 도시 외곽에 홀로 떨어진 집에 수도관을 연결하는 것은 인프라 효율을 엄청나게 떨어뜨리는 일이다. 기반인프라 뿐 아니라 교육, 의료, 공공행정 등 공공서비스의 효율도 떨어뜨린다. 인구감소 지역에 기반인프라를 재생하기가 어려운 이유이다. 인구감소로 경제는 활력을 잃고 생활에 필요한 편의서비스의 질도 떨어지는데 누가 지방에 살려고 하겠는가. 인구감소의 부작용은 바로 지역 낙후의 악순환을 양산한다는 점이다.

우리나라 도시화의 두 번째 특징으로 2000년 이후 강화되고 있는 수도권과 부산권의 교외화(광역화) 현상을 들 수 있다. 1960년 이후 초반 30년 동안 서울과 수도권은 급격한 인구증가를 경험했다. 이후 20여 년은 그로 인한 도시문제를 해결하는 과정의 연속이었다. 집값이 폭등하는 가운데 신도시를 건설했고, 환경악화에 직면하자 도시 내 산업시설을 외곽으로 옮겼다. 콩나물시루 같은 출퇴근 전쟁을 개선하고자 전철과 간선도로를 놓았고, 슬럼화된 주거환경을 아파트로 재개발했다.

신도시 건설은 도시 중심지역의 과밀을 해소하며 교외화를 촉진하는 계기가 되었다. 또 1990년대 줄곧 안정적인 주택가격을 유지하는 배경이 된 것도 사실이다. 그러나 앞서 살핀 반덴베르그의 이론처럼 교외화 이후 인구감소 시기가 도래할 경우 교외화로 넓어진 도시가 직면할 문제점에 대해 대책을 준비해야 한다는 시사점을 던지고 있는 것이다.

우리나라 도시화 과정에서 읽히는 세 번째 특징은 지하자원을 기반으로 했던 1차 산업도시의 몰락을 들 수 있다. 1960년대 이후 산업화의 촉매 역할을 했던 지하자원 도시는 강원도 남부권과 영호남 일부 지역에 걸쳐 소규모 도시를 형성하였다. 지하자원의 채굴과 함께 지역경제를 불러일으켜 한동안 사람들의 발길이 이어졌다. 태백시의 경우 그 같은 결과로 1981년에 인구 10만 명을 넘으면서 시로 승격되기도 했다. 삼척, 문경 등도 인근 지역에 활발했던 광산업에 기반해 도시로 성장한 경우이다.

그러나 이들의 생명력은 그리 길지 못했다. 이미 지난 1980년대 후반에 정부는 석탄산업 합리화 정책을 발표하면서 산업 구조조정을 예고했다. 이에 따라 1990년대와 2000년대 초반까지 전국의 무연탄 광산들이 거의 문을 닫았다.

이들 도시의 몰락은 향후 어떤 이유로든 몰락하는 도시를 처리하는 선례를 남긴다는 점에서 유의하게 살펴볼 필요가 있다. 최근에는 조선산업 부진으로 거제 등 남해안 공업도시가 활력을 잃어 가고 있다. 산업기반 몰락과 인구감소로 쇠퇴하는 도시를 어떻게 재생해야 하는지 그 의미를 새겨볼 필요가 있을 것이다.

16장

살리는 도시, 죽이는 도시

1960년 이후 우리나라의 도시화는 경제성장과 마찬가지로 근 30여 년에 걸쳐 고속·압축적으로 성장해 왔음을 확인했다. 앞에서 살핀 우리나라 도시화의 특징을 몇 가지로 요약해 보면 ① 대도시와 공업도시 인구집중과 전국 106개 지역(전국 기초자치단체+광역시의 약 2/3)의 인구감소, ② 수도권과 부산권의 교외화(광역화) 현상 대두, ③ 정부정책에 따른 산업기반 도시의 성장과 몰락으로 정리할 수 있다.

고속·압축적 도시화가 남긴 이 세 가지의 특징들은 우리에게 해결해야 할 중요한 과제를 남기고 있다. 서울을 비롯한 광역도시들은 그들대로, 산업기반 하에 아직은 굴러가고 있는 공업도시는 도시대로, 또 인구감소로 도시쇠퇴를 경험하고 있는 106개 지역들은 그들대로 미래에 적어도 쇠퇴하지 않기 위한 대응을 필요로 한다.

나아가 이 과제는 인구감소, 고령화, 저성장, 양극화 등 부정적인 미래전망과 결부될 때 그 해결의 중요성이 더욱 배가된다. 대응결과에 따라 미래 우리의 삶에 많은 영향을 미칠 것이기 때문이다.

도시들이 당면한 이 쇠퇴흐름을 극복하려는 해결책으로 '도시재생'을 주목하는 이유가 여기에 있다. 도시재생은 인구감소, 도시기반시설 노후화, 도시경제 위축 등으로 발생한 도시쇠퇴를 막으려는 몸부림이다.

「도시재생활성화및지원에관한특별법」[90]에 따르면 도시가 쇠퇴해서 재생이 필요한가를 결정하는 세 가지 지표가 있다. 바로 '인구감소', '사업체 수 감소', '생활환경 악화'이다. 특정 지역이 법에서 정한 이 기준에 해당되면 도시재생이 필요하다고 보는 것이다. 먼저 '인구감소' 기준은 최근 30년간 인구가 가장 많았던 시기와 비교하여 20% 이상 인구가 감소하거나 최근 5년간 3년 이상 연속으로 인구가 감소하는 것이다. '총 사업체 수의 감소' 기준은 최근 10년간 총 사업체 수가 가장 많았던 시기와 비교하여 5% 이상 감소하거나 최근 5년간 3년 이상 연속으로 감소하는 것을 말한다. 마지막으로 '생활환경 악화' 기준은 전체 건축물 중 준공된 후 20년 이상 지난 건축물이 차지하는 비율이 50% 이상인 경우를 말한다.

도시재생은 우리의 과거, 현재, 미래를 고려했을 때 피할 수 없는 과제임에 분명하다. 도시재생의 현황을 확인하고자 앞서 제기한 우리나라 도시화 세 가지 특징을 대표할 만한 도시를 조사하였다. 이하에서는 이들 도시들이 직면한 문제와 그 생존 방향을 중심으로 논의를 이어가고자 한다.

먼저 인구감소를 경험한 지방도시의 재생과정을 살피기 위해 경북 안동과 전북 임실지역을 둘러봤다. 안동은 조선조 이래 경북 북부지역의 거점

---

90 제13조 및 시행령 제17조

도시였는데 도시화 과정에서 이렇다 할 발전을 이루지 못한 채 인구감소에 노출된 지방 중소도시이다. 한편 전북 임실은 지난 1950년대 인구 10만이 넘는 번성한 곳이었으나 도시화를 거친 60년 동안 전국에서 인구가 가장 많이 감소된 지역 중 하나이다.

두 번째 수도권 교외화 현상에 대한 현황과 문제점을 찾아보기 위해 성남시를 둘러보았다. 성남시는 지난 60년간 서울의 교외화에 따른 네 번의 신도시 개발과정을 거쳐 인구 100만의 자족도시로 거듭난 곳이다.

세 번째 산업도시의 성장과 몰락이라는 특징을 대표할 만 곳으로는 강원도 탄광도시에서 카지노 레저지역으로 거듭난 고한·사북을 선정하였다. 이 지역은 산업기반이 항구적이지 않을 때 언제든지 도시는 쇠퇴하고 그 부작용에 노출될 수 있음을 역사적으로 보여 준 곳이다.

[표 4-8. 지난 60년간 도시화 특징과 각 특징별 도시의 재생 현황 조사]

도시화 과정의 특징	해당 도시	비고
① 대도시와 공업도시 인구집중과 전국 106개 지역	안동 임실	농촌 도시
② 수도권과 부산권의 교외화(광역화) 현상 대두	성남 분당	신도시
③ 정부정책에 따른 산업기반도시의 성장과 몰락	고한 사북	산업도시

인구감소: 안동, 임실 → 지역성 확보와 인구증가

1975년과 비교해 인구가 감소한 106개 지역은 서울, 경기, 지방광역시 권역을 제외한 전국 대부분의 지역에 해당된다. 인구감소 지역의 대체적인 공통점은 도시화 진행 기간 내내 해당 지역의 인구유출을 막을 만한 경제·산업적 성장을 이루지 못했다는 것이다. 온 나라가 고속 성장을 이루던 시기에도 마련되지 못한 경제·산업적 기반이 현재에 와서 확보될 가능성은 거의 없다. 그 사이 인구감소는 단순한 감소를 넘어 남아 있는 인구의 고령화로 이어지고 있다.

[그림 4-10. 임실, 안동의 인구증감 추이]

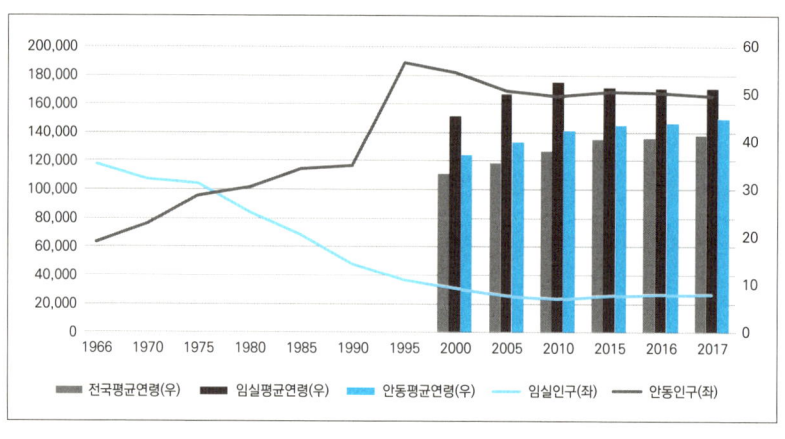

출처: 통계청, 인구총조사

[그림 4-10]에서 보다시피 2017년을 기준으로 전국민 평균 연령이 40세에 약간 미치지 못하는 데 반해 안동과 임실은 전국 평균을 상회하고 있다. 특히 임실의 경우 평균 연령이 2005년에 이미 50세를 넘어서 고령인

구 비중이 타 지역에 비해 월등히 높은 수준임을 짐작할 수 있다. 실제로 임실의 65세 이상 인구 비중은 2017년 약 33.3%로 13.9%인 전국 평균의 두 배가 넘는 수준이다. 급격한 인구감소 후 정체된 인구의 고령화가 빠르게 진행되고 있는 것이다.

이 같은 악조건에서 이 지역들의 미래는 무엇으로 확보될 수 있는가? 각 지역의 도시개발 담당자들은 이 문제의 해답으로 지역성(Locality)을 제시했다. 지역이 갖는 가장 근원적이고 차별화된 가치가 인구감소와 산업기반 붕괴를 지켜 줄 마지막 무기가 될 것이라는 점을 익히 알고 있었다. 지역성을 살리기 위한 도시재생은 지역의 역사, 문화, 특산물 등 고유가치를 부각하여 축제, 경관조성, 거리조성, 마을가꾸기 등 사람들의 발길을 끌기 위한 노력으로 진행 중이었다. 또 정부정책에 따라 지역민 삶의 질을 높이기 위한 공모사업도 지자체별로 시행하고 있었다.

이 가운데 '축제'는 전국의 거의 모든 지역이 활용하는 소재다. 대개의 경우 야외 활동을 하기 좋은 계절에 역사, 특산물, 문화, 자연환경 등을 연계하여 축제가 진행되고 있다. 안동의 세계탈춤 문화제나 임실의 치즈축제도 그 중 하나다. 사실 축제는 우리 도시에서 나름 수십 년의 역사를 보유하고 있었다. 1970년대 이후 지역별로 대표적인 소재 한두 개에 맞춰 진행되던 축제는 2000년대를 지나오면서 지방도시의 사활을 건 경쟁 양상으로 변질되었다. 소재도, 횟수도 엄청나게 늘어난 것이다.

드라마나 영화 촬영지라는 유명세는 물론, 해당 지역 노래를 홍보하는가

하면, 과거 폐 산업시설을 문화 공간화하는 노력 등 지역을 도드라지게 할 수 있는 것이면 무엇이든 소재로 삼고 있는 실정이었다.

강원 강릉시의 경우 1년에 무려 18개의 축제를 진행한다. 정도는 다르지만 약 9개 이상의 축제를 진행하는 지자체가 무려 35개 지역에 이른다.[91] 1년 내내 축제가 있는 셈이다. 성공한 축제들이 생겨난 것도 사실이지만 천편일률적인 한때의 이벤트가 반복된다는 인상을 지울 수 없다.

영덕만의 대게는 어느새 울진, 삼척 등 동해안 전 연안까지 이어졌다. 마늘, 고추장, 고추, 사과, 복숭아, 양파, 대파 등의 농산물도 저마다 어느 지역의 대표 산물이 된 지 오래다. 이런 가운데 임실은 치즈라는 비교적 고유한 지역상품을 확립하는 데 성공했다. 안동은 간고등어, 문어, 소주, 식혜 등 비교적 지역 고유의 음식물을 비롯해 문화유산도 풍부한 곳이다. 조선조 이래 형성된 역사적 전통이 기반이 되었기 때문이다.

인구가 감소하는 지방도시의 살길은 이렇듯 힘겹다. 고유한 지역성을 살리는 길만이 향후 지역이 생존하는 길임을 모두가 다 안다. 여러 가지 시도가 있으나 대개의 노력이 비슷한 패턴으로 이어지고 있다. 심지어 이 같

---

91 서울 마포(9), 부산 해운대구(19), 영도구(9), 남구(9), 대구 달성군(10), 중구(12), 대전 동구(12), 울산 북구(9), 남구(12), 경기 양주시(12), 이천시(9), 김포시(9), 부천시(10), 강원 강릉시(18), 삼척시(13), 춘천시(13), 속초시(10), 원주시(11), 정선군(11), 충북 충주시(14), 청주시(9), 충남 공주시(12), 당진시(13), 보령시(11), 서산시(10), 전북 고창군(10), 전주시(9), 정읍시(9), 전남 해남군(13), 완도군(9), 경북 영덕군(10), 예천군(9), 경남 거제시(9), 창원시(13), 하동군(9)

은 지역에 도시재생을 접합하려는 시도 또한 마찬가지다. 벽화를 그리고, 문화재를 연계하고, 관광상품을 만들고, 역사와 결합하는 등 지역 특성을 찾기 위한 노력이 활발하게 전개되고 있다.

[그림 4-11. 1960년대 임실거리]   [그림 4-12. 현재의 임실 제일극장]

출처: 임실군청 임실군사

지역성을 살리려는 저마다의 노력에는 한 가지 공통점 있다. 바로 지역 경제를 살려 고용을 창출하고 지역민의 거주여건을 개선하려는 노력이라 기보다 사람들의 발걸음을 끄는 것에 초점이 맞춰져 있다는 점이다. 외부인의 발길을 끌어 일시적으로 소비를 늘린다고 해서 지역의 정주여건이 개선될지는 의문이다. 그야말로 주변적 수단밖에 되지 못하기 때문이다.

도시재생을 위한 다양한 시도와 병행해서 보다 근본적으로 문제를 해결하는 노력이 요구되는 것은 이러한 맥락 때문이다. 인구가 줄어들어 발생한 문제는 인구를 늘려야 해결된다. 인구가 늘어나도록 출산정책을 현실화하고 아이 키우기 좋은 나라를 만드는 것이 우리의 도시문제를 푸는 가장 근본적인 대안이라는 말이다.

그렇다면 어떻게 인구를 늘릴 것인가? 아니, 왜 대한민국 사람들은 아이를 낳지 않는가를 먼저 살펴야 한다. 2016년 전 세계 평균 출산율이 2.44명인데 우리나라의 출산율은 1.17명이다. OECD 평균도 1.74명으로 우리보다 높다. 우리나라는 전 세계에서 아이를 가장 적게 낳는 나라 중 하나이다.

아이를 낳지 않는 이유는 그리 복잡하게 살펴볼 일이 아니다. 한국인의 삶이 팍팍하기 때문이다. 무엇보다 경제적으로 그렇다. 아이를 양육하는 동안 소요되는 교육비는 세계 최고 수준이다. 초등학교 입학 전부터 사교육비가 들어간다. 교육경쟁의 정점에 있는 대학, 그리고 이후 취업 등 경제활동 지위를 차지하기 위해 많은 사교육비가 투입된다. 교육 이외에 주거비용도 만만찮다. 수도권의 경우 주택을 마련하려면, 십 여 년의 소득을 모아야 한다. 중산층이 엷어져 가면서 계층별로 소득격차는 점점 심해지고 있다. 격차는 경쟁을 심화시키고 경쟁이 심해진 사회에서 구성원의 삶은 물질적으로든 정신적으로든 팍팍하기 마련이다. 삶이 팍팍한 곳에서 새로운 생명을 만들지 못하는 것은 어쩌면 당연한 현상 아닌가.

이렇게 아이를 낳지 않아 인구가 줄고, 그나마 태어나는 아이들은 현저한 격차사회에서 조금이라도 나은 지위를 확보하기 위해 엄청난 비용을 들여가면서 경쟁에 나선다. 그리고 그나마 출생한 인구마저 산업기반과 인프라가 충분한 대도시로 집중된다. 이런 주거 지형하에서 인구가 감소한 지방도시는 슬럼화되고 있다. 대도시는 매우 높은 주거비를 부담해야 한다. 이것이 오늘의 우리 현실이다.

도시를 살리기 위해 인구를 늘려야 하는데 인구를 늘리기 위해서는 교육, 주거, 복지, 소득 등 국민의 생애기간 동안 삶이 지금보다 여유로워지도록 제도개선이 필요하다. 나아가 국민들의 행복지수를 함께 올리기 위한 공동체의식 개혁도 요구된다. 막대한 작업이다. 그러나 어렵지만 이 작업이 우리가 살고 있는 도시를 지키고 지역을 살리기 위한 가장 근본적인 대책임은 틀림없다.

방대하고도 막대한 인구정책을 뒤로한다면 현실적으로 인구감소지역, '역도시화' 지역을 살려 낼 수 있는 구조적 대안으로는 '센터도시 중심의 정주구역 재편'을 고려해 볼 수 있다. 이는 먼저 안동과 임실 같은 개별 지역의 지역성을 다각도로 살피고 일정 기간 지역성 확보를 위한 노력을 전제로 하는 것이다. 이 같은 노력 후에도 입체적으로 평가된 지역성 수준이 일정 기준에 미치지 못한다면 이웃 지역과의 통합을 추진하는 등 보다 과감한 조치가 수반되어야 할 것이다.

'센터도시 중심의 정주구역 재편'은 도시를 규모별로 대-중-소 3개 레벨로 나누어 이를 하나의 정주구역으로 제도화하는 것이다. 주민 생활이 구역 내에서 완결될 수 있도록 '현재보다 체계화된 광역 권역'을 설정하는 것이다. 이렇게 설정된 권역을 동일 행정구역으로 편성하는 등 제도적 장치가 뒷받침되면 실효성을 확보할 수 있다는 점에서 지역쇠퇴를 막기 위해 검토해 볼 만한 주제라 할 수 있다.

'센터도시 중심의 정주구역 재편'은 서울을 비롯한 광역시 그리고 인구

50만 이상의 지역 거점도시를 하나의 지역센터로 두고 이를 인근 중소도시-군 이하 지역과 연계해 권역화하는 것이다. 그리고 센터도시-중소도시-군 이하 지역은 각 차원별로 도시의 기능을 차별적으로 부여하는 것이다.

현재 전국의 특별·광역시에 전주, 창원, 청주 등을 센터 급 도시로 설정하여 인근의 중소도시와 군단위지역과 묶어 낸다. 지역 위치상 인구 50만 이상의 센터 급 도시를 보유하지 못한 지역, 예를 들면 경북 북부, 강원 남부, 동해안, 충북 내륙 등의 경우는 현재 기준으로 시도 간 경계를 넘어 약 1시간 이내의 인근 도시와 연계된 하나의 생활권역을 확보한다. 충주·제천·원주, 안동·영주·점촌, 강릉·속초·동해, 순천·광양·여수 같은 곳이 그 예가 될 수 있다.

서울 교외화: 성남 → 재건축 재개발의 공공성 강화

성남은 서울의 최대 위성도시이자, 신도시 개발의 역사를 고스란히 안고 있는 도시이다. 1969년 광주 대단지 이전을 비롯해 1989년 분당, 2003년 판교, 2008년 위례로 이어지는 신도시 개발은 폭발적인 산업화와 도시화 과정에 나타난 대도시 서울의 문제를 해결해 가는 수단으로 성남이라는 새로운 도시를 만들었다고 해도 과언이 아니다.

그러나 신도시 이후 시간이 지나면서 노후 주택과 아파트를 어떻게 재생할 수 있을지 서서히 관심이 모아지고 있다. 광주 대단지 이전 후 태평동, 수진동, 금광동, 신흥동 등 성남시 수정구, 중원구 일대는 60년 가까이 지나도록 개발이 정체되어 있다. 분당 신도시는 30년이 되어 가면서 아파트 노후화로 인한 문제가 가시화되고 있다. 과거 서울의 교외화로 조성된 성남이 앞으로 맞이할 주거환경 재생은 성남이 풀어야 할 큰 숙제로 남아 있다.

[그림 4-13. 성남지역 신도시 개발 현황]

출처: 카카오맵(https://map.kakao.com)

광주 대단지 이전으로 만들어진 구 성남 일대의 주거지역은 대도시에서 좀처럼 보기 힘든 독특한 면을 보인다. 대략 20평의 대지 위에 지하부터 4층 옥탑까지 한 건물에 약 8세대 안팎의 다가구주택들이 밀집되어 있다. 밀집된 주택들은 마치 과거 광산촌의 사택을 연상시킬 정도로 거의 동일한 형태를 띤다. 건물주 한 명당 7~8세대의 임차인이 있으니 이 지역을 재개발 하자면 임차인에 대한 이전비용만으로도 상당한 부담이 될 것이다. 일부 지역이 아파트 단지로 재개발을 선행한 예가 있긴 하지만 지역 내 대부분의 주택은 개별적인 유지·보수로 오늘에 이르고 있다. 현재 행정동을 중심으로 꾸준히 아파트 재개발을 추진 중이나 사업진행이 원활하지 않은 것이 사실이다.

[그림 4-14. 광주대단지 이전지역의 주택(성남시 구 도심 일대)]

구 성남의 재개발이 직면한 문제는 큰 틀에서는 여타의 도시재개발사업과 다르지 않다. 바로 세입자의 주거권 확보이다. 그러나 이 지역이 과거 도시 저소득층의 집단 이주로 형성된 지역임을 감안하면 재개발을 통해 이들을 다시 정착시켜야 하는 문제를 도외시 할 수 없다. 다시 말해 슬럼지역을 개선하여 실제적으로 도시 저소득층의 주거지로 어떻게 다시 확보할 수 있는가의 문제로 귀결된다.

지금까지 우리가 진행해온 주택 재개발사업은 무엇인가? 재개발사업은 일정 구역을 설정하여 지역 주민이 재개발 추진을 결의하면서 시작된다.

건설사가 재개발 시공권을 확보할 요량으로 재개발 추진 주체(재개발추진위원회 이후 재개발조합)에 접근하여 사업 추진비용 일부를 부담하며 사업 진행을 돕는다. 과정에 사업허가권자인 지자체로부터 높은 용적률을 확보하는 것과 법상 규정된 재개발 진행단계를 빠르게 추진하는 것이 관건이다. 왜냐하면 용적률이나 사업 속도는 재개발을 통해 얻을 수 있는 재산상의 이익과 결부된 가장 핵심적인 요인이기 때문이다.

큰 틀에서 보면 도시 재개발사업을 통해 낡고 노후화된 기존의 주택을 철거한 후 기존보다 많은 수의 주택을 짓는다. 나아가 이전에 없던 도로, 학교 등의 공공 인프라까지 건설한다. 재개발조합은 공공 인프라를 지자체 등에 기부채납하면서 지자체가 허가해 준 높은 용적률에 화답한다. 또 세입자 등 저소득층 주민을 위한 대책으로 소형 임대아파트를 전체 세대수의 일정 비율로 건축한다. 안전과 미관을 해치는 노후 주택을 철거하고 산뜻한 아파트 단지로 바꾸어 세입자의 주거대책과 공공 인프라까지 해결하는 재개발사업인데 왜 그토록 문제가 많은 것인가?

재개발사업은 기본적으로 개인이 소유한 토지나 주택 즉, 사유재산의 개량사업이다. 따라서 그 사업을 최대한 재산소유자의 뜻에 따라 진행할 수 있도록 하는 게 합리적이다. 내 집이 오래되고 낡아서 새로 지어야 한다면 이는 당연히 집주인의 몫이다. 그런데 재개발사업은 단순히 내 집만을 고치는 일이 아니다. 적게는 수백에서 많게는 수천 명의 내 집 소유자는 물론, 그곳에 세 들어 사는 사람들, 또 상인들, 상가에 세든 임차상인 등 재산 소유나 활용관계에 따라 다양한 이해관계인이 관여한다. 공공은 이렇게 얽혀 있는 민간의 이해관계에 관여하지 않으려 한다. 사업 추진절차 등 일정한 원칙만을 제도화할 뿐 실제적인 이해관계에 관여하는 것은 자칫 주민자치의 뜻을 왜곡했다는 빌미가 되므로 아예 그런 오해를 만들려 하지 않는다. 주민들은 우리 지역이 재개발된다고 하니 '집값이 오르겠구나' 기대한다. 세입자 등 소유자가 아닌 사람들은 재개발이 되면 이곳에서 쫓겨나 새로운 삶터를 구해야 한다는 압박으로 불안해진다.

이해관계자별로 재개발사업을 바라보는 시선이 이렇게 상이하다. 여기에 건설업자는 시공권을 확보하기 위해 그간의 재개발사업 경험으로 확보한 다양한 팁을 재개발 주체에게 제공한다. 세대수 구성, 평수 구성, 감정평가, 기부채납, 진행일정 등 정답이 정해지지 않은 사안에 대해 경험을 앞세워 조력한다. 공식 절차를 통해 시공사로 선정되고 나면 재개발 조합과 시공사의 갑을관계는 사실상 종결된다. 이후에는 거의 전적으로 시공사의 힘에 의해 사업이 진행되는 사례가 비일비재하다.

이것이 우리가 그간 진행해 왔던 도시재개발 또는 재건축사업의 단적인 전형이다. 사업과정상 표출되는 갈등은 각각의 이해관계에 따라 다양하다. 내 집인 사람들끼리는 더 많은 재산가치를 확보하자는 갈등, 내 집인 사람과 세 든 사람 간에는 소유권(내 집)이 우선이라며 임차권을 무시하는 갈등이 발생한다. 사업 주체인 조합(민간)과 사업허가권자인 공공(관청) 간에는 사유영역과 공공영역을 더 확보하려는 갈등이 발생한다. 사업 주체와 시공사 간에는 원가와 이윤 간의 갈등 등이 빈발한다. 그중에서 가장 큰 갈등은 재개발사업으로 인해 자신이 보유한 '불완전한 재산권'을 상실하는 이들과 사업 주체와의 갈등이다. 바로 세입자, 임차상인들에 대한 보상문제다. 이들을 위한 가장 확실한 보상은 재개발사업이 이들의 현재 주거 상태나 생계에 영향을 주지 않는 정도가 되는 것이다. 그러나 현실적으로 그런 보상은 없다. 주거이전비 등 보상금으로는 타 지역에 가서 세를 구하기 어렵다. 상인들이 지불한 권리금 등은 아예 보상대상도 아니다.

갈등이 자율적으로 원만하게 해결된다면 얼마나 좋겠는가. 그러나 도시재개발이 표출한 갈등이 원만하게 해결된 사례보다 심각한 사회문제를 양산한 사례가 더 많다. 일찍이 목동 신시가지 개발사업부터 2006년 용산 재개발로 인한 참사까지 집단화된 사적재산을 개량하는 사업은 많은 갈등과 희생이 뒤따랐던 것이 사실이다. 왜 그런가? 그에 대한 답을 찾고자 많은 연구와 대안이 제시되었지만 우리는 여전히 속 시원한 답을 찾지 못하고 있는 게 사실이다. 다만 문제의 본질이 '집단화된 사유재산과 그에 따른 제한적 공공성'에서 발생한다는 점은 비교적 분명해졌다. 그런 면에서 재개발사업이 아무리 사유재산의 문제라지만 사업을 추진하는 과정은 공공성을 대폭 강화해야 한다는 점을 지적하고 싶다.

재개발사업을 분해해 보면 사업목적은 사유재산과 공공성의 대립으로 충돌할 때가 많고 사업추진과정은 집단화된 사유재산의 개선과정을 어떤 주체가 어떤 과정으로 처리할 것인가로 충돌할 때가 많다.
먼저 사유재산과 공공성의 대립은 집단화된 사유재산을 개량하면서 주거환경 개선이라는 제한적 공공성을 실현하는 데 그 공공성에 대한 대가를 오롯이 사유재산 소유자에게만 귀속시키는 문제로 연결된다. 물론 반대로 그에 상응하는 개발이익도 보장해 왔다. 재산개량에 드는 비용, 그로 인한 개선효과 등을 재산소유자에게 부담·귀속시키는 것이야 당연하다. 그러나 문제는 이것이 일정 규모로 집단화하면서 생기는 공익 차원의 효과이다.

재산가치를 최대한 인정해 준다는 원칙 속에서 비용은 적게 들이고 개발이익은 극대화해야 한다는 이윤논리가 사업 제1의 목표가 된다. 이 같은 목표하에서 재개발사업으로 삶의 터전을 잃어버린 사람들에게 적정 보상이란 요원한 일이 된다. 단적으로 말해 지방정부는 이익이 없는가? 주거환경 개선이 개인만의 문제가 아니라 그 와중에 도로용지를 확보하고 학교나 상하수도시설 등 공공 인프라를 사유재산 소유자에게 부담시키면서 주거환경 개선으로 실현되는 공공의 이익에 대해서는 지방정부는 어떤 부담도 지지 않는다. 원칙적으로 그들이 해야 할 일의 상당 부분을 재개발조합이 처리하는데도 말이다. 사유재산이라고는 하나 개발이익의 일정 부분을 제한하고 반대로 세입자 등 보상비용 등을 공공이 일정 부분 부담하는 조치가 필요한 이유가 여기에 있다.

두 번째로 재개발사업의 추진과정을 보면 철저하게 주민자치를 중심에 두고 설계됐다는 점을 부인하기 어렵다. 이 역시 사적자치의 원칙에 충실한 결과라고 보인다. 그러나 재개발사업과정에 나타나는 수많은 갈등, 부정부패 등의 문제를 놓고도 계속 이 원칙만을 지켜야 하는지는 의문이다. 나의 집이라고 하지만 나의 집을 주장하는 수백 명이 모여 있을 때에는 단순히 우리의 집이 아니다. 따라서 재개발사업의 추진과정에도 공공성을 확보할 필요가 있다. 사업추진 전문가뿐만 아니라 공익을 고려한 재개발사업이 될 수 있도록 주체를 양성하고 과정을 재편해야 한다.

[표 4-9. 성남시 유형별 주택 현황(2018년 12월 현재)]

(단위: 호)

구분	합계	공동주택				단독주택	기타 주택
		소계	아파트	연립	다세대		
성남시	344,265	218,008	174,043	10,174	33,791	124,606	1,651
수정구	98,720	35,984	23,900	590	11,494	62,115	621
중원구	93,770	49,187	27,938	742	20,507	43,795	788
분당구	151,775	132,837	122,205	8,842	1,790	18,696	242

출처: 성남시 홈페이지

분당지역 1기 신도시 아파트의 재건축은 성남 구도심 재개발과 성격이 다소 다르다. 노후 아파트를 어떻게 개량할 것인가, 어떻게 사업성을 확보할 것인가가 관건이다. 이와 관련해 재건축을 비롯해서 수직증축(리모델링)이 논의되고 있었다. 문제는 용적률 180% 수준인 분당지역 아파트를 재건축해서 재산가치를 유지하는 것이다. 이는 지가상승, 인구감소 등 미래전망하에서 1970~1980년대 지어진 아파트와 1기 신도시 이후 아파트의 재건축 사업성이 확연히 차이 나기 때문이다.

이런 가운데 지난 2014년 4월부터는 지은 지 15년 이상 된 아파트에 대해 수직증축 리모델링이 허용됐다. 수직증축이 허용되면서 15층 이상은 최대 3개 층, 14층 이하는 최대 2개 층까지 증축이 가능해졌다. 수직증축으로 기존 가구 수의 15%까지 늘릴 수 있어 같은 조건이라면 재건축보다

리모델링 사업성이 더 좋아진 것이다. 분당에서 현재 5개 아파트가 시범적으로 리모델링 사업을 추진 중이다.

성남 분당의 아파트들은 향후 최소한의 사업성으로 재건축되어야 한다는 한계를 가지고 있다. 좀 더 극단적으로 말하면 재건축이나 리모델링에 소요되는 비용을 종전과 달리 개발이익으로 충당하지 못할 수도 있다는 뜻이다. 어쩔 수 없이 자기 집을 개량하는 데 들어가는 실비를 소유자가 부담해야 하는 시기가 다가오고 있다. 공동주택이므로 이 역시 동일한 입장에 있는 사람들 중에서도 다양한 의견이 있을 수 있고 나아가 갈등양상을 잠재하고 있다. 따라서 주택가격이 더 이상 오르지 않고, 수요가 뒷받침되지 않는 노후 아파트를 어떻게 개량할 것인지에 대한 전향적인 시각의 전환이 필요하다.

자원도시의 몰락: 고한·사북 → 도시 재활

최근 논의가 활발한 도시재생의 방향이 지역의 정주인구를 늘리는 것이 아니라 사람들의 발걸음이 끊이지 않는 데 집중돼 있음을 앞서 지적했다. 어쩌면 도시를 살리고자 하는 현실적 타협일지도 모른다. 도시가 다시 활성화되는 것은 매우 요원하고도 이루기 힘든 목표라는 암묵적 인식이 내재된 게 아닌가 할 정도이다. 생명으로 치면 죽어 가는 생명을 되살리는 일이다. 이는 사람의 노력으로 가능한 일이 아니라 신만이 관장하는 영역이다. 도시재생은 도시의 생명을 어떻게 해서라도 연장하거나 되살려 내려는 노력이다. 특히 산업기반이 무너져 더 이상 사람이 살 경제적 근거가 희박한 지역의 경우라면 더 말할 게 없을 것이다.

과거에 번성했던 경제적 기반을 경험한 도시는 어떻게 해야 하는가? 과거와 상응하는 산업 근거를 확보하는 것이 방법일 텐데 이는 말처럼 쉬운 일이 아니다. 도시쇠퇴에 따른 급격한 충격을 완화하고자 극약처방에 가까운 시도가 있어 왔지만 한번 꺾여 버린 꽃이 쉽게 되살아나지 않는다. 1960년대를 전후하여 탄광촌으로 형성되어 이후 약 30여 년 번성했던 고한·사북이 그 사실을 여실히 증명하고 있다.

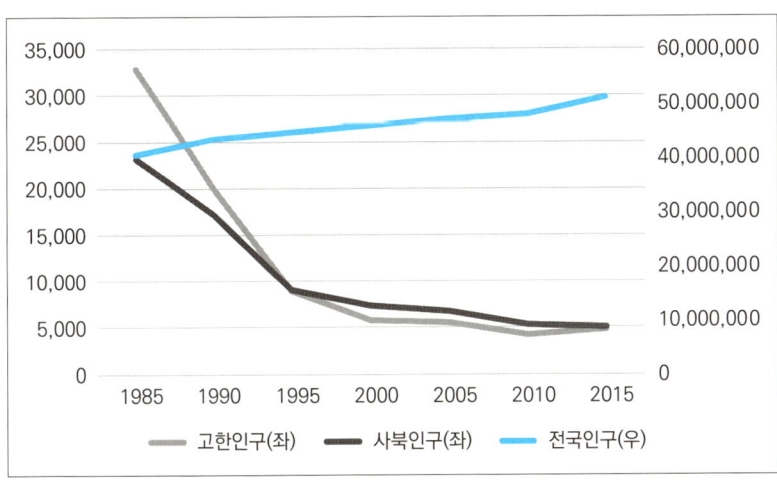

[그림 4-15. 고한·사북지역 인구 변화 추이(1985~2015년)]

출처: 통계청, 인구총조사, 필자 편집

1985년 정점에 달했던 고한·사북지역의 인구는 1989년 석탄산업 합리화 조치가 시행되면서 지역경제 근거가 약화되자 불과 6년 만인 1995년에

1만 명 이하로 급감했다.[92] 이후 20년간 산업기반 상실로 인한 인구감소의 영향은 내국인 출입 카지노, 스키장, 물놀이장 등 고원 휴양지를 목표로 한 산업 대체에도 불구하고 회복되지 못한 채 줄곧 감소 추세를 벗어나지 못하고 있다. 지역경기가 활황일 때 태백시처럼 고한·사북을 통합하여 연합시로 지정하려 했던 움직임은 고사하고 2015년에는 두 지역을 합해 인구가 1만 명 이하 수준으로 떨어졌다.

> 70~80년대를 거쳐 최전성기를 누리던 고한지역의 석탄산업은 40여년의 생명력을 다하고 2001년 11월 삼척탄좌의 폐광을 마지막으로 그 막을 내리게 되었다. 석탄산업 합리화 사업이 진행된 1989년부터 2003년까지 전국적으로 347개의 탄광이 폐광되었으며, 석탄생산량은 1988년 대비 86.4%가 감소한 년 330만 톤에 불과하게 되었다. 합리화 사업 첫해인 1989년 한 해만 하더라도 고한 사북지역에서 16개의 탄광의 문을 닫았으며, 이들 폐광업체들이 생산한 석탄생산만 연간 85만 5,000톤에 근로자 수는 무려 1,688명이었다.
>
> 돈과 술과 사람이 넘쳐나 산중 도회지를 연상케 할 정도로 지역경제가 활발하게 돌아가던 탄전지역은 폐광의 그림자가 드리우면서 회색의 잿빛 도시로, 절망의 도시로 빠져 들어갔다. 탄광들은 문을 닫고, 광부들은 일터

---

92 특히 국내 탄광이 대거 몰린 태백과 정선 고한·사북, 삼척 도계 등 강원 남부권의 탄광수는 1988년 83개에서 1995년 7개로 감소하면서 탄광 근로자 수 역시 3만 4,509명에서 9,176명으로 급감했다.
출처: 박창현 기자, '녹색시대 석탄산업 돌파구 없나 2. 석탄산업합리화 시행 그 후', 강원도민일보, 2010.10.13

> 를 잃고 지역을 떠나야 했으며, 곳곳에는 광부들이 살던 집들이 주인을 잃은 채 폐광촌을 홀로 지키는 흉물스런 모습으로 남아 있게 되었다.
>
> 출처: 정선군 고한읍,《고한읍지》, 정선아리랑연구소, 2006, p.47, pp.134~135

산업 근거를 상실한 지역의 인구감소는 앞서 살펴본 지방도시의 인구감소와 여러 가지 측면에서 궤를 달리한다. 지방의 인구감소가 대도시 또는 산업도시로 유출되면서 벌어진 현상이라면 고한·사북지역은 그 농촌지역이나 지방 중소도시를 빠져나온 인구가 한때 집중했다가 다시 다른 곳으로 유출되어 발생한 것이다. 도시화 과정에서 발생한 인구의 일시적 이합집산이라 할 수 있다. 광산경기가 활황일 때 고한·사북에 모여든 인구는 전국 8도의 인력들이었다. 이들은 광산경기가 꺾이자 저마다 또 다른 산업근거지로 이동헸다. 이 중 이들이 가장 많이 이동한 지역은 공단이 모여 있는 경기도 안산으로 추정된다.[93]

한편 산업기반을 통해 흥했다가 쇠퇴한 지역은 대체적으로 지역성 측면

---

[93] 30년 전 시작된 에너지의 변천은 석탄산업 합리화 사업으로 광산근로자 외에 달리 방법이 없었던 탄전지대 근로자들을 대책 없는 출향인으로 만들었다. 태백을 중심으로 고한, 사북, 정선, 문경, 화순 등 광맥에 삶을 의지하는 이들은 일손이 부족한 경기도지역으로 집단이주하는 현상이 자연스럽게 이어졌다. 당시 반월공단에 공장들이 속속 입주하던 시기와 맞물렸으니 동쪽 끝에서 서쪽 끝으로 길게 이어진 구직의 피난 행렬은 몇 년 동안 수십만 명의 광산 근로자들을 안산, 시흥, 광명 등지에 정착하게 하는 동기가 됐다.

출처: 김균식, '덕암칼럼, 20년 만에 다녀오는 광부의 귀향', 경인매일, 2018.10.15

에서도 뚜렷한 소재가 없는 경우가 많다. 지역성이 무엇보다 전통과 문화 등 역사적인 과정을 거쳐 공고화된다는 점을 감안하면 산업·경제기반으로 성장한 곳의 지역성은 아무래도 약할 수밖에 없다. 약한 지역성을 극복하기 위해 과거 산업 특성을 하나의 소재로 삼아 지역성을 회복하려는 시도가 지속되고 있으나 여전히 부족한 게 사실이다.[94]

석탄산업 합리화 이후 1995년 「폐광지역개발지원에관한특별법」이 제정되고 1998년 강원랜드를 설립하는 등 고한·사북에 투입된 경제적 지원만도 약 2조 5,000억원을 넘는다.[95] 해마다 거의 1,000억원 가까운 돈이 투입된 셈이다. 그러나 인구는 급감했고, 지역은 쇠퇴의 굴레를 벗어나지 못하고 있다.

내국인 출입이 가능한 독점 카지노가 매년 수천억원의 순익을 올리고, 겨울 스키장을 비롯해 여름 물놀이시설 등 사시사철 관광객의 발걸음이 이어지고 있는데 어째서 지역경제는 탄광촌 시절만 못한 것인가?

첫째는 과거 석탄산업과 현재 관광산업이 지역경제에 미치는 영향력 차이를 들 수 있다. 싫든 좋든 광산촌 시절에는 수만 명에 달하는 광부들과 가족들이 월급을 받아 지역 내에서 활발한 소비활동을 이어 갔다. 이는 다시 지역경기를 활성화시키는 촉진제로 작용했다. 반면 카지노의 수익은 비

---

94 폐광지역 일대에서는 석탄박물관을 비롯해, 광산촌 체험, 탄광회사의 예술화(삼탄아트마인) 등 석탄산업을 모티브로 한 문화적, 예술적 시도들이 지속되고 있다.
95 마강래,《지방도시살생부》, 개마고원, 2017, p.131, 재인용

록 지역 고용을 통해 일정 부분이 지역민에게 돌아간다고는 하나 과거 광부들의 몫과는 비교가 되지 않는다.

40년째 생업을 잇고 있는 이 지역의 한 상인은 카지노와 석탄의 차이를 굴러온 돌과 박힌 돌에 비유하며 관광 수익이 지역에 거주하는 거주민의 소득수준 향상으로 이어지지 않는 점을 지적했다.[96]

폐광지역이 되살아나지 않는 두 번째 이유로는 산업구조조정 과정에서 정부의 미숙함을 들 수 있다. 1989년 석탄산업 합리화 조치 발표 이후 정부는 석탄산업을 더 이상 육성 가치가 없는 것으로 치부했을 뿐 뚜렷한 대안을 제시하지 못하였다. 뿐만 아니라 석탄산업의 소용이 다하자 문을 닫는 절차는 15년(1988~2003년) 만에 이루어졌다.[97] 미국의 애틀랜타나 덴버, 독일의 루르탄전 지역 등 광산개발의 선례가 있는 국가들이 폐광 기간을 30~40여 년 충분히 늘려 시행한 것과는 대조적이다. 또 이들 국가의 합리화 정책이 대체산업 육성을 병행하며 지역쇠퇴를 완화하는 노력에 치중되었던 것과도 매우 대조적이다.

사실 폐광 이후 고한·사북지역이 강원랜드를 비롯한 카지노, 휴양 리조트시설을 갖춘 지역으로 변모하는 과정은 지역주민들의 필사적인 투쟁의

---

96 고한에서 40년째 식육점을 운영 중인 낙원식육점 사장의 증언
97 박창현 기자, '녹색시대 석탄산업 돌파구 없나 2. 석탄산업합리화 시행 그 후', 강원도민일보, 2010.10.13

결과라고 해도 과언이 아니다.[98] 고한·사북을 비롯한 화순, 문경·점촌 등지의 폐광지역이 폐광 후 20년이 지나도록 특성 있는 지역으로 자리매김하지 못하는 이유가 바로 졸속적으로 진행된 정부정책의 결과와 무관하지 않다. 투쟁의 결과로 국내 유일의 내국인 출입 카지노를 유치한 고한·사북지역조차도 80% 이상의 인구감소와 지역경기쇠퇴에서 허덕이는 현실이 이를 증명한다.

따라서 향후 산업기반이 약해지면서 도시의 쇠퇴가 예상된다면 쇠퇴 이후 도시의 정체성을 사전적으로 계획하고 준비하는 기간이 필요하다는 점을 인식해야 한다. 포항의 제철산업이, 울산의 조선과 자동차산업이, 구미의 전자공단이 언제까지 유지될 수 있는지 미래에 대한 확실한 보증이 없다. 고한·사북의 사례는 산업경기흐름을 장기적으로 바라보고, 경쟁양상이나 수익변화에 따른 대응이 늘 국가산업정책 차원에서 고려돼야 하는 이유를 말해 주고 있다.

그렇다면 석탄으로 흥과 망을 경험한 1세대 산업도시들의 미래는 어떻게 이어 나가야 할 것인가? 현실적으로 산업기반을 통해 축소된 지역경제를 인정하고, 지역에 특화된 영속성 있는 대체 산업을 육성해야 한다. 정점 인구의 20%에도 못 미치는 인구만 남아 있다. 이제는 광산경기 활황을

---

98 지역 내 폐광이 점점 속도를 붙여 가던 1993년 2월, 고한·사북지역 살리기운동 공동추진위원회가 구성되었다. 1995년 3월 3일 정부협상단(통상산업부 차관 및 강원도 지사)과 협상을 통해 얻어 낸 이른바 3·3 합의는 고한·사북지역 나아가 폐광지역에 대한 향후 처리를 위한 시금석이 된 합의로, 폐광지역법 제정 등의 성과와 내국인 출입 카지노 등을 독점적으로 허용하는 등의 성과를 낳았다.

비교의 근거로 삼아서는 안 된다. 석탄을 대체할 수 있는 '작지만 지속적인 무엇'을 찾아야 하며, 그것은 비록 줄어든 인구일지라도 해당 지역민의 소득수준을 안정적으로 유지시켜 줄 수 있는 것이라야 한다. 지역 고용을 창출할 수 있는 제조업 기반의 안정적인 대체산업을 육성하여야 한다. 소규모 제조업을 유치함으로서 지역경기가 살아나고 인구감소가 멈추는 예는 최근 임실의 일진제강공장 유치와 같은 사례에서 확인할 수 있다.[99]

---

99 일진제강은 지난 2012년 3월에 심리스 파이프(Seamless Pipe, 이음매 없는 관) 생산공장을 전북 임실지역에 착공하여 현재 약 300여 명 규모의 상시고용규모를 보이고 있다. 임실지역은 일진제강공장이 들어온 후 인구감소를 멈추고 2015년까지 소폭 증가했다.

제5편
건설경제와 금융

17장
사라진 금융, 나타난 금융

현대 경제에서 금융의 중요성은 점점 커지고 있다. 금융은 경제의 두 축인 화폐와 실물이 교차하는 지점이다. 따라서 금융시장이 혁신적이면 자원배분의 효율성도 높아질 뿐만 아니라 궁극적으로 생산성 향상을 이루는 배경이 된다.

금융(Finance)의 사전적 의미는 자금을 융통하는 것이다. 자금융통[(융자=차입=Debt), 투자=출자=Equity)]은 자금공급자와 자금수요자 간 일정한 합의다. 대개 어떤 방식으로, 얼마만큼의 자금을, 언제까지 공급하고 소비할 것인지가 그 내용이다. 자금의 공급과 수요에는 거래비용(Transaction cost)이 수반된다. 돈을 빌려주거나, 투자할 때 상응하는 대가 역시 돈으로 지급되는데 이것이 거래비용이다. 일반적으로 이자이거나 배당일 것이다. 그러나 이자나 배당만이 거래비용의 다는 아니다. 자금융통에 수반되는 수고로움에 대한 대가인 수수료, 소개료 등도 거래비용이 될 수 있으며, 거래에 부수하는 각종 세금 역시 거래비용이다.

금융이 자금공급자, 매개자, 수요자 간의 거래행위라면 공급자 입장에서 금융은 돈을 바라고 돈을 공급하는 행위이다. 수요자 입장에서는 돈을 주고 돈을 소비하는 행위이며, 매개자 입장에서는 돈을 바라고 돈을 중개하는 행위이다. 여기서 처음 돈은 모두 수요자의 주머니에서 나오며 두 번째 돈은 모두 공급자의 주머니에서 나온다. 자금의 공급자와 중개자는 수요자가 내는 돈으로 거래비용인 첫 번째 돈을 취하게 된다.

자금공급자와 자금수요자가 거래비용을 매개로 금융행위를 하는 목적은 무엇인가? 자금공급자는 자신이 공급한 자금의 사용대가를 추구한다. 자금을 그냥 놀리거나 은행에 기본이율로 맡기는 것보다 자금수요자에게 융통해 주고 그 사용대가가 은행의 이자보다 더 높기를 기대하는 것이다. 자금수요자는 그만한 사용대가를 감수하고서라도 자신이 해당 자금을 사용하여 목적한 수익을 올릴 수 있다고 기대한다. 자금수요자와 자금공급자 모두 자금을 활용한 수익을 목적으로 금융행위를 하는데, 추구하는 기대수익률은 자금수요자가 자금공급자보다 더 높다. 자금공급자의 기대수익률은 자금수요자에게는 원가로서 자금을 활용해 얻어야 하는 수익의 최저선(Hurdle rate, 기회비용)인 셈이다. 따라서 자금수요자는 이 기회비용을 충당하고도 남을 만큼의 수익을 발생시켜야 금융의 목적을 달성하게 된다.

기회비용 이상으로 창출된 가치는 자금공급자와 매개자 그리고 자금수요자에게 배분되면서 이 금융행위를 하기 전과 비교했을 때 사회 전체의 소득을 증대시킨다. 결과적으로 금융을 통해 사회 전체의 소득이 늘어나고 구성원의 복리가 증진된 것이다.

흔히 금융이 자원배분의 효율성을 증대시키도록 해야 한다는 말은 사용대가가 높은 순으로 자금공급이 이루어져 사회 전체의 소득을 극대화시키도록 활용된다는 뜻이다. 자원배분(자금배분)이 이익의 크기에 따라 이루어지면 사회이익이 극대화된다. 한정된 자금으로 최대의 이익을 얻는 최고의 효율 상태에 도달하는 것이다. 이익 극대화까지는 몰라도 금융을 통해 기회비용 이상의 이익을 만드는 데 성공한다면 그것은 분명 효율적인 것이다. 왜냐하면 적어도 금융을 하지 않았다면 얻을 수 없었던 이익을 얻을 수 있기 때문이다.

건설경제활동에서 금융은 생산 주체(소유자, 시행자, 발주자 등)가 사업에 소요될 자금을 조달하는 것이라 할 수 있다. 건설회사가 은행 등으로부터 자금을 조달하거나, 국가(발주자)가 예산을 투입하는 것, 선분양으로 건설자금을 조달하던 것 등이 그 전통적인 형태였다.

반면 건설생산의 구조와 방식이 다변화되면서 건설금융에도 변화가 나타나고 있다. 그 변화는 대게 자금조달 채널 변화에 집중된다. 대표적으로 자금공급자의 수익을 건설생산물의 수익과 연계하거나 나아가 자금공급자에게 향후 사업권을 보장해 주는 방식 등이 활용되고 있다. 또 다양한 자본이 건설생산에 참여할 수 있도록 자금모집을 전문화하는 방식도 활용된다. 이러한 변화들은 외견상으로 민간자본의 건설참여, 대중의 건설투자와 같은 변화로 보이지만 사실상 건설자본을 생산하는 주체와 목적이 과거와 달리 다원화되어 가고 있음을 의미한다. 또 이 변화는 건설금융이 단순히 건설생산을 지원하는 것이 아니라, 건설생산을 유도하는 방향으로 진화될 것을 내포한다.

건설업 여신이 급감한 지난 10년

금융의 기능 중 하나는 적시에 필요한 자금을 지원함으로써 해당 경제활동을 활발하게 하는 것이다. 지난 2000년대 이후 건설경제활동을 지원하는 금융공급 형태가 다변화되고 건설생산에 필요한 자금수요의 변화도 상당하였다는 점은 쉽게 추정해 볼 수 있다. 특히 지난 10여 년간 주요 산업에 대한 예금기관의 대출 상황을 보면 건설경제활동에 발생한 특징적인 현상 몇 가지를 볼 수 있다. 예금기관의 여신비중으로부터 이 논의를 시작해 보자.

[그림 5-1]은 2008년부터 2017년까지 비은행금융기관을 포함한 전체 예금기관의 주요 산업별 여신비중을 나타낸다.[100] 제조업이 전체 여신의 30~35% 선(202.8조원→337.5조원)을 유지하고 있는 가운데 부동산업과 건설업에 대한 여신비중의 증가와 하락 추세가 뚜렷하다. 부동산업에 대한 여신비중은 2008년 14.3%에서 2012년에 12%대를 차지하다가 점진적으로 증가하여 2017년에는 19%(98.2조원→201.1조원)를 상회하였다. 반면 건설업은 2008년 전체 여신의 약 10.15%를 차지하다가 2017년 3.75%(69.6조원→39.3조원)로 그 비중이 급격히 축소되었다.

---

100 한국은행이 공표하는 산업별 대출금은 대출금의 용도에 따라 장기적으로 시설투자 등에 사용되는 시설자금과 단기 운영자금으로 활용되는 운전자금으로 구분된다. 이를 합한 대출금과 운전자금을 각각 공표하고 있으며, 자금공급원은 시중은행, 지방은행 등 예금은행과, 저축은행, 종금사, 신협 등 비은행 예금취급기관으로 구분하여 이 둘 각각의 대출금과 이 둘을 합한 예금취급기관의 통계를 모두 공표하고 있다.

[그림 5-1. 건설업, 제조업, 부동산업 대출금 비중 추이 및 제조업 대비 건설업 여신비율(우)]

(단위: (우)배수)

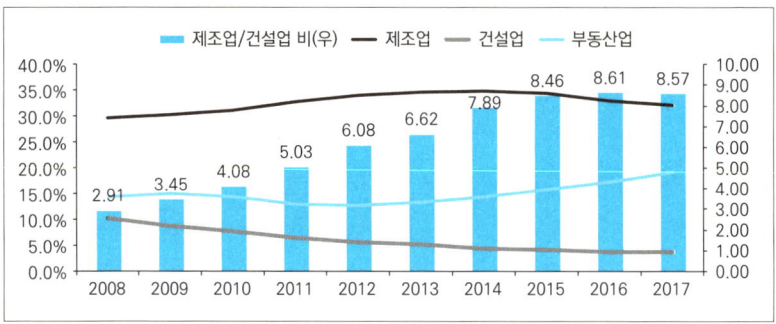

출처: 한국은행, 경제통계 서비스

[그림 5-1]의 막대그래프로 표시된 것은 건설업과 제조업에 대한 여신 금액의 비율이다. 2008년 제조업에 대한 대출이 건설업의 2.9배였는데 이후 지속적으로 격차가 벌어졌다. 2015년에는 이 비율이 약 8.5배 선까지 높아졌다. [그림 5-1] 그래프에서 보는 바와 같이 2015년까지 건설업 여신비중은 지속적으로 감소한 반면 제조업 여신은 증가하면서 양 업종 간 여신규모 격차가 계속 확대되었다. 2015년 이후부터는 그 비율은 8.5배 선에서 유지되고 있다.

건설업에 대한 여신이 이렇게 축소된 원인은 무엇인가? 먼저 건설산업이 이 기간내에 생산성이 저하되는 어떤 특이한 구조적 변화를 겪었는지 살펴보자. 이 기간 동안 건설산업 및 비교산업과 관련한 주요 성과 측면의 지표를 살펴보면 [표 5-1]과 같다. 건설산업 생산성을 나타낼 수 있는 부가가치율의 변화도 30% 초·중반대를 꾸준히 유지하고 있으며, 산출물 1

단위 최종 수요가 해당 산업과 타 산업의 생산에 기여한 정도를 측정하는 생산유발계수도 크게 변화된 추세를 감지하기 어렵다. 고용 관련 지표인 취업유발계수의 경우도 건설업의 경우 다소 낮아지긴 했으나 대세적 하락을 확인하기는 어렵다.

[표 5-1. 건설업 및 비교 산업의 부가가치율 등 성과지표 변화 추이]

구분	부가가치율(%)		생산유발계수		취업유발계수[101]	
	10년	14년	10년	14년	10년	14년
건설업	32.4	34.5	2.250	2.225	14.5	13.9
부동산 및 임대업	76.5	78.4	1.386	1.414	6.5	6.2
제조업 (기계 및 장비)	23.6	23.7	2.079	2.067	9.0	9.1
전산업	37.6	38	1.874	1.885	12.3	11.6

출처. 한국은행, 산업연관표

2008년 이후 건설생산의 GDP 비중이 대체로 5.2~5.4%(약 57.6조원→93.2조원)를 유지했던 점을 감안하면 이기간 건설업 여신비중의 축소는 뭔가 이상한 변화라고 할 수 있다. 왜냐하면 건설산업에서 이 같은 여신 축소를 설명할 만한 특이한 산업구조적 변화를 찾을 수 없기 때문이다.

---

101 취업유발계수는 어떤 산업제품에 대한 최종 수요가 10억원 발생하였을 경우, 해당 산업에서 동 금액만큼 생산하기 위해 필요한 취업 인원인 직접효과(=취업계수)와 해당 산업 및 타 산업에서 유발되는 취업 인원인 간접 취업유발효과로 구분된다.
[취업유발계수=취업계수+간접 취업유발효과]

건설산업이 이 기간 동안 특이한 산업구조적 변화나 생산성의 변화를 보이지 않았는데 여신이 축소된 이유는 무엇인가? 또 한걸음 더 나아가 예금기관의 대출지원을 받지 못한 건설산업은 그 소요자금을 어디서 충당한 것인가? 먼저 첫 번째 질문에 대한 답은 우선 두 가지로 가정할 수 있다. 하나는 건설기업이 충분한 자금을 보유하여 예금기관 대출이 필요하지 않았다는 것이다. 다른 하나는 예금기관 대출이 아닌 다른 채널을 통해 소요자금을 조달한 것이다. 두 번째 질문에 대한 답으로 예금기관이 아닌 다른 자금조달 채널을 확인한다면 이는 첫 번째 질문인 금융기관의 여신이 줄어든 원인에 대한 답을 동시에 제공하게 될 것이다.

먼저 예금기관 여신을 활용하지 않을 정도로 건설업계의 자금 사정이 좋아졌는지를 따져 보자. 이 같은 가정이 혹시라도 신뢰할 만한 것이라는 단서는 이 기간 동안 축소된 건설업계의 부채비율에서 찾을 수 있다. 2008년 이후 2017년까지 건설업계의 부채비율은 평균적으로 약 150%에서 130% 수준으로 약 20%P 정도 하락했다.[102] 이 기간 건설업계 부채비율이 축소된 것은 2008년 금융위기 이후 신용경색이 심화되면서 기업재무건전성이 새삼 부각된 점을 반영한다면 이익금의 내부유보 등을 통한 자본확충(부채감소)의 결과이거나 사실상의 대손(부채)을 자기자본으로 전환한 결과로 설명할 수 있을 것이다. 일부이긴 하나 사재 출연을 통한 부실자산 소각 등 자구 노력도 부채비율을 줄이는 데 부분적으로 기여한 것으로 평가된다.

그러나 이러한 이유만으로 지난 10여 년간 건설산업에 대한 금융권 여

---

102 대한건설협회, 《2016년 건설백서》, 2016

신비중이 약 1/3로 축소된 것을 설명하기에는 여전히 부족하다. 축소된 부채비율 20%P는 전체 부채의 약 10%를 조금 넘는 수준에 불과하기 때문이다. 그래서 자연스럽게 두 번째 가정, 예금기관이 아닌 다른 금융 채널로부터 자금을 조달을 했을 것이라는 합리적 의심을 해 볼 수 있다. [그림 5-1]에 제시된 통계에서 자금공급원이 모두 예금기관인 것을 감안하면, 예금기관으로부터 여신비중이 축소되었다면 예금기관이 아닌, 즉 보험사, 연기금 등으로부터 융자나 융자가 아닌 형태(채권, 증자, 기타)로 자금을 조달했을 가능성이 있기 때문이다.[103] 물론 이는 건설산업의 생산성 등 여타 변화가 크지 않았다는 점으로부터 건설산업에 소요될 자금도 큰 변동이 없을 것이라는 전제에서 출발한 추정이다.

돌이켜 보면 2008년 금융위기 이후 금융권의 신용경색이 최고조에 이르러 건설업계에 대한 시중금융권의 대출이 갈수록 어려워졌던 것이 사실이다. 여기에 때마다 불거져 나오는 건설업계의 불투명한 회계처리, 사업 특성에서 유래하는 장기 자금수요 등은 오래전부터 금융권이 건설업 대출을 꺼리는 단골 이유이기도 했다.

---

[103] 보험회사의 부동산 프로젝트 파이낸싱(PF) 대출잔액이 1년 새 30% 가까이 급증했다. '2018년 1분기 보험회사 대출채권 현황'에 따르면 보험회사 전체 대출채권 잔액은 210조 9,000억원이며 특히 부동산 PF는 20조 9,000억원으로 전년 동기보다 29.8%(4조 8,000억원) 급증했다.
출처: 기자 미상, '보험사 대출잔액 210조 … 부동산 PF 1년 새 30% 급증', 연합인포맥스, 2018.5.29

[그림 5-2. 은행 예금기관의 산업별 대출 추이]

(단위: 10억원)

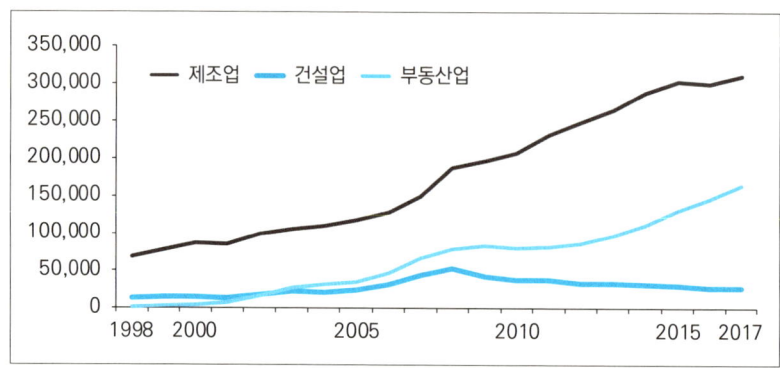

출처: 한국은행, 경제통계서비스

[그림 5-3. 비은행 예금기관의 산업별 대출 추이]

(단위: 10억원)

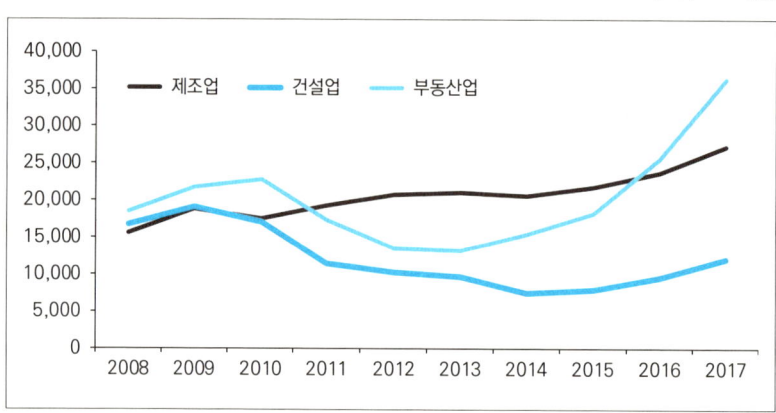

출처: 한국은행, 경제통계서비스

그러한 이유 때문인지 [그림 5-2]와 [그림 5-3]을 비교해 보면 안정성을 중시하는 시중은행 등 예금기관의 건설업 대출액은 해가 갈수록 줄어든 반면, 저축은행, 신협, 종금사 등 비은행 예금기관의 건설업 대출액은

2014년 이후 상대적으로 늘어나고 있음을 알 수 있다. [그림 5-2]와 [그림 5-3]은 [그림 5-1]에서 보였던 전체 예금기관의 대출 비중을 은행과 비은행으로 나누어 본 것이다. 은행 예금기관의 건설업 대출이 축소되는 과정 속에서도 비은행 예금기관의 건설업 대출이 늘났다는 점은 건설산업이 은행보다 상대적으로 대출 기준이 낮은 타 금융권으로부터 자금을 조달했을 것이라는 단서로 삼을 만하다.

건설업 생산양식의 변화

이제 2000년대 초반 이후 건설업계가 직면한 생산양식의 변화를 금융의 관점에서 살펴보자. 이 기간의 특징은 단연 전통적 재정사업의 축소와 민간투자사업의 대두로 요약할 수 있다. 민간투자사업은 이 기간을 거쳐 온 정권별로 다소 차이가 있었으나 재정사업이 축소되어 가고 있다는 점은 분명한 사실이다.

먼저 2000년 초반 이후 나타난 국가 재정사업의 축소에 대해 살펴보자. [그림 5-4]는 2008년부터 2016년까지 건설수주액 중 공공과 민간의 금액과 비중을 살펴본 것이다. 이 기간 계약액(원도급+하도급) 기준으로 공공 공사는 87.7조원(2008년)에서 74.5조원(2016년) 수준으로 약 13조원 이상 감소했다. 반면 민간공사는 146.1조원(2008년)에서 236.6조원(2016년)으로 약 90조원 이상 증가했다.

전체 수주액에서 민간공사가 51%(2008년)에서 69%(2016년)로 증가할 때 공공공사는 31%(2008년)에서 21%(2016년)로 감소했다. 재정으로 진행되는 공공도급공사의 축소는 무엇을 의미하는가?

[그림 5-4. 건설산업 내 민간 및 공공계약액 변화 추이(2008~2016년)]

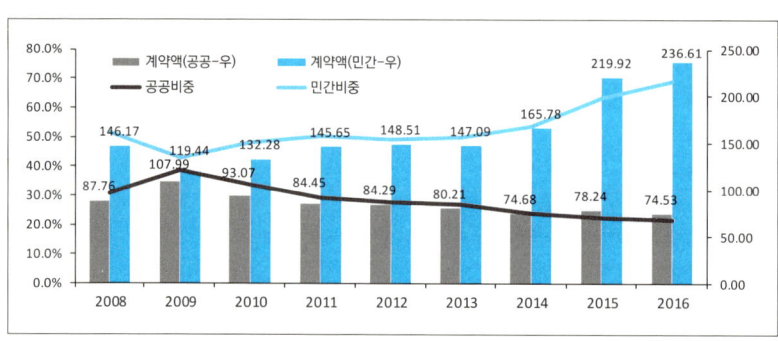

출처: 통계청, 건설업조사, 필자 편집

먼저 건설사 입장에서는 재정사업 운영에 필요한 시설자금이나 운영자금 수요가 감소하는 직접적인 요인이 되었다. 재정사업의 경우 선급금 등이 지급되기 전까지 건설사는 해당 사업 운영에 필요한 필수운영자금을 확보해야 한다. 공공공사의 시행 기간 동안 일정 비율 지속되었던 운영자금 수요가 대상사업의 축소와 함께 감소된 것이다.

공공공사의 축소는 건설사의 영업 시선을 민간공사나 해외공사 쪽으로 선회하도록 하는 계기를 만들었다. 따라서 주택재개발사업 등 대형 민간공사 수주를 위한 영업경쟁을 더욱 심화시키는 원인이 되었다. 이때 공사수주를 위한 영업경쟁력의 핵심으로 작용한 것이 바로 자금(조달)력이었다. 시공자의 자금조달능력을 바탕으로 확보되는 '시공자 금융제공형 민간사업'은 PF 등 민간자본을 건설산업에 활용하려는 정부정책과 맞물려 건설산업의 질적 변화를 유도한 계기가 되었다. [그림 5-4]에서 지속적으로 증가하는 민간공사 물량은 민간공사가 순전히 자생적으로 증가한 결과로 볼 수 있다. 재정사업 축소에 대응하려는 공급자가 금융을 동원하여 스스로 시장을 창출하는 건설산업 내 생산방식의 변화가 담겨져 있는 것이다.

두 번째로 민간투자사업의 부각현상에 대해서 살펴보자. 이 현상이 본격화된 것은 노무현 정부 때의 일이다. 노무현 정부 시절 전통적인 재정사업을 축소하는 대신 BTO(Build Transfer Operation), BTL(Build Transfer Lease) 등 민간투자사업을 진작시키는 노력은 정부의 중요한 정책 중 하나였다. 그 결과 사회간접자본에 대한 정부의 재정 지출은 2004년 8.9%에서 2008년 7.8%로 20조원 미만으로 줄어들었다.[104] 반면 민간투자액은 2003년 1.2조원 수준에서 2008년 7.6조원 수준으로 증가했다. 2008년까지 추진된 민간투자사업은 총 403개 사업에 총 투자비 64.7조원 수준이었다.[105] 2000년대 초중반에 걸쳐 일어난 사회간접자본을 생산하는 방식의 변화에서 그 핵심은 단적으로 사업을 추진하는 '자금원의 변화'였음을 부인할 수 없다.

---

104 기획재정부, '정부 중장기 국가재정운용계획', 2009~2013, p.71
105 2005년에는 임대형 민자사업(BTL)이 도입되어, 도로·항만 등 SOC 분야에서 주로 이루어져 왔던 민자사업시설이 학교·환경·군 주거시설 등 개선이 시급한 생활기반시설로 다양화되었다. 실제로 2008년에는 신규 학교시설의 83%, 하수관거의 72.9%가 임대형 사업(BTL)로 추진된 바 있다.
출처: 기획재정부, '정부 중장기 국가재정운용계획', 2009~2013, p.192

2008년 금융위기 극복을 위해 4대강 사업 등 대규모 재정사업이 일시적으로 증가하기는 했지만, 이후 저출산·고령화·소득 양극화의 심화 등으로 복지·교육수요가 급격히 증가되어 갔다. 이는 정부예산을 기반으로 하는 건설사업 물량의 축소로 이어졌고 동시에 민간자본을 활용한 PF 방식의 다양한 사업이 재정사업을 대체하는 결과를 낳았다. 이 기간 민간자본이 발주한 건설수주액의 변화를 [표 5-2]를 통해 확인해 보면 2008년 이후 2011년까지 약 50조원 내외로 증가·유지되다가 이후 2015년까지 축소된 후 2016년부터 다시 증가세를 보이고 있음을 알 수 있다.

[표 5-2. 연도별 민자건설 수주액 추이(2008~2017년)]

(단위: 10억원)

2008	2009	2010	2011	2012	2013	2014	2015	2016	2017
5,753	4,001	5,337	4,727	3,353	2,003	1,862	2,618	3,714	4,929

출처: 통계청, 건설업조사

건설금융의 변화

 예금기관의 건설업 여신 축소라는 명확한 현상과 이즈음 동반된 건설생산 방식의 변화를 살펴봤다. 이제 이로 인해 파생된 건설금융의 변화를 살펴볼 차례다. 재정사업이 축소되는 가운데 민간자본과 건설사업 사업성을 연계한 개발사업이 그 자리를 대신했다. 바로 PF대출이다. PF대출은 저축은행 등에서 사업시행사에 토지 계약금을 단기대출(Bridge laon)하고 이후 시중은행 등은 확보된 토지를 담보로 PF사업에 소요될 자금을 대출하는 것이 일반적인 형태였다. 이런 PF대출에 시공사(건설사)의 지급보증은 으레 따라붙었다.[106] 다시 [그림 5-2]와 [그림 5-3]에서 보자. '부동산업'의 대출 증가가 혹시 부동산업을 등록한 시행사(SPC)에 대한 대출 증가를 반영한 것인가?

이를 모두 PF대출이라고 단정할 수는 없어도 이 기간 PF대출 규모가 건설업계 자금수요 변화를 측정할 수 있는 시금석인 것은 분명하다. PF사업은 융자 외에 다양한 투자루트를 제공했다. 이를테면 시공사, 운영사, 일반투자자들의 펀딩을 비롯해, 사업 수익을 노리는 다수의 금융기관과 기업이 대주단을 구성하여 자금을 지원한다. 이는 적어도 종래 건설사에 집중된 금융을 여러 주체로 분산시킨 하나의 변화라고 볼 수도 있을 것이다.

[표 5-3. PF대출금액 변화 추이(2013~2017년)]

(단위: 조원)

구분	2013년	2014년	2015년	2016년	2017년, 4P
대출금액	17.3	28.4	36.7	32.3	18.7
대출건수	161	294	453	386	186

출처: 주택도시보증공사

[표 5-3]은 주택도시보증공사에서 분양보증 대상사업인 공동주택과 주상복합 건축물에 대해 집행된 PF대출금액을 집계한 것이다. 이 통계는 분

---

106   사업 자체의 수익 등 미래 현금흐름을 담보로 대출하는 엄격한 의미의 프로젝트 파이낸싱이라고 보기 어려운 이유이기도 하다.

양보증을 받은 사업에 한정된 것이고 이후 발생하는 추가 대출이나 상환 여부는 통계산정에서 제외되다 보니 실제 PF대출액은 이를 초과하는 수준일 가능성이 매우 높다. 그러나 전반적인 자금수요를 추정하는 정도로 살펴보기에는 충분하다.

2008년 이후 데이터를 확보하지 못해 비교의 일관성이 떨어지는 점을 제외하더라도, 2013년 이후만 PF대출을 통해 건설자금으로 조달된 규모가 연간 17.3조~36.7조원 수준이라는 것은 앞서 확인한 건설업계 여신규모(2008년: 69.6조원→2017년: 39.3조원)와 비교했을 때 결코 적지 않은 규모이다.

PF대출과 함께 이 시기 건설업계 자금조달의 주요 수단으로 자리 잡은 것이 자산담보부 기업어음(Asset Backed Commercial Paper, 이하 ABCP)이다. 자산유동화를 통해 자금을 조달하는 방법 중에서도 단기 기업어음의 형식을 빌린 ABCP 발행이 급증했다는 점은 예금기관의 대출 감소액을 보충할 수 있는 매우 유용한 수단이었다. 자산유동화는 실물자산을 생산하는 건설산업을 위한 금융기법이라 해도 과언이 아니다. 여기서 자산유동화를 통한 건설업계 자금조달 규모의 변화 추이를 확인해 보자.

[그림 5-5]는 PF 대출을 기초자산으로 발행된 자산담보부 기업어음(ABCP)과 자산담보부 전자단기사채(ABSTB)의 발행실적을 비교한 것이다. 이들 상품이 단기 3개월 이내의 만기를 갖는 점을 감안하면 3개월마다 차환 발행하는 규모가 반영되어 실제 금융조달 규모가 과장된 면이 있다.

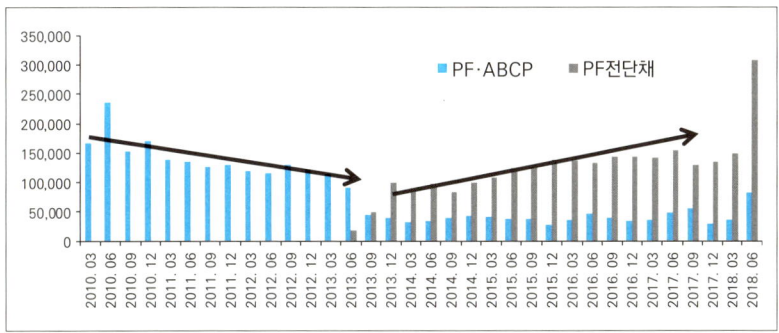

[그림 5-5. PF ABCP 및 PF ABSTB 발행실적 추이 (2010~2018년)]
(단위: 억원)

출처: 금융감독원, 금융통계시스템(차환발행을 포함한 금액임)

[그림 5-5]에서 보는 것처럼 PF ABCP의 경우 2010년 6월 가장 많은 발행실적을 낸 이래 2013년 3월까지 약 100조원 내외의 실적을 유지하였고, 이후 2013년 6월 이후 실적이 약 50% 이상 축소된 것을 알 수 있다. PF ABCP는 이후 2018년 3월에 다시 한번 발행 물량이 증가하고 있음을 볼 수 있다. PF ABSTB(전단채)는 2013년 9월 이후 2018년까지 지속적으로 물량이 꾸준히 증가하면서 그 규모가 약 150조원을 상회하고 있다. 차환발행을 포함한 신규발행이 지속적으로 증가했다는 것을 의미한다. 요컨대 PF ABCP나 PF ABSTB를 통한 자금조달액 규모를 정확히 추정하기는 어려우나 약 200조원 내외의 자금이 건설사업 자산을 기초로 조달된 것으로 추정할 수 있다.

이제 답을 정리할 시간이다. 2008년 금융위기 이후 최근까지 건설산업에 대한 예금기관의 여신이 금액 기준으로 약 30조원 이상(69.6조원 →39.3조원), 비중으로는 약 6.4%P(10.15%→3.75%) 이상 감소한 것은 앞에서 살펴본 바와 같이 다양한 이유에서 발생한 현상이다.

먼저 금융공급자의 상황은 2008년 금융위기 이후 위험자산 대비 요구자본액 규제가 지속적으로 강화되면서 건설업에 대한 대출회피 현상이 가속화된 결과라고 할 수 있을 것이다. 금융수요자 측면에서는 건설사 나름대로 금융부채를 감소하기 위한 노력이 지속됐다는 점, 예금기관 이외의 금융기관을 통하거나, 자산유동화를 통해 자금소요를 충당했다는 점 등이 이유이자 후속 변화 현상으로 벌어졌다. 또 재정을 바탕으로 한 도급사업이 축소되자 사업과 금융(재원조달)을 연계한 개발사업이 등장하고 그로인해 재원조달 주체가 분산되었다는 점도 하나의 이유였다. 이밖에 조달된 자금이 금융기관이나 투자자로부터 상호 대체되는(Refinancing) 등의 변화가 활발한 것도 건설여신이 축소된 원인 중 하나가 되었다.

건설금융의 이 같은 변화 양상은 앞으로도 지속될 것으로 전망된다. 따라서 예금기관의 건설업 여신은 지속적으로 축소될 것이며 여신 이외의 방법을 통한 자금조달이 늘어날 것이다. 다시 말해 건설산업에 대한 자금공급자, 자금중개자, 자금수요자의 다변화로 이어질 것이다.

18장

건설경제에 부는
금융 방식의 변화

지난 10여 년간 건설산업이 금융(자금조달) 측면에서 경험한 주요한 특징으로 예금기관의 여신규모 축소와 이를 대체할 새로운 금융 채널의 부각 등을 살펴보았다.

이번에는 지난 10여 년간 건설금융의 주요한 현상이기도 하면서 향후 변화를 예측하기 위한 방안으로 건설금융의 특징에 대해 살펴보기로 하자. 금융의 본질적 기능이 자원배분의 효율성 찾는 것이기에 건설금융도 이 기조를 유지해 나갈 것이다. 다만, 건설자본재 수요 변화나 생산구조 변화를 반영하여 최적의 금융방식을 찾아가려는 움직임이 이어질 것임은 자명하다. 건설금융에 부는 변화는 자금조달의 용이성을 높이는 기법과 건설산업에 특화된 금융이 강화될 것이라는 점이다. 궁극적으로는 건설과 금융의 일체화 현상이 부각될 것이다.

자산유동화

자금조달을 수월하게 하는 첫 번째 방법으로 자산유동화(Asset Securitization)와 매자닌 채권의 활성화를 들 수 있다. 자산유동화는 재산가치가 있는 유무형의 자산(Asset)을 유동화(=현금화)하는 것이다. 기존에 매매나 교환 등 법적, 실체적 전환 행위를 통해 유동성을 확보하던 방법으로부터 벗어나 자산가치를 증권화(Securitization), 소액분절화(Segmentation)하여 자금을 조달하는 것이다. 특히 건설 관련 자산은 대개의 경우 부동산인데 부동산은 거래규모가 크다는 이유로 상대적으로 유동화하기 쉽지 않았던 것이 사실이다. 최근에는 부동산 자산의 소유권(사용·수익·처분)을 나누어 이를 자산유동화의 소재로 활용하는 등 유동화 기법이 날로 발전하고 있다.

[그림 5-6]은 자산유동화 증권의 일반적 발행구조이다. 사실 자산유동화가 도입될 때 자산보유자는 기초자산을 유동화하는 대신 그 소유권을 절연함으로서 기초자산 보유로부터 발생하는 부담, 이를테면 부채비율의 증가, 리스크 대비 요구자본의 증가, 관리비용의 발생 등으로부터 벗어날 수 있다[107]는 장점이 많이 홍보돼 왔다.

---

107 임종룡은《나라경제》2001년 2월 호에 자산유동화를 소개하는 칼럼 '새로운 자금조달 수단인 자산유동화'에서 다음과 같이 ABS의 장점을 설명한 바 있다. "ABS가 크게 활성화되고 있는 것은, 발행자인 금융기관 등은 구조조정 과정에서 부실채권을 유동화하여 BIS 비율을 높여야 되는 현실적인 필요성이 있었기 때문이며, 투자자 입장에서는 유동화증권은 신용보강 등을 거쳐 신용등급이 최상인 AAA~AA급으로 발행되고 있어 신용위험이 감소되어 투자상으로 매력이 있기 때문이다."

[그림 5-6. 자산유동화증권(ABS) 발행 메커니즘]

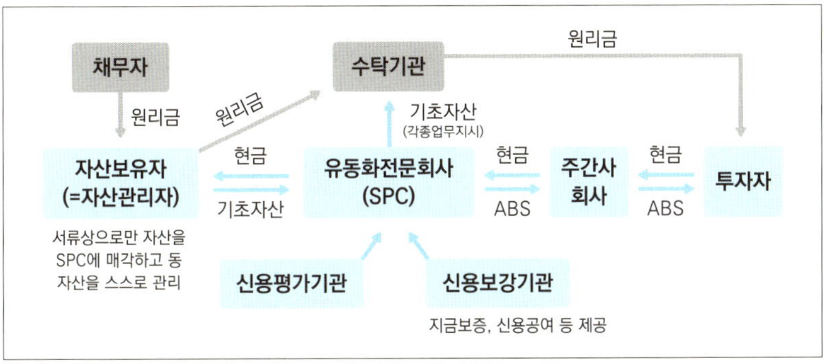

출처: 차현진, '우리나라 자산유동화증권(ABS) 시장의 현황과 발전 방향', 한국은행, 2007

그러나 실제 소유권이 발행회사에서 유동화전문회사로 이전되는 경우(Book off)는 많지 않다는 것이 업계 전문가들의 증언이다. 소유권 이전보다는 신탁 등 거래상 이전에 의존하는 경우가 많고 이 경우 법률적 소유는 발행사가 그대로 유지하므로 보유에 따른 관리비용은 여전히 소요되는 것으로 나타나고 있다. 자산유동화 구조에서 관심을 두고 볼 사항은 발행과정에서 유동화증권의 '신용보강이 어느 정도, 어떤 방식으로 활용되는지'이다. 기초자산의 건강성에 의지해 차주의 신용과 분리한다는 장점에도 불구하고 실제 신용보강이 없는 유동화 증권의 유통은 쉽지 않은 것이 현실이다.

신용보강의 주요 내용은 투자자의 원금이나 투자수익이 회수되지 않을 가능성을 줄여달라는 것이다. 발행사가 부도나거나 기초자산이 부실화됐을 때 위험을 안정적으로 관리할 수 있는 안전장치를 말하는 것이다. 대표적인 안전장치로는 지급보증이나 발행사 또는 은행의 신용공여, Buy back

약정 등이다. 아이러니하게도 자산유동화에 신용보강이 만연한 것은 당초 자산과 차주의 관계를 분리하여 자산의 가치만으로 유동성을 조달하고자 했던 자산유동화의 자기모순이라 할 수 있다. PF사업도, 자산유동화도 결국 사업자체, 자산자체만의 가치로 자금을 조달하기에는 여전히 많은 한계를 보이고 있기 때문이다.

[표 5-4. 자산유동화증권 발행을 위한 내부 신용보강장치]

신용보강수단	내용
선·후순위 구조화 (Subordination)	원리금 보장 순서를 정하여 각기 다른 신용등급으로 발행
현금흐름 차액적립 (Excess spread)	자산유동화증권에 대한 이자지급액이 기초자산으로부터 유입되는 금액보다 다소 작도록 설계하여 동 차액을 유동화 전문회사의 적립금계정(Reserve account)에 계속 누적시킴으로써 유사시 현금상환능력을 보강하는 데 이용
할인매각 (Overcollateralisation)	자산보유자가 기초자산의 평가 금액보다 다소 낮은 가격으로 유동화 전문회사에 매각함으로써 유동화 전문회사가 처음부터 여유 자금(Reserve)을 보유하도록 하며 동 자금은 자산유동화증권 만기 시까지 선순위채 투자자에 대한 안전장치로 작용
환매요청권 (Put-back option)	기초자산의 신용등급 저하 등 원리금 상환이 의문시되는 상황이 발생하면, 자산보유자가 자산유동화증권을 매입하도록 의무화
자체보증 (Originator's guarantee)	자산보유자가 자산유동화증권의 원리금 지급을 자체신용으로 보증

출처: 차현진, '우리나라 자산유동화증권(ABS) 시장의 현황과 발전 방향', 한국은행, 2007

자산유동화증권의 신용보강(Credit Enhancement)은 보강장치나 주체에 따라 외부보강과 내부보강으로 구분한다. [표 5-4]에서 보는 바와 같이 내부보강은 기초자산 보유자나 관계자(발행사, SPC)가 발행 메커니즘 내에서 향후 위험을 대비해 신용을 강화하는 것을 말한다. 주로 기초자산 평가액을 유동화증권 발행액보다 크게 하여 그 여유액을 확보하는 방법과 발행회사나 자산보유자(SPC) 등이 추후 위험상황 발생 시 유동화증권의 일정량을 되사거나, 원리금 지급을 보장하는 방법(환매요청권, 자체보증)이 활용된다. 가장 활용빈도가 높은 내부보강 방법은 발행 당시부터 향후 원리금 지급의 위험을 차등화(Subordination 또는 Credit-trenching)하여 원리금의 지급 순서를 정하는 것이다.

외부보강은 앞서 언급한 대로 발행 구조나 주체 외의 제3자(주로 은행 또는 보험사)의 지급보증 또는 은행의 신용공여[108](Credit line) 등으로 신용도를 제고하는 것을 말한다. 실무계에서는 자산유동화증권 발행 시 신용평가기관의 신용등급을 확보하기 위해 위에서 열거한 내외부 신용보강방법들이 중복적으로 사용되기도 한다.

---

108 기초자산과 자산유동화증권 간의 현금흐름이 정확히 일치하지 않을 경우 은행이 유동화 전문회사(SPC)에 초단기적으로 유동성을 공급하는 계약을 말한다. 동 자금은 최우선적으로 회수된다.

메자닌 채권의 확산

자본은 크게 자기자본과 타인자본으로 구분된다. 이 구분은 자본 사용대가를 무엇으로 지급하느냐와 부실 발생 시 책임의 한계에 따른 것이다. 그런데 메자닌은 이 두 자본의 성격이 혼합된 자본을 말한다. 타인자본과 자기자본의 성격을 혼합한 이유는 양자의 장점을 취함으로써 자금조달의 유연성을 높일 수 있기 때문이다. 메자닌 채권은 채권(사채=융자=타인자본)을 주식이나 타 유가증권으로 전환할 수 있는 선택권이 부여된 것에서부터 사용대가로 현금이자 대신 동일한 종류의 회사채나 우선주를 지급하는 현물지급 채권, 이자 외에 회사의 이익을 일정 부분 분배하는 이익참가부채권 등 다양하다. 메자닌 채권이 이처럼 투자자에게 다양한 선택권을 제공하기 때문에 신용도가 우수하지 못한 중견기업에 유용한 조달 수단으로 평가받는다.

그러나 메자닌 채권에 부여된 유연한 선택권이 발행자나 투자자에게 장점이 되기도 하지만 반대로 단점이 될 수도 있다. 발행자 입장에서는 고정적인 이자 부담을 줄이고 (자기)자본과 부채의 성격을 혼합하여 자금조달을 용이하게 한다는 장점이 있다. 하지만 향후 영업성과 여하에 따라 경영진의 의도와 달리 자본구조가 바뀌거나 그에 따른 자본비용이 증가하는 등의 단점도 있다. 한편 투자자 입장에서 채권과 주식으로부터 취할 수 있는 투자이익을 선택적으로 이용할 수 있다는 장점은 있지만, 선택권에 대한 대가로 여타의 채권에 비해서는 수익성이 낮은 단점이 있다.

건설·부동산 특화 금융의 활성화 (Reits, 부동산펀드, 부동산신탁)

2010년대 들어 나타난 건설금융의 두 번째 특징으로 '부동산투자'와 '신탁'을 키워드로 하는 전문적인 건설금융의 활성화를 들 수 있다. 부동산투자는 부동산투자회사(Real Estate Investment Trusts, 이하 리츠)와 부동산투자펀드 등 부동산 전문 투자기구를 활용한 투자를 말한다. 투자자는 직접 특정 부동산자산에 투자하는 것이 아니라 리츠나 펀드를 통해 선정된 자산에 투자한 후 그 수익을 돌려받는다. 투자자들 입장에서 리츠나 펀드는 혼자서 직접 할 수 없는 부동산에 대한 투자를 대행하는 간접투자기구이다.

리츠는 투자자산의 종류와 자산관리의 직(간)접성 여부에 따라 투자·운용을 위한 조직 실체가 필요한 경우(자기관리리츠)와 필요 없는 경우(위임관리리츠 및 기업구조조정리츠)로 나뉜다. 투자·운용 조직 실체는 회사조직을 말한다. 부동산 투자회사법에서는 회사조직의 실체를 갖추어야 하는 리츠로 자기관리리츠만을 지정하고 있다. 자기관리리츠는 사실상 개발사업을 중심에 둔 리츠로 자금을 모아 종전 부동산자산을 개발하는 등 향후 수익성을 제고하기 위한 행위들을 직접 수행한다. 자기관리리츠에서 수익성 창출의 근원이 리츠 자신의 개발역량이므로 자신이 투자·개발한 자산을 직접 관리하는 것은 지극히 합리적이라 할 수 있다. 부동산 투자회사법에서는 자기관리리츠는 5인 이상의 자산운용 전문인력을 보유하는 등 실체 있는 회사로 운영되도록 규정하고 있다.

이에 반해 오피스빌딩이나 리테일 등 수익성이 있는 자산에 투자하되 그 관리를 자산관리 전문회사(AMC)에 위탁하는 위임관리리츠나 보유자산의 70% 이상을 기업구조조정 부동산에 투자하도록 하는 기업구조조정리츠 등은 회사조직을 갖추지 않아도 된다. 위임관리리츠나 기업구조조정리츠는 기존 자산의 임대활성화나 한계기업자산을 유동화하여 자산관리보다는 투자수익을 얻는 것에 방점을 두고 있기 때문이다.

리츠의 근거법인 부동산투자회사법은 리츠제도를 도입한 취지로 세 가지로 두고 있다. 먼저 소액 다수 투자자에게 부동산 투자기회를 제공하고 부동산가격 안정과 투기 억제에 기여한다는 점이었다. 두 번째는 기업구조조정을 위해 부동산 처분과 부동산에 묶인 자금을 조기에 유동화(상장)하여 기업재무구조를 개선한다는 것이었다. 세 번째는 자본시장을 통해 직접 투자자를 확보하고 대규모 건설자금을 조달하여 부동산경기를 활성화시키는 데에 있었다.

그런데 이 같은 도입 취지와는 별개로 리츠에 일반 개인 등이 투자하는 것은 여전히 쉽지 않다. 주식시장에 상장된 리츠의 비중은 전체 리츠의 약 5% 미만으로 미미한 수준이다. 리츠가 자금력을 보유한 금융기관이나 공제회, 연기금 등에 편중되어 있고 상장규정이 까다롭게 운영되어 일반투자자의 접근을 어렵게 한 측면이 있다. 추후 리츠제도가 도입 취지대로 '소액 다수 투자자의 부동산 투자기회를 제공'하여 건설금융의 일상에서도 익숙하게 접근될 수 있기를 기대한다.

[표 5-5. 리츠와 부동산펀드의 비교]

구분	리츠 법적용어: 부동산투자회사 (Real Estate Investment Trusts: REITs)			부동산펀드 법적용어: 부동산집합투자기구 (Real Estate Rund: REF)	
	자기관리	위탁관리	기업구조 조정	회사형	신탁형
근거법률	부동산투자회사법			자본시장법	
자산관리	직접관리	외부위탁(자산관리회사)		외부위탁(집합투자업자)	
투자대상	총자산의 70% 이상 부동산, 총자산의 80% 이상 부동산 및 부동산 관련 유가증권 또는 현금대출 불가		총자산의 70% 이상 기업구조조정 부동산 대상, 이하 좌동	부동산 (총자산의 50% 이상, 70% 미만)	부동산 (운용비율 제한 없음)
개발사업	총자산의 30% 이하 (개발전문 리츠의 경우 70% 가능)			제한 없음	
투자 대상	• 부동산의 취득, 관리, 개량 및 처분 • 부동산개발사업 • 부동산의 임대차 • 증권의 매매 • 금융기관에 예치 • 지상권, 임차권 등 부동산 사용에 관한 권리의 취득, 관리, 처분 • 신탁이 종료된 때에 신탁재산 전부가 수익자에게 귀속하는 부동산신탁의 수익권의 취득, 관리, 처분			• 부동산을 기초자산으로 하는 파생상품 • 부동산개발 관련 법인의 대출 • 부동산개발사업 • 부동산의 관리 및 개량 • 부동산의 임대 • 지상권, 지역권, 전세권, 임차권 등 부동산 사용에 관한 권리의 취득 • 채권금융기관이 채권자인 부동산담보 채권 • 기타 부동산과 관련된 증권 등	

출처: 이현석, '리츠의 현황과 활성화 방안', 부동산포커스, 7월 호, 2014

부동산펀드는 투자자로부터 모집된 자금으로 부동산이나 부동산 담보 금융상품에 투자·운용하여, 수익증대나 자본이득을 추구하는 투자기구이다. 부동산에 자금을 투입하여 수익이나 자본이득을 추구하는 점에서 리츠와 다르지 않지만 리츠가 부동산 대출재원으로 쓰이지 못하는 반면 부동산펀드는 부동산 개발사업을 위한 대출재원으로 활용될 수 있다는 결정적인 차이가 있다. 여러 가지 규제 측면에서 펀드는 리츠에 비해 상대적으로 수월하여 현실적으로 많이 활용되고 있다.

리츠나 펀드는 궁극적으로 투자자의 투자수익을 제고하는 자금공급자 중심의 금융이라 할 수 있다. 자산유동화나 자산신탁이 보유자산을 이용하여 자금수요자가 자금조달을 용이하게 하는 수요자 중심의 금융이라면 리츠나 펀드는 자금공급자(투자자)가 부동산을 선별하여 선별된 부동산에 자금이 공급되는 효과를 낸다. 자금공급자를 중심에 두고 설계한다는 점에서 자산유동화 등 구조화 금융과는 차이가 있다. 물론 수익이 높은 부동산을 발굴하거나 개발하는 역량이 투자기구(리츠, 펀드)에게 필요하다.

리츠와 부동산펀드는 양자가 모두 부동산에 특화된 투자금융이라는 점에도 불구하고 앞서 살펴본 대로 투자기구로서의 성립 규제나 투자운용상의 제약 측면에서 펀드가 상대적으로 제약이 덜하다고 할 수 있다. 그 결과 투자자산규모는 [그림 5-7]에서 보는 바와 같이 부동산 펀드가 2018년 11월 말을 기준으로 약 69.8조원이고 리츠는 41.6조원 수준이다. 리츠나 펀드 모두 2015년 이후 성장 속도가 30% 내외를 보이며 가파르게 확대되어 가고 있음을 알 수 있다.

[그림 5-7. 리츠와 부동산 펀드 순자산규모 비교]

(단위: 조원)

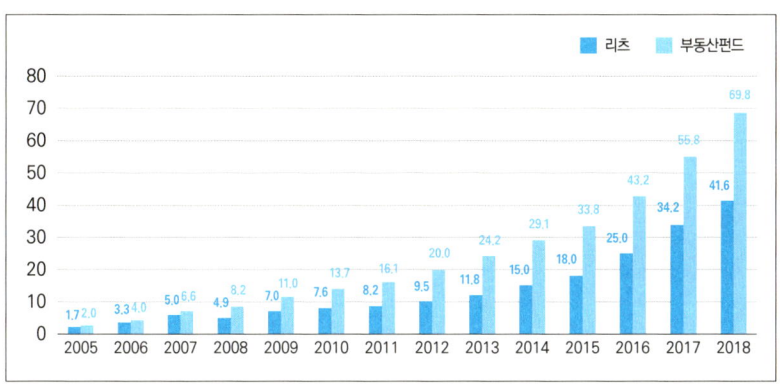

출처: 리츠정보시스템 및 금융투자협회, 펀드유형별 현황(부동산), 매년 말이 기준이나 2018년은 11월 말 기준

끝으로 건설 부동산에 특화된 금융으로 2010년대 이후 꾸준한 성장세를 보이는 '신탁'을 들 수 있다. 신탁은 명시적인 금융행위라 보기 어려우나 과정에 자산개량, 자금조달 등이 수반되면서 금융과 사업을 결합한 모델이라 할 수 있다. 리츠와 펀드가 건설부동산이라는 대상에 자금을 공급함으로써 투자수익이나 여타 자본이득을 목표로 하는 것과 달리 신탁은 자산보유자와 신탁회사의 역량을 결합하여 해당 자산의 가치를 증대시키려 한다는 점에서 자금수요자 중심의 행위라고 할 수 있다.

법률상 신탁은 보유자산을 신탁하려는 자(위탁자)와 신탁을 맡는 자(수탁자) 간의 관계이다. 즉, 위탁자는 수탁자에게 특정의 재산을 이전하거나 담보권의 설정 또는 그 밖의 처분을 의뢰하여 수탁자로 하여금 신탁 목적에 맞는 행위를 하도록 한다. 수탁자의 이 같은 행위로부터 수익이 발생되면 그 수익은 위탁자나 수익자에게 제공된다. 부동산신탁은 통상 신탁 목적 및 신탁회사의 업무 범위에 따라 개발신탁(토지신탁)과 비개발신탁으로 구분된다. 개발신탁은 다시 차입형과 관리형으로 구분되며 비개발신탁은 관리신탁, 처분신탁, 담보신탁 및 분양관리신탁 등으로 나뉜다.

[표 5-6. 부동산신탁 상품의 종류]

개발신탁	차입형 토지신탁	신탁재산인 토지 등의 부동산에 수탁자(신탁회사)가 자금을 투입하여 개발사업을 시행한 후 이를 분양하거나 임대하여 그 수익을 수익자에게 교부
	관리형 토지신탁	차입형 토지신탁처럼 신탁회사가 형식적으로 사업의 시행사가 되어 개발사업을 진행하지만, 자금조달과 실질적인 사업 진행은 위탁자가 책임지는 상품
비개발신탁	담보신탁	위탁자는 부동산을 신탁한 후 신탁회사가 발행한 수익권증서를 담보로 금융기관으로부터 자금을 차입. 신탁회사는 담보물관리 및 대출회수를 위한 담보물 처분업무 수행
	관리신탁	부동산의 소유권관리, 건물수선 및 유지, 임대차관리 등 제반 부동산관리업무 수행
	처분신탁	처분 방법·절차가 까다로운 부동산처분업무 혹은 처분 완료 시까지의 관리업무 수행

출처: 금융투자협회, 《알기 쉬운 신탁상품 이야기》

[표 5-6]에서 보는 것처럼 개발신탁과 비개발신탁에서 신탁회사의 역량이 두드러진 것은 각각 차입형 토지신탁과 담보신탁이다. 차입형 토지신탁에서 신탁회사는 자금조달역량이나 사업개발역량 모두를 발휘하여야 한다. 또 담보신탁에서는 부동산신탁회사가 수익증서 발행을 주도한다. 일종의 자금중개를 위한 증권업무를 수행하는 것이다. 이처럼 부동산신탁은 토지나 건물과 같은 부동산 실물을 두고 금융과 개발역량이 혼합되어 실물의

가치를 극대화하는 부동산 종합예술이라고 할 수 있다.

[그림 5-8. 부동산신탁 연도별 수탁고 추이]

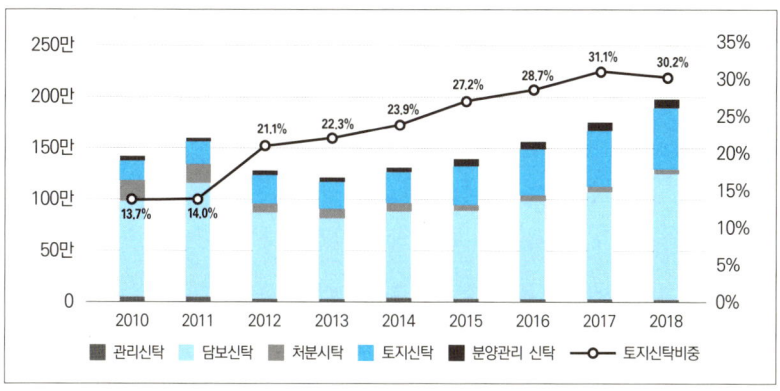

출처: 금융투자협회, 재산신탁추이

[그림 5-8]에서 나타낸 것처럼 2010년 이후 부동산신탁은 2011년 150조원을 돌파한 후 잠시 주춤하다가 2013년 저점 이후 꾸준한 성장세를 이어 오고 있다. 2018년 기준 수탁고가 200조원에 근접하고 있는 실정이다. 이 중 토지신탁의 비중은 30% 내외를 보여 지속적인 증가세를 보여 주고 있다. 토지신탁의 증가는 결국 신탁회사가 자금조달역량을 동원하는 것과 관계없이 부동산의 궁극적인 수익성을 위한 전문적인 접근이 증대되어 간다는 것을 의미한다. 인프라 자산이 고도화되고 인구가 감소하면서 사업성을 확보하고 수익을 창출하기 위해서는 여러 가지 사전검토와 보수적 접근이 필요하다. 이 같은 전문성을 확보하기 위한 노력을 신탁사에 요구하는 것이고, 이는 신탁사의 역량이 더욱 전문화되어 부동산 디벨로퍼 기능으로 성장을 촉진하고 있다.

19장

건설금융의 혁신

지난 세월 우리 건설산업은 생산방식 관점에서 많은 변화를 겪었다. 생산방식이 결국 생산에 활용되는 금융방식이나 사업방식의 결합을 말한다면 우리가 확인한 특징과 변화 방향은 명확하다. 먼저 사업추진 방식 관점에서 대·중·소기업 간 경쟁적 시장참여와 하도급을 비롯한 아웃소싱 등을 하나의 특징으로 꼽을 수 있었다. 금융방식 관점에서는 건설과 금융의 일체화가 뚜렷해지는 양상으로 전개되고 있다. 이는 재정사업이 축소되고 개발사업 비중이 높아진 지난 10여 년간의 변화에서 확인했다.

'건설과 금융의 일체화'는 건설사업을 수행하는 데 필요한 사업재원의 확보, 조달(유통)이 중요하다는 점에서 금융이 건설사업의 전제이자 '금융과 건설의 결합도가 높아진다'는 것을 의미한다. 이를 달리 표현하면 금융의 건설지배력, 건설의 금융종속을 의미하기도 한다. 즉, 경제성장과 자본축적이 이루어지면서 금융을 배제하고는 건설경제도 그 진전을 생각할 수 없다는 점을 강조하기 위함이다.

금융과 건설의 일체화라는 특성 안에서 과연 어떤 금융방식이 건설 생산을 촉진시킬지에 대해서는 쉽사리 단언하기 어렵다. 다만, 금융이 동일한 결과의 생산을 유도할 때 그 조달비용을 줄여 나갈 수 있다면 우리는 이를 혁신이라 할 것이다. 마찬가지로 동일한 생산을 위해 시장참여자의 편의를 높인다면 이 또한 혁신이다. 이러한 금융혁신을 실행하는 방식으로 유동화나 건설특화금융, 또 신탁 등이 향후 자주 활용될 것임은 쉽게 예상할 수 있다. 그러나 이것만으로 건설생산을 촉진할 수 있을까? 현시점에서 이 같은 특징과 변화로부터 이어질 미래 변화에 대해 여전히 조심스럽다. 그래서 어쩌면 현재 우리가 당면한 현 상황을 벗어날 때 다음 세대의 건설 생산방식을 명확하게 인지할지도 모른다.

금융의 혁신은 통상 제도, 기관, 시장 등 금융을 구성하는 주체 관점에서 논의되는 경우가 많다. 금융제도는 자금의 수요와 공급과 관련한 기본적인 틀을 구성하는 영역이다. 금융기관은 금융제도가 확립한 틀 속에서 일정부분 자금 유통과 배분 역할을 수행한다. 금융시장은 금융기관을 비롯한 자금의 공급자와 수요자가 자금을 매개로 목적한 거래를 만드는 곳이다. 따라서 건설경제 활동에서 건설금융 혁신이란 결국 '건설사업에 소요되는 재원을 어떻게 조성하고, 어떻게 유통하며, 이를 어떻게 활성화시킬 것인가'의 문제로 귀결된다. 재원을 조성하는 것은 자금공급을 들여다보는 것이며 자금유통과 배분은 보다 전문화된 채널을 강구하는 것이다. 또 이를 어떻게 활성화하느냐는 자금 공급자과 수요자의 시장참여를 높이는 일과 관련돼 있다.

건설경제의 생산을 촉진하는 금융을 구상하기 위해서 먼저 미래 건설경제 생산물을 조망해 봐야 한다. 인류를 위한 공간을 구성하는 건설경제 본래의 목적이 변하지는 않을 것이다. 미래에도 주택과 도시, 인프라에 대한 생산은 이어질 것이다. 그런데 미래의 주택, 미래의 도시, 미래의 인프라가 과거와 같은 류의, 같은 방식으로 이루질 것인지에 대해서는 의문이 든다. 무엇보다 현재까지 이루어온 이 세 부류의 생산물에게서 우리는 몇 가지 문제점을 발견하고 있기 때문이다. 여기서 다시 그 문제를 논의할 필요는 없다. 다만, 각 분야별 키워드를 중심으로 살펴보자. 과거주택이 대규모 택지개발에 의한 아파트였다면, 미래의 주택은 규모는 줄이되 다원화된 주거형태일 것이다. 과거의 도시가 확장일로의 신도시였다면 미래의 도시는 현 중심지를 다시 살피는 재생도시일 것이다. 과거의 인프라가 성장 중심의 사회간접자본이었다면 미래의 인프라는 우리의 생활을 유지하고 도시 기능을 유지할 생활인프라의 지속적인 보수와 개선일 것이다.

이 같은 미래 건설생산을 염두에 두고 이들 생산에 부합할 수 있는 미래 건설 금융의 혁신방안은 무엇일까? 이하에서는 미래 변화방향을 종합했을 때 건설금융에 필요한 사항을 세 가지 측면에서 살펴본다.

금융제도: 사업성평가와 금융의 결합

건설과 금융과 일체화 즉, 금융이 건설경제활동을 지배한다면 이는 사전적으로 두 가지 전제조건을 요구하게 된다. 바로 건설사업의 안정성과 수익성이다. 돈을 대는 사람은 가급적 많은 수익을 얻기를 바란다. 또 많은 수익이 나기 위해서는 건설사업 자체가 안정적으로 수행되어 완공되어야 한다. 따라서 자금공급자는 자신의 자금을 공급하여 안정적인 수익이 날 수 있는 사업인지를 가늠하는 절차를 반드시 거치게 될 것이다.

사업성평가가 바로 투자자금을 모으기 위한 가장 기본적인 검증절차가 될 것임은 쉽게 예상할 수 있다. 사실 사업성평가는 지금도 다양한 형태로 활용되고 있다. 특정규모 이상의 공공사업을 추진할 때 예비타당성 조사가 바로 그 예이다. 또 어떤 사업의 특정분야에 대한 영향도를 사전에 측정하는 각종 영향평가도 사업성 평가의 예가 될 수 있다. 그러나 현재의 사업성 평가가 공익관점에서 해당사업의 타당성을 평가하는데 중점을 둔 것이라면, 미래의 금융과 결합된 사업성평가는 그 목적과 용도가 달라질 것이다. 궁극적으로는 수익성이 강조될 것이며 그 수익성의 전제조건으로 사업 진행의 안정성을 따질 것이다. 결과적으로 사업성평가는 한정된 건설재원의 투자효율을 제고하는 방향에 중점을 둘 것이다. 그래서 사업성평가는 건설투자의 투자효율에 따른 투자대상 사업을 선별하는 핵심기준으로 작용할 것이다.

그렇다면 과연 금융과 사업성평가를 어떻게 결합할 것인가가 관건이다. 현재의 경우도 컨설팅이나 금융주체가 개별적인 사업성 평가를 사전에 수행하고 있다. 이들의 평가는 주로 수익성을 중심에 두고 있다. 건설금융의 선행단계로서 해당사업의 사업성 평가가 활성화될 것이라면, 이를 전문적이고 객관적으로 수행할 공적기구의 설립도 검토할 수 있을 것이다.

한편 금융과 결합될 사업성 평가의 부분 중 안정성을 평가하는 데에는 사업위험을 평가하여 위험 보상을 약정하는 건설보증도 하나의 시그널로 삼을 수 있다. 건설과 금융의 일체화 특성을 잘 반영한 국제 개발사업으로 선진국의 공적원조로 후진국의 인프라를 건설하는 PPP(Public Private Partnership)사업을 들 수 있다. 이 PPP사업에서 사업타당성을 평가하면서 직면하는 다양한 위험에 대비하기 위해 다양한 보증이 활용된다.

예를 들어 MIGA[109]의 투자자보증은 투자자가 정치적으로 불안한 상황의 수혜국에 투자하여 투자금을 날리는 위험으로부터 투자자를 보호한다. 은행 등에서는 건설사(EPC)의 부족한 사업이행능력(신용)을 보강하여 공사가 실패했을 경우에 발주자(SPC)의 손실을 보상한다. 이 밖에 개발사업의 경우 특정 당사자가 사업 진행의 공동의 책임을 위해 사업 제 분야에 관여하도록 하는 게 일반적이다. 시공사(EPC)가 대주단에 참여하거나, GAC에서 SPC 지분 일부를 투자하는 것 등이 대표적인 예이다.

건설과 금융의 일체화가 가속될수록 보증의 사업위험 판정기능이나 선별기능이 중요한 매개가 될 것이다. 또 이 같은 보증기능은 건설과 금융의 일체화가 가속되는 환경 속에서 기능고도화를 요구받게 될 것이다.

---

109 Multilateral Investment Guarantee Agency: Miga can help investors and lenders deal with these risks by insuring eligible projects against losses relating to Currency inconvertibility and transfer restriction, Expropriation, War, terrorism and civil disturbance, Breach of contract, Non-honoring of financial obligations. (source www.MIGA.org)

금융기관: 지역개발금융센터

두 번째는 건설금융의 채널을 강화하는 금융기관 관점에서 지역개발 금융조직의 필요성을 언급할 수 있다. 이는 무엇보다 미래 건설생산물이 성장보다는 유지보수에 있다는 점에 기반한다. "새로운 무엇"보다 "있는 것"을 재생해야 하는 건설경제의 여건변화에 부합하는 금융기능이 필요하기 때문이다.

1970~1990년대 고속성장기에는 새로운 것을 만들면서 이를 성장의 근거로 삼았다. 그러나 인구가 감소하고, 경제성장이 둔화된 미래에도 많은 생산으로 수익을 창출할 수 있을지는 미지수다.

그런 면에서 지역개발 금융조직은 지역 내 주택을 재생하거나 생활 인프라를 유지 보수할 때 소요될 자금을 모집하고 배분하는 역할을 수행해야 한다. 종래에 이 역할을 개발이익이 수행했다. 즉, 과거에 주택 재개발이나 재건축에서 자산을 개량하는데 드는 비용을 기존보다 많은 자산을 건축하여 그 수익으로 충당했던 것이다. 성장의 시대에는 이것이 가능했다. 그렇다면 성장이 정체되거나 성장속도가 저하된 시대에는 어떻게 해야 하나? 개발이익이 기존자산을 개량하는 데 드는 비용을 충당하지 못한다면 자산 노후화를 감수할 수밖에 없는가?

지역개발금융센터는 자금의 모집과 활용대상을 지역 내 재생사업에 한정해야 한다. 일시적으로 사업자금이 부족한 재생구역에 저리의 자금을 지원하고 장기적인 상환으로 이를 충당해야 한다. 예를 들어 지역 내 아파트 단지의 장기수선금 등을 모집하고, 필요하다면 지역재생채권 등을 발행하여 장단기 자금조달구조를 유지할 수도 있을 것이다.

전면적으로 재개발이 불가능한 노후 지역을 변화시킬 최소한의 재생을 위해서라도 공적 금융서비스를 갖추어야 하는데 바로 이 역할을 지역개발금융센터가 수행해야 한다. 물론 사업성이 부족한 재개발 구역의 재생을 위해서는 재생으로 얻는 편익을 소유자가 향후 장기적으로 부담하는 모델이 전제되어야 한다.

건설생산물이 노후화되어 재생에 필요한 자금모집이나 유통을 위해 미국 내 각 지역이 지역센터를 두고 금융중개 기능을 수행하는 경우가 많이 있다. 우리도 지역 내 주거, 인프라 재생에 특화된 금융조직을 검토할 필요성이 점점 다가오고 있음을 부인하기 어렵다. 집값이 오르지 않는데 분양수익으로 재개발 사업을 진행하기 어렵다. 재개발을 하지 못하는 저소득층의 도심은 자금부족으로 재생방식을 찾을 길이 없다. 이런 곳에서 자금수급으로 현금흐름을 만드는 고민을 지역개발금융센터가 맡아야 한다.

금융시장: 공급자 다변화와 진입장벽 완화

건설금융이 활성화되기 위해서는 자금공급자의 시장참여가 필수다. 무엇보다 건설분야, 부동산 분야로 자금이 조성되고 활용되는 채널이 명확해야 한다. 또 그렇게 자금공급이 이루어지는데 개개인의 시장참여가 어렵다면 이는 큰 효과를 내기 어렵다. 앞서 살펴본 것처럼 건설금융의 공급 채널로 리츠나 부동산 펀드 등이 시장에 나와 있지만 여전히 일반개인이 이에 참여하기란 쉽지 않다. 대부분의 경우 사모형식으로 이루어지다보니 특정 금융기관이나 대규모 자금을 보유한 일부에게만 투자기회가 주어진다. 이에 대한 진입장벽을 낮추어야 한다. 주식시장에 상장된 리츠뿐만 아니라 신탁사에 자금이 원활하게 공급될 수 있는 경로를 확보할 필요가 있다.

얼마 전 2019년 9월 정부에서는 공모형부동산 간접투자 활성화 방안을 발표했다.[110] 일반 국민이 투자목적을 명확히 인식하고 투자수익을 높일 수 있는 기회를 만들고자, 투자대상이나 투자혜택 등을 확대한 정책이었다. 이 같은 정책이 좀 더 많이 시장에 반영되어야 한다.

자금의 공급을 다수 일반 국민에게 확대하여 건설재원을 넓히는 것과 못지않게 건설재원이 건설사나 시행사 등 건설생산주체에게 공급되는 것도 중요하다. 결과적으로 건설금융의 수급이 활성화되어야 하는데, 자금배분에 대한 기준은 역시 사업성평가로 다시 귀결된다.

---

110 공모 리츠·부동산펀드에 우량 신규자산 공급, 국민의 투자유인 확대, 안전한 투자 환경 조성, 다양한 상품개발 및 수익성 개선을 위한 규제합리화가 포함되어 우량 투자자산, 투자자, 투자환경·제도 등 부동산간접투자의 모든 분야에서 종합적으로 지원될 수 있도록 마련하게 되었다.
출처: 국토교통부 등, 보도자료 '경제 활성화 및 국민의 소득증대를 위한 공모형 부동산간접투자 활성화 방안', 2019.9.11

20장

건설경제의 미래

 때때로 건설경제는 경기상태를 조절하는 수단으로 활용돼 왔다. 경기가 좋지 않을 때나 의도적으로 경기를 부양하려 할 때 건설투자를 통해 정부지출을 늘리는 것이다. 공공지출로 일자리를 창출하고 소비를 확대하여 경기침체를 제어하거나 경제성장을 촉진할 수 있다는 이유에서였다. 건설투자를 통한 경기조절 사례는 대공황 시절 테네시강 유역개발사업이 대표적이다. SOC사업에 정부 지출을 늘려 경제를 일으킨 이 사례는 익히 알려진 일화다. 이런 이유로 많은 나라들이 자국의 경기 조절수단으로 정부지출, 그중에서도 건설투자를 활용해 왔던 것이 사실이다. 우리나라도 예외는 아니었다. 특히 정부가 의도한 정책효과를 비교적 빠르게 낼 수 있다는 장점은 정책입안자의 구미를 당기기에도 안성맞춤이었다.

 이제 세간의 인식은 바뀌었다. 많은 인프라가 지속적으로 건설되었고 그런 와중에도 필요할 때마다 경기를 조절하는 수단으로 건설경제를 활용했던 사례가 적지 않았다. 굳이 경제학적으로 정부지출이 수요확대나 투자진작의 효과가 있느냐를 논하지 않더라도 건설투자로는 경제성장을 지속할 수 없다는 데에는 대개 의견이 일치한다. 건설투자가 근원적 성장요인인 혁신으로부터 멀리 떨어진 것이기 때문일 것이다. 그래서 자본축적이 진행될수록 건설투자는 단기적이며 임시적인 처방에 불과한 것이라는 주장에 무게가 실린다.

문제는 건설투자를 경기조절수단으로 활용해 오면서 투자효율이 떨어졌다는 사실로 인해 건설투자의 본래 기능마저 가려진다는 점이다. 자라 보고 놀란 가슴이 솥뚜껑을 보고도 놀라서 아예 솥에서 뚜껑을 치워 버리라고 하는 것과 같은 격이다. 건설경제를 보는 이들의 마음에 오로지 경제수단만으로 건설경제가 있는 것이 아니다. 국민의 주거생활, 국토의 공간계획 등에 필수적인 건설경제가 경제수단이라는 한 가지 잣대로 평가되는 일은 그래서 가슴이 아픈 일이다. 지금까지 살펴본 것처럼 우리의 건설경제는 많은 문제와 진통 속에서 여기까지 왔다. 더불어 개선해야 할 많은 과제를 남기고 있다. 이를 개선하자고 하면 또다시 건설경제를 수단으로 활용하려는 토건족의 주장으로 치부할 것인가? 무엇보다 중요한 것은 있는 그대로의 건설경제를 들여다보는 일이다. 그래서 다가올 미래 세대, 국민의 삶과 밀접한 건설경제가 어떻게 나아가야 할지를 고민하는 일은 가장 먼저 정책 수단에 둘러싸인 선입견을 떨쳐내면서 시작될 수 있을 것이다.

우리는 다수의 국민들이 주거생활의 어려움을 느끼지 않고 자산으로서나 주거공간으로서나 안정적인 주택에서 생활하기를 꿈꾼다. 무엇보다 안전한 도시에서 국민들의 삶이 어우러져 활기가 넘쳐나기를 기대한다. 공간이동이 원활하고 물류비용을 절감하여 건설경제가 타 분야에 든든한 밑바탕이 되기를 희망한다.

건설경제가 안고 있는 많은 문제점은 오롯이 건설경제 자체만의 문제는 아닌 것이 더 많다고 할 수 있다. 이에 지금까지 제기된 문제점과 개선방향을 정리해 보고자 한다. 먼저 국민경제 내 건설투자 비중의 적정성에 관한 것이다. 이 문제는 늘 우선순위, 효율성 등의 문제에 봉착한다. 한정된 재원을 더 급한 곳에, 더 효과 많은 곳에 쓰자는데 이를 어떻게 거부하겠는가. 건설투자보다 더 급하고 효율적인 일은 얼마든지 있을 수 있다.

다만 이 논의는 앞서 살핀 것처럼 '건설경제가 단순이 어떤 소득수준에서 국민경제 내 어느 정도의 비중'이라고 선험적으로 재단될 사항은 아니라는 점을 밝혀 둔다. 타국의 사례 등 일반적 경향은 경향대로 존중하되, 우리의 필요와 배분은 우리의 현실을 충분히 살핌으로써 만들어 가야 하기 때문이다. 그래서 우리의 건설경제가 국민경제 내에서 어느 정도일 때 적정한지 또는 과한지는 소득수준이 아니라 우리의 현실에 기반한 실태를 통해 확인되어야 한다는 점을 강조하고 싶다.

간혹 건설투자 적정성을 논할 때 이 주장을 경기활성화 수단과 연계하는 사례를 볼 수 있다. 이를테면 전년에 비해 경기가 하강상태인데 투자예산을 예년보다 높게 책정한다든가, 그 반대의 경우에 이를 전적으로 경기수단으로만 인식하는 것이다. 이 같은 오해와 편견은 정책의 순수성과 일관성을 저해함으로써 궁극적으로 정책효과를 반감시키는 요인이 된다. 근거를 가지고 일관된 행태가 반복될 때여야 이를 극복할 수 있을 것이다.

두 번째로 언급하고 싶은 문제는 하도급이다. 앞서 살펴보았듯이 하도급은 건설생산방식을 수직화하면서 많은 문제를 양산하고 있었다. 무엇보다 생산의 결과물인 소득의 분배를 왜곡하고 건설노동의 생산참여과정을 음성화하여 노동의 성장경로를 저해한다. 하도급이 건설생산에 이런 문제를 일으키는 근본적인 원인으로는 '일감 확보 자체를 중시하는 인식과 문화'를 지적했다. 일이 곧 돈이니 일을 획득하는 과정을 통과하여 일을 얻었다는 것은 돈을 벌게 됐다는 것과 다르지 않다. 그래서 매우 중요한 사항임에 틀림이 없다. 과잉경쟁 속에서 그 일을 획득한 지위 자체가 그대로 이윤이 되는 풍토가 정착된 배경이다.

물론 하도급의 순기능이 전혀 없는 것은 아니다. 생산의 외부화로 고정비를 줄이고 전문성을 활용해 품질을 개선하는 하도급도 있다. 그러나 현재 정착된 하도급은 생산질서를 왜곡함으로써 많은 개선과제를 남기고 있다. 하도급문제를 해결하기 위해서는 건설업종별 생산범위 등 생산방식에 대한 포괄적인 접근이 필요하겠으나 여기서는 하도급문제의 근본원인과 연관된 두 가지 개선방향을 제시하고자 한다.

먼저 일을 획득한 지위를 과잉되게 인정하는 배경이 된 '경쟁'에 관한 것이다. 경쟁이 심할수록 경쟁을 통과하기 어렵고 따라서 통과가치도 커진다. 그래서 하도급문제를 해결하는 첫 번째 방향은 '경쟁의 심화 정도를 낮추는 일'이다. '비록 이번에 일을 따지 못했지만 나도 얼마간 노력하면 일을 딸 수 있다'는 확보가능성을 적어도 절차적으로는 투명하게 할 필요가 있다는 말이다. 시장에 플레이어가 많아서 생기는 경쟁이야 인위적으로 통제할 수 없다 하더라도 경쟁을 하는 방식에 대한 규정은 조정할 수 있지 않은가. 지금 필요한 것은 경쟁방식을 투명하게, 저비용구조로 바꾸는 것이다. 이것은 대게 건설사업 발주자의 역량인 경우가 많다. 현행처럼 뚜렷한 변별요인을 갖지 못하는 경쟁방식, 점수 몇 점에 입낙찰이 좌우되는 천편일률적인 선별과정으로는 이 문제를 해결할 수 없다. 한편으로는 하도급자 선정과정을 도급인이 규정하여 최초 원도급 사업자 선정 시기부터 하도급자를 명시하는가 하면, 하도급 분야를 상위도급 단계에서 아예 공시하여 하도급자 선정 분야와 과정을 사업 초기부터 공개적으로 공시하는 등의 투명성 강화노력이 있어야 한다. 이 또한 사업 주체의 관리역량이 요구되는 대목이다.

하도급문제를 해결하는 두 번째 방향은 '이윤에 대한 공감대를 형성'하는 것이다. 일감 확보 지위를 과잉되게 인정하는 이유는 어려운 경쟁절차를 통과한 때문이기도 하지만 다른 한편으로 '그 일이 주는 이윤에 대한 기대'에도 있기 때문이다. 이 점과 관련해서는 일을 통해 얻을 수 있는 이윤의 예측가능성을 높여 주는 노력이 필요하다. 일 하나 땄다고 일확천금을 얻거나 많은 이윤을 남길 수 있기보다는 '적정비용에 적정이윤을 남긴다'는 일반적으로 인정되는 공감대가 필요하다. 이 점과 관련해서 특별히 우리 건설산업에 아직도 사업원가(적산)에 대한 공감대가 미약하다는 점을 지적하고자 한다.

원하도급을 불문하고 일이 확정되면 일을 주는 이와 일을 받는 이 사이에 적산에 관한 공감대가 형성돼야 한다. 싸게만 일을 주려 한다거나 비싸게만 일을 받으려 하지 말아야 한다. 입장을 달리하더라도 '이 정도의 일에는 이 정도의 원가'라는 사회적 공감대가 있어야 한다는 것이다. 적산에 관한 공감대가 없다 보니 '누구는 80%에도 공사를 하고 또 어떤 회사는 60%에도 하더라'는 무용담이 횡행한다. 이런 말은 이윤을 고무줄처럼 늘이는 것이 가능하다는 근거가 되고 공사 한 건 따는 것을 마치 복권 당첨처럼 만든다. 그렇게 그 귀한 지위를 얻은 것은 그 자체로 얼마간의 이윤을 확보한 것과 진배없는 것이 된다. 적산에 대한 공감대가 없다는 것은 무엇을 뜻하는가? 투명하지 않은 적산, 상호인정할 수 없는 적산은 원하도급자 간 신뢰를 깨는가 하면, 그렇기 때문에 어떤 식으로 하도급을 거쳐도 각 단계별로 이윤을 남길 수 있는 신화가 만들어지는 것이다.

사회적으로, 건설경제에 관여하는 정부나 민간이 '이 정도의 일이라면 이 정도의 비용이 들겠다'고 하는 공감대는 이윤의 예측가능성을 높이고 과잉경쟁을 방지하는 간접효과를 낼 수 있다.

그렇다면 이 공감대는 어떻게 확보할 수 있는가? 두 가지가 시급하다. 먼저 물량과 단가를 표준화하고 이에 대해 실효성을 부여하는 일이다. 두 번째는 사업개시 전에 필요물량을 중복적으로 조사하여 유효물량과 원가를 산출하는 적산시스템을 구축해야 한다. 수행기업이 내부화할 수 없는 자재나 노무비용에 대해서는 표준단가를 적용하여 이를 엄격하게 지키도록 해야 한다. 기업별 역량에 의해 원가가 조정될 수 있는 분야와 범위를 사업시행 전에 파악하고, 이를 통해 기업별로 수행 가능한 가격을 제시토록 하는 것이 맞다. 들여야 할 돈을 들인 사업일 때여야 품질도, 생산성도, 소득도 왜곡이 없어질 수 있다는 점을 인식해야 한다.

세 번째 건설경제의 시급한 문제는 노동시스템이다. 생산방식에 의해 왜곡된 노동시스템은 하도급을 언급하면서 이미 지적했다. 건설노동이 정규화된 참여과정 없이 음성적인 방식으로 활용되는 배경에 다단계 불법 하도급이라는 생산방식이 맞물려 있다는 점이었다. 여기서는 노동의 생산참여과정 이외에 건설노동이 직면한 본래의 문제에 관한 개선방안을 언급하고자 한다. 익히 살펴본 대로 건설노동은 현재 최악의 상황에 놓여 있다고 해도 과언이 아니다. 싼 인건비 등으로 신규인력 유입이 단절된 상태에서 저숙련 외국인노동자가 이를 대체하고 국내 건설노동은 고령화되면서 기술전수 단절 등 제반 문제를 노출하고 있다. 한마디로 생산성이 오를 수 없는 구조이다. 건설노동을 해서는 여타 근로자 평균소득에도 미치지 못하는 임금을 받는다. 먹고살기가 빠듯할 뿐만 아니라 그나마 고용안정성을 보장받기도 어렵다.

이처럼 열악한 건설노동을 어떻게 개선할 것인가? 건설노동을 하나의 직업 분야로 인정하는 인식 전환부터 마련되어야 한다. 이러한 인식을 바탕에 둘 때 건설노동의 임금정상화도, 또 노동에 진입해서 기술을 숙련해 가는 경로를 제도화할 수 있기 때문이다. 건설노동 생태계 재편을 위한 개선방향은 이미 앞에서 충분히 언급했다. 건설노동을 직업군으로 정규화하고 그에 맞는 대우와 관리체계를 갖춰 나갈 때 건설노동의 생산성은 향상될 수 있고, 그것은 건설경제활동의 기초를 튼튼히 하는 길임을 인정해야 한다.

건설경제가 갖는 네 번째 문제는 주택에 있었다. 주택문제는 주택의 수, 주택의 면적과 유형, 주택가격 등에서 두루 제기된다.

상대적 기준이기는 하지만 풍족하다고 여겨지는 주택보급률 120%를 위해서는 여전히 50만 호 이상의 주택을 10여 년 이상 지속적으로 건설해야 한다. 문제는 과연 '어디에, 어떤 방식으로, 어떤 집을 짓느냐'인 것이다. 더불어 이 문제는 늘 우리가 경험하는 경제 전반의 경기 상황과 밀접한 연관을 갖고 있다.

먼저 '어디에 짓느냐'의 문제이다. 한 가지 사실을 기억하자. 앞에서 확인한 것같이 전체 국토의 넓이 중 집을 지을 수 있는 땅의 면적은 현재 우리가 거주하는 주택의 면적보다 두 배가량 넓었다(51.5㎡:26.8㎡). 이 사실은 우리가 과밀된 도시를 벗어난다면 충분히 현재보다 여유로운 주거환경을 갖출 수 있다는 기초적 근거이다. 그렇다면 우리는 현재 과밀된 대도시를 버리고 다른 곳에 집을 지어야 하는가? 그러기에는 도시건설에 수반되는 기반시설, 즉 인프라 투자비용이 부담된다. 재원도 한정돼 있을 뿐만 아니라 사람이 사는 곳마다 인프라를 건설하다 보면 우리나라 살림은 이를 감당할 수 없게 된다. 반면에 기존 인프라가 갖추어진 도시에 계속해서 집을 짓다 보면 과밀과 집값 앙등을 피할 수 없다.

딜레마이다. 더구나 기존의 지방도시들은 취약한 경제기반에 의해 인구가 감소하면서 이미 도시쇠퇴기의 징후를 여러 측면에서 내보이고 있다. 또 대도시 주변에 신도시를 계속 짓는 것은 궁극적으로 대도시를 중심에 둔 국토이용의 집중도를 해소하지 못하는 문제와 봉착한다. 이 같은 상황에서 우리는 어디에 지어야 하는가? 여러 변수가 복잡하게 맞물려 뚜렷한 최적 대안을 찾기가 쉽지 않다. 그러나 궁극적으로 이 딜레마의 핵심은 '살고 싶은 곳'과 '살 수 있는 곳'의 문제이기도 하다. 새롭게 살고 싶은 곳을 만들기보다 이제는 '과거부터 살아 왔던 곳, 살 수 있는 곳'을 모두가 살고 싶어 하는 강남처럼 '살고 싶은 곳'으로 만들어야 한다. 대도시의 과밀을 악화시키지 않으면서 새로운 도시건설에 투입할 재정소요를 최소화할 수 있는 방법, 국토이용의 효율을 높이고 대도시의 과밀로부터 쾌적한 주거환경을 확보하는 방법은 기존의 구도심을 산뜻하고 쾌적한 주거지역으로 재개발, 재생하는 것이다.

두 번째 '어떤 방식으로 지을 것인가'이다. 이 문제를 논의하기 위해서는 기존의 우리가 어떤 방식으로 집을 지어 왔는지를 돌아봐야 한다. 단연 아파트 건설이었다. 그래서 종전의 방식대로 아파트 중심의 대규모 재개발과 재건축이 추후에도 효과를 낼 것인지를 먼저 살펴야 한다. 이는 몇 가지 측면에서 의문을 사기에 충분하다. 무엇보다 경제성 측면이다. 현재의 아파트 단지를 철거하고 재건축하거나, 슬럼화된 주택지역을 아파트로 재개발할 때 중요한 것은 개발이익이다. 이 개발이익은 원소유자가 부담할 원가를 줄이거나 개발에 소요될 기반인프라 비용으로 충당된다. 소득성장이 둔화되고 1인가구 등 이미 다원화된 주택 수요 요인을 고려할 때 대규모 아파트 건설이 과거와 같은 효과를 낼 수 있을지 가늠하기 쉽지 않다.

재개발마다 부딪치는 불완전소유자, 즉 세입자나 임차상인 등의 권리나 이익보전문제, 공동주택으로서 아파트가 갖는 물리적 한계, 도시 안에서 한번 아파트는 영원히 아파트라는 불가역적 특성 등 아파트의 다른 단점은 거론할 필요 없이 이미 경제성 차원에서 아파트로 주택보급률을 높여 가기에 많은 한계에 직면해 있는 현실이다.

새 집 건설을 기화로 주변 지구를 정리하고 공공이 부담할 인프라 건설 비용마저 재건축, 재개발 주체에 부담시킬 수 있었던 시기, 헌 집으로 새 집과 새 동네를 얻을 수 있었던 배경은 무엇보다 경제성장이었다. 이런 경제성장이 향후 50년에도 이어질 수 있을지를 고려하면 우리가 어떤 식으로 집을 지어야 하는지는 뚜렷해진다. 새로운 경제환경에서 경제논리만으로라도 이미 새로운 방식의 주택건설을 요구하고 있는 것이다.

아파트 단지가 아니라면, 경제성장이 과거 50년과 같지 않을 것이라면 어떤 방식의 건설이 대안인가? 기존의 도심의 기본 골격과 상태를 유지하면서 기반인프라를 확충해 가는 주거환경 개선이 이 대안이 될 것이다. 이 대안을 실현하기 위해서는 공공의 역할이 중요하다. 낙후지역 기반인프라에 대한 실태조사를 바탕으로 우리의 도시와 주택이 재생될 수 있도록 선도해야 할 역할을 공공이 맡아야 한다. 개발이익이 가미될 수 있는지를 판별하고 개별 원소유자의 부담능력과 이를 보조할 금융상품을 개발하는 일, 그리고 가장 중요한 공공주도형 사업 진행방식을 실효적으로 확정하는 일 등에 지금부터 나서야 할 것이다.

주택문제와 관련해서 마지막으로 살필 사항은 집값이다. 개발 시대를 거쳐 오면서 집값이 급등하는 과정을 겪었다. 그 속에서 집값으로 인한 계층 간 격차는 심해졌다. 집값이 소득보다 훨씬 빠르게 오른 결과 평균적인 소득을 모아 집을 사기는 점점 어려워졌다. 집은 일생 동안 필요한 내구재인데 자신의 노력으로 집을 가질 수 없는 사회가 된다면 이처럼 허탈한 사회도 없을 것이다. 적어도 수도권에서 우리는 점점 그런 사회로 가고 있다.

그러다 보니 집을 가진 자와 가지지 못한 자의 격차는 계층, 세대 간 갈등으로 확대되어 가고 있다.

땅이나 집은 성장의 열매를 독점한다는 공통점이 있다. 반포주공아파트가 460만원에서 35억원이 된 데에는 그 재화 자체의 가치가 증식되었기 때문이라기보다는 국민의 노력으로 달성된 경제성장, 경제규모 확대가 배경이 되었기 때문이다. 집은 그 성장의 열매를 그 집을 소유한 자에게만 귀속시킨다. 가진 자와 가지지 못한 자의 차이는 그러한 독점이 누적되면서 현격하게 벌어진다.

집값을 안정적으로 관리하는 사회, 그런 사회를 위한 건설경제의 역할은 충분하고, 다양한 주택을 공급하는 일이다. 주택의 공급량이 주택가격을 안정시키는 가장 기본적인 요인이라는 점은 이론과 실제 사례가 공히 증명하고 있다. 우리의 경우에도 예외가 아니었다. 산업화와 민주화 등 성장의 시대에 과밀로 수요가 넘쳐나는 시기조차 일관된 공급이 지속되었던 시기에는 집값이 안정적으로 관리되었다.

그런 면에서 그때그때의 경제상황(주택가격) 변화에 따라 공급량을 조절하기보다 중장기적 계획하에 일관된 물량을 지속적으로 공급하는 것이 필요하다. 새로운 도시에 대규모의 집을 짓기보다 도심의 헌 집을 개량하고 인프라를 확충하면서 우리 동네의 편의성을 한 단계 업그레이드시켜 살기 좋은 곳으로 만드는 전략이 필요하다. 아파트 중심의 대규모로 규격화되고 표준화된 주택의 공급이 지난 시대의 공급이었다면 이제는 변화된 경제환경과 수요를 반영하여 다원화된 주택 형태가 필요한 시기이기도 하다. 공공이 지역의 특성을 살려 지역 주거환경 개선을 선도하기 위한 지역환경 개선센터(Regional Center) 등을 구성하여 지역민과 공공, 지역개발펀드 등의 금융을 결합한 개발양식도 고려할 만하다. 개별주택 자산에 대한 소유권을 지역환경 개선이라는 공공성과 민간투자와 결합하는 것이다. 이 역시 공공이 일정재원을 부담하는 등 사업추진 모델을 확정하는 것이 필요하다.

끝으로 건설경제가 직면한 개선 대상은 도시와 인프라이다. 인구감소, 도시기능 쇠퇴, 노후화된 인프라가 이 문제의 핵심 사안이었다. 도시문제는 인구, 정책, 산업기반 등이 복합된 문제였다. 먹고살기 위해 떠나가는 인구를 무슨 재간으로 잡을 것인가. 아이 키우기 힘든 사회에서 아이를 낳지 않는 것을 무어라 탓할 것인가. 그사이 지방의 많은 도시는 쇠퇴해 갔다. 인프라는 노후화되어 사고를 잠재한 뇌관이 되어 갔다.

이 같은 환경에서 도시를 살리고 인프라를 정비하는 문제 역시 대단히 어려운 것임에 틀림없다. 이 문제를 다루는 방법은 이미 마강래 교수가 《지방도시 살생부》에서 언급한 '압축'에 해답이 있다고 생각한다. 모든 도시를 살리려는 것은 과욕이며 그러다 모두가 낙후되고 말 것이기 때문이다. 가장 근원적으로 인구를 늘려야 하는데, 사회적 여건이 그렇지 못한 것이 현실이다. 도시마다 저마다의 지역성으로 도시를 재생하는 데에도 한계가 있다. 도시를 생활권역을 중심으로 압축화하는 방법을 고민해야 할 때이다. 앞서 제시한 대로 센터도시 중심의 정주구역 재편이 유력한 압축방법이 될 수 있을 것이다.

인프라 노후화는 우리가 살아가야 할 공간을 존속시키는 문제와 연결된다. 현재의 인프라를 안전하게 관리하기 위해 주기적인 실태점검과 개량을 제도화하는 일이 필요하다. 덧붙여 미래 세대에게도 그와 같은 관리의 필요성을 전수하고 이것이 우리가 사는 도시를 지속할 수 있는 가장 첫 번째 임무임을 지금부터 실천해서 보여 줘야 한다. 그런 의미에서 지난 2018년 제정된 기반시설 관리 기본법이 하루빨리 실효적으로 작동되기를 기대한다.

건설경제는 이렇듯 투자규모나 투자효율에 관한 논란 중에도 그 본연의 기능을 다하기 위해 개선해야 할 과제가 적지 않다. 집과 도시라는 사람이 사는 공간을 더 쾌적하고 안전하게 만들고 가꾸어 가는 일이야말로 바로 건설경제 본래의 기능이며 이는 인류가 생존하는 동안 지속될 수밖에 없는 일이기도 하다.

4차 산업혁명 시대를 맞아 공간을 다차원적으로 활용하고 인간의 활동에 보다 나은 물적, 정신적 기반이 될 수 있도록 건설경제를 가꾸어 나가는 것은 미래 세대를 위해 오늘을 사는 우리들의 책무이다.